国家出版基金项目
NATIONAL PUBLICATION FOUNDATION

地球观测与导航技术丛书

高光谱影像分析与应用

余旭初　冯伍法　杨国鹏　陈　伟　著

科学出版社
北　京

内 容 简 介

本书在国内外相关研究的基础上，结合作者所在团队十多年来取得的研究成果，讨论和介绍高光谱影像处理与分析的理论和技术。全书共十二章，涉及高光谱遥感影像处理与分析的背景要求、基础理论、关键技术和应用范例。首先，分析了高光谱遥感地理环境探测的潜力，介绍了高光谱遥感成像机理、典型的成像光谱仪及其定标技术。在此基础上，结合高光谱数据特点讨论了辐射和几何校正技术，以及地物光谱数据库的相关技术。接下来，重点介绍了高光谱影像地物探测的关键技术，包括光谱特征分析与匹配、统计模式分类、光谱特征选择与提取、核方法分析、混合像元分解、高光谱与高空间分辨率影像融合等。最后，讨论了高光谱数据处理系统的功能和设计问题。

本书可供遥感和地学领域研究人员和技术人员参考，也可作为大专院校相关专业的本科生和研究生的教材或参考书。

图书在版编目(CIP)数据

高光谱影像分析与应用/余旭初等著. —北京: 科学出版社, 2013
(地球观测与导航技术丛书)
ISBN 978-7-03-037469-1

I. ①高… II. ①余… III. ①光谱分辨率-光学遥感-遥感图象-研究
IV. ① TP722

中国版本图书馆 CIP 数据核字 (2013) 第 097410 号

责任编辑: 朱海燕　陈婷婷 / 责任校对: 刘小梅
责任印制: 吴兆东 / 封面设计: 王　浩

科 学 出 版 社 出版
北京东黄城根北街 16 号
邮政编码: 100717
http://www.sciencep.com

北京虎彩文化传播有限公司 印刷
科学出版社发行　各地新华书店经销

*

2013 年 5 月第　一　版　开本: 787×1092 1/16
2023 年 1 月第七次印刷　印张: 17 1/4
字数: 380 000
定价: 128.00 元
(如有印装质量问题, 我社负责调换)

《地球观测与导航技术丛书》编委会

《地球观测与导航技术丛书》出版说明

地球空间信息科学与生物科学和纳米技术三者被认为是当今世界上最重要、发展最快的三大领域。地球观测与导航技术是获得地球空间信息的重要手段，而与之相关的理论与技术是地球空间信息科学的基础。

随着遥感、地理信息、导航定位等空间技术的快速发展和航天、通信和信息科学的有力支撑，地球观测与导航技术相关领域的研究在国家科研中的地位不断提高。我国科技发展中长期规划将高分辨率对地观测系统与新一代卫星导航定位系统列入国家重大专项；国家有关部门高度重视这一领域的发展，国家发展和改革委员会设立产业化专项支持卫星导航产业的发展；工业与信息化部和科学技术部也启动了多个项目支持技术标准化和产业示范；国家高技术研究发展计划（863 计划）将早期的信息获取与处理技术（308、103）主题，首次设立为"地球观测与导航技术"领域。

目前，"十一五"计划正在积极向前推进，"地球观测与导航技术领域"作为 863 计划领域的第一个五年计划也将进入科研成果的收获期。在这种情况下，把地球观测与导航技术领域相关的创新成果编著成书，集中发布，以整体面貌推出，当具有重要意义。它既能展示 973 和 863 主题的丰硕成果，又能促进领域内相关成果传播和交流，并指导未来学科的发展，同时也对地球观测与导航技术领域在我国科学界中地位的提升具有重要的促进作用。

为了适应中国地球观测与导航技术领域的发展，科学出版社依托有关的知名专家支持，凭借科学出版社在学术出版界的品牌启动了《地球观测与导航技术丛书》。

丛书中每一本书的选择标准要求作者具有深厚的科学研究功底、实践经验，主持或参加 863 计划地球观测与导航技术领域的项目、973 相关项目以及其他国家重大相关项目，或者所著图书为其在已有科研或教学成果的基础上高水平的原创性总结，或者是相关领域国外经典专著的翻译。

我们相信，通过丛书编委会和全国地球观测与导航技术领域专家、科学出版社的通力合作，将会有一大批反映我国地球观测与导航技术领域最新研究成果和实践水平的著作面世，成为我国地球空间信息科学中的一个亮点，以推动我国地球空间信息科学的健康和快速发展！

李德仁

2009 年 10 月

序

  遥感技术自诞生之日起便作为一种科学、技术和应用紧密结合的对地观测手段快速发展和壮大起来。信息时代的遥感技术具有两个显著的特征。一方面，它几乎涵盖了可利用全电磁波谱段，面向全球多尺度，逐步形成了多层次、时空连续的遥感观测体系；另一方面，结合互联网、高速计算和处理技术，遥感已渗透到人类社会科技活动的诸多方面，并引起了社会各行业的青睐，产生了越来越深刻的反响。

  从本质上看，遥感技术通过增强人们的地理空间认知能力来扩充和深化人类对地球的认识。地理空间信息是认知地球的基础信息，其丰富和翔实程度必然影响和制约着我们的认识、决策的能力和水平。在过去的半个多世纪里，正是遥感技术这一"遥远的感知"手段使得地理空间信息的获取能力得到了大幅度的提升。起初，遥感在地图测绘、战场侦察、地质解译以及资源与环境调查等几个领域中扮演着辅助性的和验证性的角色，并作为一种有前景的新技术加以培育和发展。随着探测手段的进步和探测空间的扩展，遥感已成为这些领域中占支配地位的信息获取技术。如今，遥感正为适应和满足"智慧地球"的发展需求，向着综合化、全球化、网络化和智能化的新高度迈进。同时，遥感所提供的信息将极大丰富，会有力提升地理空间信息服务的质量与效能。例如，带有地学编码的大范围多分辨率遥感影像既可以是标准的地理信息产品，也可以是用于观察、浏览和分析的基础框架。这一特征在"天地图"和"谷歌地球"中得到了很好的体现。

  地理空间信息（Geo-Spatial Information）是近年来形成的一个世界性的新术语，它原指与近地空间有关的、可确定空间位置的一切信息。它可进一步区分为依托坐标系统表述的几何信息，以及描述地物的自然和物理性质的属性信息两大类。地理空间认知既需要准确的几何信息，同样也离不开完整和精细的属性信息，但回顾遥感对地观测的发展历程，不难发现这两类信息的获取一直处于不对称状态。在绝大多数场合，人们的兴趣总放在对目标或地物轮廓的清晰辨认和空间位置的精确测定方面，解决"在哪里"的问题，而对于它们"是什么"只能追求粗略的答案。造成这一局面的根本原因，是过去的传感器系统在设计上都追逐越来越高的空间分辨率指标，而对衡量地物属性分辨能力的光谱特征却没有给予足够的关注。高光谱遥感技术的出现逐渐改变了这一现状。高光谱传感器——成像光谱仪所提供的近似连续的光谱曲线为地物属性的精细探测奠定了基础。

  从信息链的角度看，获取高光谱数据只是完成了数据准备，而对数据的处理和分析才真正代表了地物属性信息的提取水平。与传统的光学遥感的区别是，高光谱影像的庞大数据量、数据间光谱强相关以及不同地物在属性识别要求上的差异，使得处理和分析工作变得更加复杂，增加了难度。为此，需要结合地物特征来探索精细化的光谱识别技术，并在传统的模式识别技术的基础上拓展统计学习能力，以及在超高维数据分析中融入新的智能化处理方法，才能有效地提取地物属性信息。

  《高光谱影像分析与应用》一书正是围绕上述难题展开讨论的。2001 年以来，余旭初教授及其团队承担了多项高光谱遥感领域的科研项目，取得了一批重要成果，为该书的出版打下了坚实的基础并提供了丰富的素材。作者紧密跟踪国际前沿，对高光谱数据处理和分析的理论和技术问题进行了认真的提炼和归纳，同时，还专门组织了航空高光谱遥感飞行试验，利用开发的软件系统完成了大规模的数据处理和分析任务，验证了相关的理论和算法。这些都在该书中得到充分的体现。

在此，我将该书推荐给读者以供大家探讨。同时，也期待作者所在的团队继续深化高光谱遥感领域的研究并不断取得新成就。

高　俊

中国科学院院士

2012 年 6 月 10 日

前　　言

　　新世纪的遥感对地观测拉开了激动人心的大幕。信息时代和互联网的大背景推动着作为大规模信息获取工具的遥感技术迅速迈向全球化和高效化。现代航空航天技术、光学和电子技术以及数据处理技术的发展，不断地催生新的遥感探测原理和模式，使对地观测手段更加精细化和多样化。遥感及其相关技术也以前所未有的速度渗透到人类社会的各个层面，深刻影响并改变着人们的生活、活动乃至思维和认知方式。

　　高光谱遥感的出现是现代遥感技术发展中影响深远的事件。传统的光学遥感始终在关注对越来越细小的地面物体的探测，高光谱遥感则致力于另一种细分，即以越来越密集的成像波谱段获取观测对象的影像数据集。成像波谱段数量的激增蕴含着巨大的质变，这意味着在获取地物空间分布信息的同时，也描绘出其连续的波谱特性曲线，从而实现了对成像对象沿波长方向的精确描述。这种同时获取地物空间维和光谱维信息的"图谱合一"的成像方式在对地观测方面体现出前所未有的信息优势，并大大增加了对地物全方位探测的筹码。

　　获取与人类生活和活动密切相关的地理空间信息是遥感对地观测的核心任务。地理空间信息由两部分构成，即几何信息和属性信息，它们从不同的侧面描述了地物或目标的特征和性质。唯有充分挖掘这两类信息的内涵并将两者完整和有机结合，才能达成对观测对象的透彻理解和认知。如果我们对这两类信息的获取能力做一个综合评价，不难发现长期以来人们更关注从空中越来越清晰地辨识地面物体，并以更高的精度测定其空间位置、描绘其几何形态。其结果，便是对地观测的几何信息获取能力远远高于属性信息，这就造成地理空间信息获取能力整体上的不均衡。由于在地物属性信息提取方面具有的独特优势，高光谱遥感技术的应用将有效改变这一状况。高光谱数据能以足够的光谱分辨率区分出地表物质，并可将实验室地物光谱分析模型应用到复杂的分析过程中，从而实现定量化和智能化分析。数量庞大的高光谱成像波段既使得地物探测时的光谱特征选择更加灵活和多样化，又便于依据不同的光谱特性来进行影像融合处理和分类，从而增加了可识别地物的种类和精度。

　　发挥高光谱遥感的地理空间属性信息探测潜力的关键是对高光谱数据进行充分有效的处理和分析。在完成高光谱数据获取以后，数据处理和分析将真正决定地物属性信息的探测水平。高光谱影像处理与分析是制约高光谱遥感应用的重要瓶颈，其核心在于如何结合各种地物特征以及不同的探测要求，从海量且高度相关的高光谱数据中进行精确的属性信息提取。在过去的二十多年里，高光谱影像处理与分析一直是遥感领域的重要前沿。虽然已经和正在取得令人鼓舞的进展，但总体看还有大量的理论和技术问题有待深入研究。本书正是围绕这些问题，在总结国内外相关研究的基础上，结合作者所在团队十多年来在高光谱遥感领域取得的研究成果，讨论和介绍高光谱影像处理与分析方面的理论和技术。

全书共十二章，涉及高光谱遥感影像处理与分析的背景要求、基础理论、关键技术和应用范例。第 1 章结合高光谱遥感技术的发展论述了其对于地理空间信息获取的意义，并由此引出高光谱影像处理与分析所涉及的主要问题。第 2 章分析了五大类地物要素的光谱特性和高光谱探测潜力，提出了具体的指标要求。第 3 章从成像光谱仪的结构特点入手分析了高光谱遥感的成像机理，讨论了成像光谱仪定标技术并归纳和总结了高光谱影像数据的结构特点和描述模型。第 4 章重点围绕影像数据校正技术展开讨论，包括主要的辐射校正方法和几何校正方法。第 5 章介绍了地物光谱数据库的概念、作用、构建流程以及地物光谱数据的获取方法，讨论了这类数据库的系统结构和功能设计问题。第 6 章讨论光谱特征分析与匹配技术，分别介绍了主要的特征分析算法，以及基于多种光谱相似性度量和基于尺度空间的特征匹配算法。第 7 章将传统的统计模式识别方面的内容汇集在一起，并结合高光谱影像的分类要求和特点加以介绍。光谱特征选择与提取是降低高光谱影像冗余度，提高分类识别精度和效率的关键步骤，第 8 章讲述这方面的内容，分别介绍了各种基于分类的和基于表示的特征提取方法。第 9 章讨论了高光谱影像分析的核方法，先后介绍了核方法原理、支持向量机、核 Fisher 判别以及相关向量机等。第 10 章从光谱混合模型、端元个数估计、端元提取技术和光谱解混技术等四个方面讨论了高光谱影像的混合像元分解问题。第 11 章介绍高光谱与高空间分辨率影像的融合处理技术，重点分析了若干影像融合算法及其特点，并介绍了三种影像融合效果评价方法。本书的最后一章从面向应用的观点出发，从结构设计、功能设计以及关键技术分解与实现等方面讨论了高光谱数据处理系统的构建。

本书的第 1 章、第 7 章及第 8 章的部分内容由余旭初编写，第 2 章、第 5 章和第 12 章由冯伍法编写，第 3 章、第 4 章、第 9 章及第 8 章的其余部分由杨国鹏编写，第 6 章、第 10 章和第 11 章由陈伟编写。全书最后由余旭初、冯伍法统稿，余旭初定稿。张鹏强、路威、谭熊、杨明、刘伟、祝鹏飞、任利华、闻兵工、徐卫霄、付琼莹、秦进春、余岸竹等均参与了本书所涉及的研究或有关章节的撰写。

在本书付印之际，谨向中国科学院院士高俊教授致以由衷的谢意。多年来，他对作者及其团队开展的相关研究一直给予热情的关怀和指导，在本书完稿后又在百忙之中审阅书稿并亲自作序。本书的出版得到了解放军信息工程大学地理空间信息学院出版基金的资助。西安测绘研究所的胡莘总工和方勇研究员、中国科学院上海技术物理研究所的舒嵘研究员长期以来对作者给予了真诚的帮助并为本书提供了丰富的数据和素材，解放军信息工程大学的游雄教授、姜挺教授、张占睦教授、秦志远教授和万刚教授为本书的撰写提出了宝贵的意见和建议，在此一并表示感谢。

高光谱遥感是一个方兴未艾、前景广阔的领域。高光谱遥感影像分析和处理的理论和技术涉及众多学科且处于加速发展阶段，本书将其划分为几个大的方面作了归纳和总结，远未涵盖其所有细节。此外，限于作者的研究深度和学术水平，书中错误及疏漏之处在所难免，恳请广大读者批评指正。

目　　录

第1章 绪 论

在现代遥感技术体系中，高光谱遥感自 20 世纪 80 年代异军突起。虽然它是个后来者，但经过近三十年的迅猛发展，已充分表现出在信息获取方面的巨大优势和潜力，同时也逐步显露其在数据分析处理、信息融合以及地物与目标精细探测等方面独有的技术特色和魅力。本章首先分析高光谱遥感在对地观测的大体系框架中所扮演的角色，讨论其对于完整意义上的地理空间信息获取的必要性和有效性，接下来结合本书相关内容的安排，介绍高光谱影像处理和分析所面临的主要理论和技术问题。

1.1 对地观测体系中的高光谱遥感技术

1948 年，英国天体物理学家弗莱德 霍伊尔 (Fred Hoyle) 爵士作了这样的预言：“一旦有了从外太空拍摄的地球照片 …… 一个历史上最具威力的新观念就会随之放展开来。”事实上，他讲这番话时人类尚未进入太空时代。六十多年后的今天，当我们再来回顾现代遥感技术的发展历程，在惊叹于这项技术成长之迅速、影响之广泛和深入的同时，也不得不佩服霍伊尔的先见之明。

从字面意义理解，“遥感”(remote sensing) 意为“遥远的感知”。因此，它是一种远距离的目标探测技术和方法，即利用从目标反射和辐射的电磁波来获取观测对象的信息，并进行处理、分析，从而实现对目标的定性或定量描述。作为一种以非接触探测为主要特征的信息获取手段，遥感技术已渗透到现代社会的各个角落。可以说，小到个人的生活、消费，大到各类经济活动、国家乃至我们地球家园的安全，遥感技术或作为不可或缺的要素、或作为基本的技术支撑，发挥着日益显著的作用。同时，由于它本身就是信息技术大家庭的一个重要成员，其发展既具备得天独厚的外部条件，又带有鲜明的信息时代特色。

在我们谈论遥感技术的时候，常常会涉及一个饶有兴趣的话题，这便是遥感的起源和发展。对于前一个问题，即遥感源于何时，常常会有不同的答案。一种看法是，遥感技术起源于“遥感”概念的提出。按照这一观点，遥感技术应诞生于 20 世纪 60 年代初。1960 年，美国女地质学家布鲁特 (Puritt) 首次提出了“遥感”这一概念。接下来，在 1962 年美国密执安大学召开的环境科学专题讨论会上，这一术语被正式采用。自此以后，“遥感”便以特定的含义在科技与学术界中得到流传和使用。

但是，按照这一标准来界定遥感的起源显然难以获得一致的认同。事实上，一个更为合理的方法是用“遥感”的定义来追寻它的起源。按照前面对遥感概念的分析，科学意义上遥感技术的诞生应当与一种远距离的探测技术、手段或设备的产生相联系。诞生于 19 世纪 30 年代的摄影术很好地满足了这一要求。进一步地，如果把问题限定在从空中对地面的探测，那么在 1858 年，两个法国人用装载照相机的气球从巴黎上空首次成功获得地面照片这一事件便可视为航空遥感的诞生标志。在这之后，随着 1903 年莱特兄弟发明飞机，航空摄影变得极为便捷而灵活，再加上军事需求的带动特别是第一次世界大战的爆发，都直接刺激了航空遥感的应用和普及。这期间，瑞特 (W. Wright) 于 1909 年用飞机拍摄了意大利圣托西利地区的航空照片，从此开始了航空遥感。紧接着在一战中，交战双方便开始使用航空照相侦察手段获得敌方的军事情报。其中，对战局产生重大影响的事件，当数第二次马恩河战役前夕，英法联军事先通过空中摄影掌握了德军的兵力兵器部署，从而准确预判了其作战意图。

在遥感技术的发展历程中，一个值得大书特书的事件便是航空摄影测量的诞生。20世纪 30 年代，德国卡尔斯鲁厄等大学的一群学者和工程师创立并初步形成了现代航空摄影测量理论和技术体系。这是个具有双重意义的里程碑式事件。一方面，它标志着地图测绘技术出现了巨大的飞跃，因为它在极大地拓展测绘空间的同时，大幅度地提高了测绘效率；另一方面，对于遥感技术而言，它带来的则是一个巨大的跨越，即把航空遥感从单纯的以定性分析为主的像片判读拓展到对影像的精密量测和定量分析。这就意味着，人们在遥远地获取各类目标和地物属性信息的同时，首次可以按地形图的精度标定其空间位置。

1972 年，美国陆地卫星 1 号 (Landsat-1) 成功发射并投入商业运营，这标志着遥感技术自此迈入航天时代。自那以后，随着遥感平台、有效载荷及通信和数据处理等技术的进步，功能日益强大且各具特色的航天遥感系统不断涌现。Landsat 系列先后发射了七颗卫星，其携带的传感器具有光谱覆盖范围大、波段扩展能力强和扫描带较宽等优点，对全球范围的陆地资源环境调查与监测发挥了重要作用。空间分辨率更高的法国 SPOT 系列先后有五颗卫星成功发射。SPOT 属于另一类高性能对地观测卫星，它采用了长线阵CCD 探测器，为各类遥感应用 (包括地形图测绘) 提供了高质量的影像数据。此外，印度的 IRS 遥感卫星系列以及中国和巴西联合研制的 CBERS 地球资源遥感卫星系列也先后研制成功并投入应用。

以上所列仅为遥感技术发展历程中若干具有突出意义的代表性事件或实例。它们只是勾勒了遥感从诞生到逐步成熟的简单轮廓，远不能涵盖从系统设计、数据获取与处理到应用的全部细节。从整体看，经过半个世纪的发展，现代航空航天遥感已成长为一个庞大的科学技术系统。对于这样一个不断充实和成长的复杂系统，人们常将其概括为 "对地观测体系"。这一提法恰如其分，因为它对该系统承载的任务、采用的手段和系统本身的庞大与复杂性给予了集中的概括。

如今，当我们分析和回答遥感技术发展相关的若干重大问题时，若采用 "对地观测体系" 这一框架，就会形成更清晰的思路，答案也会变得更加明了和令人信服。例如，对遥感的发展历程，就可以如前面所讨论的，围绕着从空中或太空对地球表面的各种科学的信息获取手段的进展来加以分析。又譬如说，对于遥感现状和未来发展趋势的分析，既可以结合该体系中不同遥感器系统的发展来展开，又可以依据各种观测平台技术的演变和进步来完成。这其中，人们最感兴趣的，便是如何按照不同概念或原理的对地观测传感器将遥感技术的发展归结为几个不同的方向。依此标准，当代遥感技术前沿集中体现在高分辨率遥感、微波遥感和高光谱遥感三个主要方向上。

从空中或太空更清晰地辨认地面目标，或更严格地说，用更高的空间分辨率实现更精确的对地观测，一直是遥感界最直接和最朴素的追求。这也自然地导致了光学遥感系统的成像本领 (最终体现为其地面分辨率) 的不断提高。由于这一指标意义重大，自遥感诞生之日起就不可避免地在全球范围引发了一场竞赛，而其早期成果主要局限在军事领域。随着冷战的结束，20世纪90年代，原苏联和美国相继公开了部分高分辨率卫星影像资料，极大地刺激了这类遥感数据的商业应用需求，同时也打开了数十年来对高分辨率卫星遥感设置的枷锁。随着美国率先实施"开放天空"政策，若干私营公司很快就开发了新一代载有光电传感器的成像卫星，并将获取的影像数据在国际市场上出售。2003年，美国又发布了新的商用遥感政策，明确将商业高分辨率遥感卫星影像纳入国家影像体系，同时规定政府各部门要充分利用这类影像资源。在过去的十多年里，全球范围内的高分辨率卫星影像已变得随处可见、随手可得，而且影像质量越来越高。以地面分辨率为例，早期的商业卫星影像为全色波段1~3m，多光谱4~15m，而目前的GeoEye-1卫星的全色和多光谱影像分别达到星下点0.41m和1.65m，数字地球(Digital Globe)公司的WorldView-2卫星也分别达到了0.46m和1.8m。

较之于光学遥感，微波遥感是利用雷达的主动和有源探测性能来实现对地观测的技术。可以做一个形象的比喻，如果把光学遥感过程看做是用我们的眼睛来"观察"地表，微波遥感过程则如同我们闭上双眼，而改用双手来"触摸"地表。这一独具魅力的遥感方式，再加上微波所具有的全天候、全天时工作能力以及对地表的穿透性能，使得微波遥感技术备受青睐。半个世纪以来，主要大国均倾力研究和开发相关的技术和系统。机载合成孔径雷达系统(SAR)是微波遥感发展的基础，20世纪六七十年代是其发展应用的高峰时期。星载合成孔径雷达系统则首次应用于美国1978年发射的海洋卫星Seasat。20世纪80年代，美国航天飞机先后搭载了性能不断改进的合成孔径雷达SIR-A、SIR-B和SIR-C/X，随后陆续发射的日本的JERS-SAR、欧洲空间局的ERS-1和ERS-2均在全球环境监测方面取得成功。加拿大于1995年开始陆续发射的RadarSat系列微波遥感卫星以更高的分辨率和更灵活的成像方式逐步占领国际市场。特别需要提到的是，2000年美国在其"航天飞机雷达地形测绘计划"(SRTM)中，将一种全新概念的双天线合成孔径雷达干涉测量系统(INSAR)搭载于航天飞机，用于直接获取全球表面的三维地形信息，在11天的观测中获得了地球陆地表面80%面积的干涉雷达数据，并以此制作相应地区的高精度数字高程模型(DEM)。目前，微波遥感系统正向着高分辨率、多极化、多频段和多工作模式的方向发展。

高光谱遥感代表着现代遥感技术发展中影响深远的另一个方向。表面上看，高光谱遥感仍主要利用电磁波的可见光和红外波谱段来探测并获取目标信息，这一点与传统的光学遥感并无二致。同样相似的还有，如同高分辨率遥感的发展是将从空中或空间探测到尽可能细小的地面物体作为其追求一样，高光谱遥感的发展则致力于另一种细分，即以越来越窄、越来越密(从而越来越多)的成像波谱段获取观测对象的影像数据集。因此，单从表象分析，我们极易将高光谱遥感看做是光学遥感领域中全色——多光谱遥感的一个升级版本。但事实上，这种由波谱段数量的增加所带来的"升级"却蕴含着一个巨大的质变，即在同样进行遥感成像、获取地物空间尺寸和分布信息的同时，也描绘出了地物连续的电磁波谱反射特性曲线，从而实现了对成像对象沿波长方向的精确描述。用遥感学者们的行话简单概括，这种同时获取地物空间维和光谱维信息的成像方式，叫做"图谱合一"。与传统的光学遥感相比，"图谱合一"的高光谱遥感既可以充分挖掘图像和波谱这两类信息的内涵，又可以灵活地组合运用两者来实现地物探测，从而在对地观测方面体现出极大的信息优势。

自然，从理论上讲，由于总得有一定的波长间隔，高光谱传感器 (即成像光谱仪) 无法获得数学意义上连续的地物波谱反射特性曲线。因此，这里所说的 "连续" 是一个近似和动态的概念，反映了不同的应用阶段和背景对高光谱遥感数据的要求。如果说，先前的多光谱遥感的光谱分辨率为 100nm 数量级，那么高光谱遥感则提高到了 10nm 数量级。按照这一粗略划分，不难看出，在相同的成像波谱范围内，高光谱成像波段可表现出数量上的巨大差异，例如从数十个到数百个波段都属于高光谱成像。而从对地观测的实际要求来看，10nm 数量级的波长间隔已足以 "捕捉" 到绝大多数地物的光谱细微变化。当然这也是一种近似的表述，随着地物探测要求的提高，必然也需要有更高的光谱分析精度。于是，光谱分辨率必然会从 10nm 级发展到纳米级，而高光谱遥感也将由此进入超光谱遥感阶段。另一方面，在获得更高的光谱分辨率的同时，如何确保各波段影像有足够高的空间分辨率，并尽可能增大高光谱成像的地面覆盖范围，都是必须统一权衡和考虑的问题。综合这些要求，我们便可以较准确地把握高光谱遥感系统的发展方向。1983 年，美国宇航局 (NASA) 的喷气推进实验室 (JPL) 研制成功了世界上第一台以推扫方式进行二维成像的成像光谱仪 AIS-1，但由于获得的图像宽度非常有限而限制了其商业应用。同样由 JPL 研制完成的作为第二代高光谱成像仪 —— 航空可见光/红外成像光谱仪 AVIRIS 问世，它至今还在为科学研究、学术交流提供了大量的高光谱影像数据。截至目前，世界各国已开发出数十种航空成像光谱仪。航天高光谱遥感也在最近十多年来得到了飞速的发展。比较有影响的航天高光谱传感器有美国地球观测系统 (EOS) 的中等分辨率成像光谱仪 MODIS 和高分辨率成像光谱仪 HIRIS、美国宇航局 2000 年发射的 EO-1 卫星上携带的高光谱成像光谱仪 Hyperion、美国空军于 2000 年 7 月在 Mightysat-2 卫星上搭载的傅里叶高光谱成像仪 FTHSI 以及 2009 年 5 月搭载于 TacSat-3 卫星的先进及时响应型战术有效军事成像光谱仪 ARTEMIS 等。此外，日本、德国、意大利和南非等国都在紧锣密鼓地发展各自基于卫星平台的高光谱成像系统。

基于上述分析，当我们再回头审视对地观测体系时，便很容易理解高光谱遥感在其中所扮演的角色。虽然目前尚未进入高光谱遥感的大规模应用阶段，但其所固有的 "图谱合一" 的信息获取和分析方式已独树一帜并将充分地展现其潜力和价值。在可以预见的将来，高光谱遥感、高分辨率遥感和微波遥感三者的有机结合，将如同三驾马车，构成对现代航空航天遥感对地观测体系的有力拉动。同时，它们与其他正在迅速成长中的激光遥感、红外遥感等新的遥感手段也必将相互支持和融合，从而打开一扇通往地物信息全方位精确获取之门。

1.2 高光谱遥感与地理空间信息获取

航空或航天对地观测，其基本任务无非是获取观测对象 —— 地球的相关信息。但蹊跷的是，究竟应该或者能够获取哪些信息，却无法事先给出完整的答案。其原因，首先是人类对地球的认识仍处于不断深化的过程中，作为对认识结果加以表达的信息内涵也处于不断丰富的过程而无法统一界定。其次，对地观测技术体系也正处于加速发展的阶段，其信息获取潜力远未充分展现出来，也就不宜对获取结果加以限定。

但无论如何，总可以从大的方面对获取的信息做一些区分。例如，将观测平台和观测对象 (即地球) 连成一条直线，那么从平台沿该直线向下伸展，所能获取的信息包含三大部分，依次是地球大气层的信息、地表信息和地下 (水下) 信息。在这三部分信息中，地表及其浅层地下 (或水下) 信息统称为地理空间信息。长期以来，地理空间信息的获取一直是遥感对地观测的核心任务，因为它既是与人类活动关系最为密切 (因而人们最为关心) 的信息，也是最利于运用现今遥感手段加以探测的信息。

地理空间信息由两部分构成，即几何信息和属性信息。几何信息依托特定的坐标系统表述，包括观测对象的空间位置、形状、大小及分布范围等要素。属性信息用于描述观测对象的自然和物理性质，包括目标或地物类型以及对不同电磁波谱段的反射、透射和吸收特性。几何信息和属性信息从不同的方面刻画了观测对象的特征和性质，将二者完整和有机结合才能实现全方位的对地观测。

但是，当我们结合对地观测技术的发展现状来综合评价这两类信息的获取能力时，不难发现两者处于一个极不平衡的状态。也就是说，长期以来，对地观测的几何信息获取能力远远高于属性信息。这并不奇怪，正如我们在分析对地观测技术发展时所看到的，高空间分辨率传感器的研发一直处于优先位置。虽然它们在分辨率、几何精度、成像方式等方面各具特色且互为补充，但主要目的仍是使人们从空中越来越清晰地看清楚地面物体，从而以更高的精度测定其空间位置并描绘其几何形态。由于高空间分辨率传感器均采用全色成像为主、部分辅以多光谱成像的工作模式，因而所获得影像的光谱分辨率较低，对地物的属性充其量只能做精度不高的粗略分类，要实现其精细识别则存在着先天不足。

改变这一不平衡状态的推动力仍然来自外部需求和技术进步两个方面。在回顾航空航天遥感技术及系统发展的时候，我们不难注意到它们始终受到一个强有力的外部因素推动，这就是对地面物体及其环境更精细和更全面的探测要求。用当下时髦的话，就是要实现对地球 "更透彻的感知"。在几何信息获取潜力得到充分挖掘后，探测的侧重点就自然转向属性或物理信息的获取方面。从技术环节看，随着微波、红外和高光谱探测技术最近二十多年来的突飞猛进，很自然地为这类信息的大规模获取提供了可能。这其中，如上节所分析的，基于高光谱数据的探测手段具有不可替代的优势。

高光谱遥感是大幅度提高属性信息提取能力，从而最终实现全方位对地观测的必要途径。研究表明，大量地物的吸收特征在吸收峰深度一半处的宽度为 20 ～ 40nm。传统的宽波段遥感数据由于在光谱上不连续，所以无法探测这些具有诊断性光谱吸收特征的物质，影像覆盖区域的地形要素分类识别的正确性、可靠性和精度都受到限制。而高光谱数据一方面能以足够的光谱分辨率区分出这些地表物质。另一方面由于其反演的地物反射光谱可与地面实测值相比照，这就便于将实验室地物光谱分析模型直接应用到复杂的处理和分析过程中，从而实现遥感信息的定量化和智能化分析。

从技术上分析，高光谱遥感在提高地物属性信息探测能力方面有着众多的优势。首先，由于成像波段数量增多，进行目标探测时可使光谱特征选择变得灵活和多样化，即根据地物要素的光谱反射特性选择不同波谱段的影像进行融合处理和分类，同时也增加了可探测目标的种类，如不同道路的识别、不同植被的分类等。相应地，遥感数据的应用范围就大为扩展。其次，传统的多光谱遥感技术以定性化的分析为主，部分定量分析结果的精度并不理想，这显然是由于成像传感器的光谱和空间分辨率所限，以及大气和地表覆盖变化等干扰因素所致。高光谱遥感首先突破了光谱分辨率这一限制，在光谱空间很大程度上抑制了其他干扰因素的影响，这对于定量分析结果精度和可靠性的提高大有帮助。此外，由于光谱数据属于一维数据，目标特征的提取比较容易，更适用于计算机进行分析处理。基于光谱特征数据库的自动分析与基于目标几何形状的计算机判读结合，能大大提高识别能力，更具有实用价值。

高光谱影像对地物属性信息的探测能力集中体现在探测精度和探测效率两个方面。其中，探测精度是最重要的指标，直接体现着高光谱影像相较于其他遥感数据在获取属性信息方面的优势。探测效率则是属性信息提取自动化水平的体现，其高低决定着高光谱影像是否具备面向特定任务大规模应用的潜力。为了使高光谱影像的地理空间信息探测能力得到最大限度的发挥，必须尽可能地提高探测精度和效率。为此，在某类高光谱影像数据的实际应用中，既要在应用之前对该数据的潜力做初步的预判和分析，又要在应用过程中采用最佳的处理方法并优化处理流程。

结合具体的对地观测任务，开展高光谱影像数据应用潜力的预判和分析，是构建高光谱遥感应用系统的一项重要和基础性的工作。这项工作也叫需求分析，它必须在准确把握属性信息探测要求的前提下，结合特定的高光谱影像数据集，按不同的地物类别开展深入的分析。同时，还要选择典型区域进行地物分类提取试验，以实际结果来验证影像数据在应用中所能达到的预期指标。例如，为了评价高光谱影像用于植被分类的潜力，可以选择与同一地区的多光谱影像进行联合对比分析。结果发现，若利用多光谱影像将某地区的植被进一步分为 10~15 个子类，而高光谱影像可区分的子类数则可多达 40~50 类。在分类的精度 (即正确率) 方面，多光谱影像为 65%~75%，高光谱影像则可达到 75%~90%。作为评价植被自动提取能力的指标，高光谱影像的分类效率可较多光谱影像提高 2~3 倍。当然，这种结论只是针对特定的数据类型和试验区域初步得到的，更为可靠的分析结论必须利用更多的数据源和试验区方能得到。在完成了高光谱影像的地物属性信息探测潜力分析以后，需求分析的功能还可视需要进一步扩展。同样以植被的分类为例，上述结论既可以成为实际分类处理的指导和参照，也可以在其基础上作进一步的详细分析，得到针对不同子类的最佳分类波段。如果涉及成像光谱仪的设计，还可以得出针对植被提取的最佳波段组合及各波段的光谱分辨率要求。将植被和其他地物的分析结果集中处理，就可初步设计出成像光谱仪针对地物探测的成像波段和光谱分辨率性能指标。在本书的第 2 章，对植被、土壤岩石、人工地物、陆地水体和海部要素等五大类地物的光谱特征做了分析，继而明确了针对各大类要素的高光谱探测能力和指标要求。

地理空间信息的获取过程如同一个复杂的链条，影像数据获取只是其中的一个环节，如何从影像获得信息则始终是个既复杂又繁琐的问题。就高光谱遥感而言，这意味着从海量数据中提取地物的属性信息，必然涉及大量的处理与分析过程。第 1.3 节将就此展开讨论。

1.3　高光谱影像处理与分析

信息获取是空中或空间对地观测的根本目标或核心任务。信息蕴含于数据，对高光谱遥感而言信息即蕴含于高光谱影像。因此，高光谱影像处理与分析必然是达成信息获取的主要途径,这一点与传统的全色/多光谱遥感尚无本质的区别。问题在于,海量高光谱遥感数据在极大增强地物信息获取潜力的同时,也给信息获取手段即影像处理和分析方法带来挑战。反过来看,这也意味着,高光谱影像处理与分析是制约高光谱遥感应用的重要瓶颈。在过去的 20 多年里,这一领域一直是高光谱遥感的重要前沿。虽然已经和正在取得令人鼓舞的进展,但仍在经久不衰地吸引着国内外众多学者和科研机构投入研究。

在触及具体的高光谱影像处理与分析内容之前,有必要从顶层提出几个根本性的问题,以作为下一步展开深入讨论的基础或指导。首先,从高光谱遥感数据获取的特点来看,究竟是哪些因素导致了其处理与分析任务的复杂性?其次,如同其他遥感过程一样,高光谱遥感也理应包含一些适合其数据特征的基础处理手段。问题是,如何有效地界定、设计和组织这些基础处理方法?此外,虽然从直觉上分析,传统的基于模式识别的理论和方法都应该能在一定程度上继续用于高光谱数据的信息提取,但是否需要以及如何对其处理能力和适应性能加以拓展?最后,从高光谱影像处理与分析的理论和技术发展脉络来看,是否可以看到一些明显的趋势?或者说,有哪几个方面值得特别关注?事实上,本书内容的安排也大致围绕着这四个问题的回答而展开。

通过分析高光谱遥感数据的获取原理和过程,可以最便捷和最明了地把握高光谱遥感影像特征。第 3 章首先结合高光谱传感器即成像光谱仪的结构特点,从光学探测、空间扫描和光谱分光等三个方面分析了高光谱遥感的成像机理。接下来对 20 世纪 80 年代以来国内外主要的成像光谱仪系统作了介绍,重点是国外相关星载和机载系统的主要指标及运行情况。成像光谱仪定标是高光谱遥感定量化分析的重要环节,高光谱成像数据只有经过成像光谱仪定标及修正,才能用于提取真实的地物物理参量,不同来源的遥感数据才能进行联合分析。按照定标内容的不同,将成像光谱仪定标分为光谱定标、辐射定标和几何定标分别加以介绍。最后,对高光谱影像数据的结构特点和描述模型做了归纳和总结。

遥感数据预处理的目的是消除数据的辐射和几何误差,为后续处理提供尽可能好的数据基础,因而是遥感应用处理不可或缺的环节。在这方面,高光谱遥感因其数据的复杂性和应用特点而提出了更高的要求。预处理涉及众多内容,第 4 章重点围绕影像数据校正技术展开,包括主要的辐射校正和几何校正方法。为了讨论辐射校正,分析了太阳辐射和大气传输特性,总结了大气对电磁波传输的一般影响规律,并从传感器灵敏度特性、光照条件以及大气条件等三方面分析了所引起的辐射误差。高光谱影像辐射校正方法分两大类予以介绍。基于辐射定标参数的校正方法主要用于消除传感器的灵敏度特性引起的误差,简要介绍了两点法、多项式法和分段线性法。大气校正是定量遥感的重要组成部分,旨在消除大气和光照等因素对地物反射的影响,以获取地物反射率、辐射率或者地表温度等真实物理模型参数。分别介绍了基于辐射传输理论的校正方法、基于影像数据反射率反演的校正方法和借助于典型地物光谱反射率的校正方法。高光谱影像几何校正是个典型的摄影测量问题,目的是改正影像的各种几何变形和误差,以建立起影像和某种地图投影模型 (如正射投影) 之间的严格对应关系。为了掌握高光谱影像的几何特性,按推扫型和摆扫型两种高光谱成像方式介绍了几何成像模型,并分别分析了影像的静态和动态几何变形。对于几何校正方法,在介绍传统的直接法和间接法的基础上,重点分析了近年来发展起来的位置姿态测量系统 (POS) 技术，以及利用 POS 数据求解外方位元素的算法。

高光谱遥感影像的精细处理和分析离不开地物光谱数据库的支持，这也是高光谱遥感的一大特征。地物光谱数据库是指对地物光谱辐射信息及其相关环境描述参数进行存储、管理、显示、分析和检索的数据库系统，它还可纳入以图像立方体形式存储的高光谱影像数据。地物光谱数据库除了服务于地物属性信息的精细探测，还可为成像光谱仪的设计提供重要参数，为实现成像光谱仪的机上、星上定标提供依据，因而其开发和应用受到重视。第 5 章在介绍地物光谱数据库概念、作用和构建流程的基础上，分析了国际上几个有代表性的地物光谱数据库的性能和指标，对国内的相关研究进展也做了归纳。对于地物光谱数据库的构建，分析了系统的应用要求和设计原则，讨论了系统结构和功能设计的指导思想和基本途径。最后，从实验室光谱测量、野外光谱测量和高光谱影像直接提取等三方面介绍了地物光谱数据的获取方法。

地物光谱特征的差异性是利用遥感手段获取地物属性信息的出发点。高光谱遥感数据中包含了地物的精细光谱特征表达，地物由于组成成分及外在结构的差异，呈现出不同的反射或吸收光谱特征，也就是说具有各自的"诊断光谱特征"。显然，从高光谱影像和地物光谱数据库中提炼并比较这些特征，是实现地物分类或属性信息提取的一条有效途径。第 6 章"光谱特征分析与匹配"介绍这方面的技术。为了区分不同地物或同一地物不同状态下光谱曲线的细微变化，需要对光谱特征的差异性进行增强处理，同时还要将连续的光谱特征曲线表达为离散的特征参量以便于比较分析，为此首先介绍了光谱微分法和包络线消除算法，以及五类光谱特征参量。光谱匹配通过比较像元光谱与参考光谱的相似性或差异性来完成，这需要选择光谱相似性度量算法，分别介绍了几何空间测度、概率空间测度、变换空间测度以及综合相似性测度，并对各自性能做了试验比较。本章的后半部分重点讨论光谱特征匹配技术。首先，对常用的光谱角度匹配、交叉相关匹配和匹配滤波技术做了性能分析。接下来，在介绍尺度空间理论的基础上，给出了波峰特征提取和基于尺度空间的特征匹配算法，以充分利用不同尺度层次下提取的光谱曲线特征信息来提高分类识别的精度和可靠性。最后，对决策树匹配分类方法做了介绍，给出了有关试验结果。

在高光谱影像地物信息提取中，除了精确的光谱特征分析和匹配方法，传统的统计模式识别方法不仅仍发挥重要作用，而且展现出极大的潜力。第 7 章将这部分内容汇集在一起，并结合高光谱影像的分类要求和特点加以介绍。在给出模式识别的一般原理和高光谱影像统计模式分类流程后，重点讨论了基于概率统计理论的参数分类方法 ——Bayes 统计决策分类。首先，给出了两种常用的决策规则，即最小错误率的 Bayes 判别规则和最小风险的 Bayes 判别规则，接着介绍了正态分布下的极大似然分类方法。对于非参数分类方法，介绍了著名的 Fisher 线性判别法，分别讨论了几种常用的基于已知样本的判别函数训练求解法，给出了分段线性判别函数的一般原理。在高光谱分类中，常需要考虑在没有已知样本条件下的类别确定问题，或在正式分类之前事先确定分类对象的大致类别数目及其分布规律，此时就要进行聚类分析或非监督分类。这方面讨论了几种聚类准则，分别介绍了 K-均值聚类法、ISODATA 聚类法和基于核构造的动态聚类法。在本章的最后，结合人工神经网络 (ANN) 分类技术的发展和高光谱影像分类要求，分别讨论了多层感知器、误差反向传播 (BP) 算法、径向基函数网络和 Kohonen 网络。

高光谱数据处理中最棘手也是最关键的问题是如何从庞大的数据集中提炼出有利于地物分类的数据特征。光谱特征选择与提取是降低高光谱影像冗余度，从而提高分类识别精度和效率的关键步骤，第 8 章讲述这方面的内容。特征选择与提取本已是传统模式分类的核心问题，在高光谱遥感中其作用更突出，要求也更高。本章首先描述了高维特征空间中样本的分布特征，分析了 "维数灾难" 现象及其产生的原因，给出了类内类间距离、概率距离以及信息熵等三类用于特征分析的类别可分性准则。接下来，介绍了两大类常用的特征选择和提取方法，即基于分类的方法和基于表示的方法。前者直接服务于模式分类，它要求在减少特征维数的同时保持类别间的可分离性不变，可分别依据前述三类准则进行特征提取；后者也称为 "基于变换的特征提取"，它要求在减少维数的过程中尽量保持数据的结构关系，介绍了两类常用的变换方法，即主成分分析 (PCA) 和最小噪声分离变换 (MNF)。独立成分分析 (ICA) 分离出的信号各分量之间具有统计独立性，因而在高光谱数据特征提取方面有更好的性能。分别介绍了其模型估计方法和快速 ICA 算法。投影寻踪方法 (PP) 是一种专门对高维数据线性降维的数据处理方法，它将高维数据空间按照某种兴趣结构线性投影到低维子空间中，进而在低维子空间中分析和研究数据，已成功应用于多个数据分析领域。本章围绕投影指标和基于投影寻踪的高光谱影像特征提取展开了分析。近年来，很多学者开始研究高光谱影像的非线性特征提取技术，重点关注的是对线性方法的非线性扩展。本章也归纳和总结了这方面的进展。

第 9 章介绍高光谱影像分析的核方法。核方法的本质是利用核函数将线性模式分析方法进行非线性推广。核方法之所以流行是因为其拥有若干突出优势，特别是核函数的引入能够避免传统模式分析方法遇到的 "维数灾难"，可以有效处理高维输入。自从 20 世纪 90 年代在支持向量机 (SVM) 分类中得到成功应用后，人们利用核函数将经典的线性特征提取与分类识别方法推广到一般情况，在理论和应用中都有许多成果。本章首先介绍了核函数的概念和核方法的特点及应用特征。通过对统计学习理论和结构风险最小化准则的分析，分别给出了支持向量机的线性和非线性模型，以及采用多项式、径向基和神经网络三种非线性映射核函数的支持向量机，并就如何构建快速稳健的多类 SVM 分类器的相关问题进行讨论，包括快速训练算法、多类分类器构造方法、核函数及参数选择等。核 Fisher 判别分析 (KFDA) 是利用核函数对 Fisher 判别分析 (FDA) 的非线性推广，接下来讨论了 KFDA 原理以及高性能 KFDA 多类分类器的构建，分别给出了针对 OMIS 和 AVIRIS 两种高光谱数据的分类试验结果。相关向量机 (RVM) 是一种稀疏概率模型，与 SVM 相比具有训练速度快、所用核函数数量更少、分类预测速度更快等优点。讨论了稀疏贝叶斯模型和模型参数推断方法，介绍了 RVM 的分类应用。在核方法的特征提取应用方面，分析了核主成分分析、核巴氏距离投影寻踪和广义判别分析，它们实质上是核函数映射原理针对传统特征提取方法的改进。

混合像元分解一直是遥感研究和应用领域的热门课题。通过混合像元分解处理，不仅可有效改善分类精度，还可提高影像处理的自动化、智能化水平，并增强对小目标的识别能力。在多光谱遥感中，由于光谱覆盖范围不连续，单个像元所包含的光谱信息有限，难以进行精细的混合像元分解。高光谱影像提供的完整而连续的光谱曲线则为更多、更精细的端元提取提供了可能。第 10 章将高光谱影像的混合像元分解问题按处理流程分四个方面展开讨论。对于光谱混合模型，结合混合光谱的成因，分别给出了线型混合模型、非线性混合模型和随机混合模型。端元个数估计是进行混合像元分解的首要前提，传统的基于最小噪声分离变换后的特征值变化估计的方法效果欠佳，介绍了基于涅曼–皮尔逊检测 (NPD) 和基于正交子空间投影 (OSP) 的两种估计方法。端元提取旨在从影像中提取或估计出典型地物含量非常高的光谱向量。依据是否使用了空间信息，将现有主要的端元提取算法分为两大类进行介绍，并对一种基于粒子群优化 (PSO) 的端元提取算法进行了分析和讨论。对于混合像元分解的最后一个环节即光谱解混技术，分别按监督分解算法和非监督分解算法两大类作了介绍。前者包括最小二乘法、正交子空间投影法 (OSP) 和约束能量最小法 (CEM)；后者包括独立成分分析法和基于非负矩阵因数分解 (NMF) 的算法。

过去的三十多年里，多源数据融合一直是信号分析领域的重要课题，对遥感研究和应用来说也是如此。这一问题的困难或者说魅力在于，针对不同的遥感探测要求或应用背景，融合处理的方式和途径也会显著不同。就高光谱遥感而言，这一要求就表现为如何在确保地物属性精细探测能力的前提下改善其空间或几何探测能力。这对于遥感测绘而言尤为重要，因为受技术限制目前尚难以制造出兼具高光谱分辨率与高空间分辨率的传感器。第 11 章介绍这两类影像数据的融合技术。与其他影像融合方法类似，高光谱与高空间分辨率影像融合也可划分为像素级、特征级和决策级三个层次，本章首先对此作了归纳。在融合预处理方面，简要介绍了影像的辐射处理、几何校正和配准技术。接下来，重点分析了一系列高光谱与高空间分辨率影像融合算法及其特点，包括通用像素级融合算法、基于非负矩阵分解的融合算法、基于遗传算法的融合方法、基于光谱复原的空间域融合方法、基于混合像元分解的融合算法以及基于边缘信息的光谱保持融合算法等。最后，针对影像融合效果，介绍了主观评价方法、基于若干指标的客观评价方法和综合评价方法。

从面向应用的观点出发，第 12 章讨论了高光谱数据处理系统的设计。高光谱数据处理是遥感数据处理的一个组成部分，目前市场上流行的商用遥感图像处理和分析软件系统中，部分已具备良好的高光谱数据分析能力。高光谱遥感技术的发展和应用的深入将使这种能力越来越强大。有关商用高光谱数据处理系统的开发无疑超出了本书的范畴。我们之所以展开这方面的讨论，主要基于两点考虑：一是对高光谱数据处理功能的设计、实现和集成有助于对高光谱遥感知识的深化理解，也有利于对高光谱遥感全过程的把握；二是从高光谱数据在各专业领域的实际应用来看，常常需要开发出结合了各自专业特点、工程背景和应用要求的处理系统。本章首先分析了几个知名的国内外高光谱数据处理系统的功能和技术特色。在此基础上根据高光谱影像用于地理空间环境信息快速、精细分类识别以及地理环境信息产品制作等要求，讨论了高光谱数据处理系统的结构设计，包括高光谱影像数据结构、数据处理流程和系统体系结构的设计。下一步是高光谱数据处理系统的功能设计问题，分别按影像数据预处理、属性信息分类提取和数据融合三大模块展开分析。对于所涉及的高光谱数据处理关键技术，从高光谱影像几何校正、高维光谱特征压缩和提取、高光谱与高空间分辨率数据融合处理以及高精度的分类提取四个方面分析了各自的难点和技术实现途径。最后，对我们设计的一个高光谱遥感影像分析软件系统作了介绍，并给出了功能、界面描述和有关试验结果。

第2章 地物光谱特征及探测要求

地物光谱特征是遥感影像地物属性识别的基础，其研究和应用在遥感技术领域占有重要的地位。不同地物都有各自的电磁波辐射特性。传统的遥感传感器只在几个离散的波段，以不同的波段宽度 (通常为 100～200nm 量级) 获取图像，这样就丢失了大量对地物识别有用的光谱信息。高光谱遥感则利用很多很窄的波段成像，将对地表的观测值以完整的曲线记录下来。这就使得利用高光谱数据可有效地识别许多原本难以精确识别属性的地物。为了讨论问题的方便，本章结合高光谱地物探测应用的要求，将地表覆盖质地划分为植被、土质、人工地物、陆地水体 (含雪) 以及海部要素五大类展开讨论。

2.1 植被的光谱特征

不同植被类型，由于组织结构、季相、生态条件的变化而具有不同的光谱特征。植被显示出的诊断性光谱反射与吸收特征，尽管只有细微的差别，在高光谱影像中也能够被准确记录。

2.1.1 植被光谱的基本特征

绿色植物的光谱曲线总是呈现出明显的 "峰" 和 "谷" 的特征，其反射光谱特征规律性明显而独特。健康绿色植物的光谱曲线主要有以下基本特征：

(1) 在可见光波段 (0.4～0.76 μm) 的反射率较低，在 0.33～0.45μm 和 0.67μm 处的蓝、红光呈低谷。其原因是植被叶面反射的主控因素是叶绿素，它强烈吸收蓝光和红光，其反射率非常低。在绿光 (0.52～0.6μm) 波段有弱的反射，出现一个小的峰值，所以植被通常呈暗绿色。

(2) 在近红外波段 (0.68～0.75μm)，植物叶面的反射率从较低的水平急剧增大，出现反射 "陡坡"，形成植被的独有特征，而且不同植被的光谱位置和反射率斜率基本一致。

(3) 在 0.75～1.3μm 波段保持较高的反射率，其原因是叶面反射光谱特征主要受叶内细胞结构和叶冠结构控制，由于光在叶内散射，光谱反射率非常高，出现 "红外高台阶"。一般在 0.975μm 和 1.185μm 处都有典型的吸收峰存在，这是由植被体内水的吸收和冠层结构引起的。

(4) 在 1.3μm 附近，反射率明显下降，而且在 1.3～2.5μm 范围内反射率保持较低的水平。在 1.19μm、1.4μm 和 1.9μm 附近可以明显地看出反射率跌落，出现了明显的水吸收带，且跌落程度主要取决于水的含量。

2.1.2 植被光谱的特征参数

人们较早就开展了针对植被的光谱特征研究，并且提出了一系列特征参数。这些参数涉及植被生化组分与光谱之间的关系，能提高植被的分类识别精度，有利于估算植被生物化学参数。将它们与诊断光谱分析相结合，有助于提高遥感影像对植被的分类识别效果。

常用的植被光谱特征参数如下。

(1) 红边 (RE)。红边是植被在 0.67~0.74μm 之间反射率增高最快的点，也是一阶导数光谱在该区间的拐点，红边是绿色植被最显著的标志。

红边的描述包括红边的位置和斜率。计算红边位置的方法通常有两种，即一阶导数法和配准法。一阶导数法是选择植被光谱一阶导数最大值的位置作为红边位置。配准法有四点内插法、反高斯模型内插法和多项式配准法等。四点内插法假设红边附近的反射光谱为近似直线，其反射率近似于红光和近红外波段反射率的均值，红边位置的波长是根据 4 个点上的波长内插所得。反高斯变换模型法认为反射率是波长的函数，采用 4 个参数描述红边，得到一个平滑的红边反射率。有学者经过对多项式配准法和拉格朗日内插法的精度比较研究，认为利用多项式配准法获取不对称的红边位置，比四点内插和反高斯模型法精度高。

红边斜率与植被覆盖度、郁闭度或叶面积指数有关，覆盖度越高，叶绿素含量越高，红边斜率越大。

(2) 蓝边 (BE)。蓝边是指蓝色光在 0.49~0.53μm 之间反射率一阶导数的最大值位置。

(3) 黄边 (YE)。黄边是指黄色光在 0.55~0.58μm 之间反射率一阶导数的最小值位置。

(4) 归一化差异植被指数 (NDVI)。NDVI 是指在不同波段范围内两种地物的光谱反射率差值与其和值之间的比值，或者是多个波段上的光谱反射率的加权差值与加权累积之间的比值。

(5) 植被叶面积指数 (LAI)。是指单位面积内植被所有叶面积的总和除以单位面积。叶面积指数是植被冠层结构的一个重要指数，它控制着植被的许多生物物理过程，如光合、呼吸、蒸腾、碳循环和降水截获等。通常是利用植被在近红外波段有较高的反射率来间接计算叶面积指数。

(6) 红边一阶导数最大值 (DRE)。它对植被的植物量 (叶面指数 LAI) 反映极为敏感，其他如一阶导数积分、二阶导数积分与绿色植被的覆盖度有非常紧密的线性关系。

(7) 叶面叶绿素指数 (LCI)。LCI 对叶绿素很敏感，但是对叶面散射和叶面内部结构变化不敏感，LCI 最适用于高叶绿素的区域。

(8) 叶面水含量指数 (WI)。WI 是比较 0.97μm 水吸收波段和 0.90μm 的反射率相对而定的参数。

(9) 归一化差异水体指数 (NDWI)。NDWI 是反映植被叶面水含量的参数，是根据 1.24μm 水吸收波段和 0.86μm 的反射率相对而定的参数，它随着绿色植被叶面水含量的增加而增加。

2.1.3 影响植被光谱特征的因素

尽管绿色植被的光谱曲线形态基本相似，但是植被生化组分、冠层结构的不同以及季相变化，都会对植被的光谱特征产生影响。

1. 不同植被种类间光谱特征的差异

不同种类的植被，生化组分和冠层结构的差异，都会使光谱特征曲线表现出细微的差别。图 2.1 所示为四种植被的反射率曲线，它们的曲线形状十分相似，但仍能通过诊断光谱分析识别它们之间的细小差异，从而实现对植被种类的精细分类。

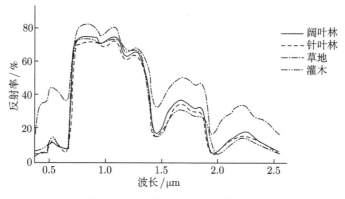

图 2.1 不同植被种类的光谱曲线

整体上讲，草地的反射率在可见光、近红外、中红外波段上普遍高于其他波段，尤其是在可见光波段的差异非常明显。

图 2.2 是不同树种在同一时间段内的光谱反射曲线。可以看出，不同树种的反射率曲线也具有明显的差别，并且在不同的波段范围内的差异程度不完全一致。例如，杨树 (学名小叶白杨) 与其他几种树在 0.40～0.75μm 波段范围内有显著的区别：在 0.55μm 处的反射峰不明显；虽然在 0.68μm 处的吸收峰仍然存在，但比其他树种要低很多；在 1.15μm 之后，杨树的反射率远远高于其他树种。紫穗槐在 0.95μm 附近的吸收峰特征比较微弱，与杨树相似，但不同于其他几种树种。

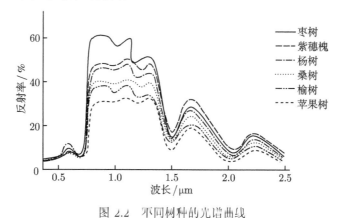

图 2.2 不同树种的光谱曲线

2. 季相变化对植被光谱特征的影响

植被的生长随季节发生周期性的变化，植被的季相变化对光谱曲线形状有较大的影响。植物在不同的季节处在不同的生长阶段，体内所含叶绿素 a 和 b、胡萝卜素的含量各不相同，从而表现出不同的光谱特征。

图 2.3 展现了同一植被 (黄蒿) 在不同生长阶段内的光谱变化。从图中可以看出,由于植被在不同生长阶段体内叶绿素、纤维素和表面色素含量的差异很大,光谱曲线形态出现相应的变化。

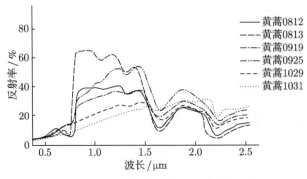

图 2.3 不同生长期的黄蒿光谱曲线对比

注: 0812 代表 8 月 12 日的光谱曲线, 下同

3. 水分对植被光谱特征的影响

在红外和短波红外波段的吸收峰是由大气中的水蒸气和植被体内的水分决定的。植被水分的变化,也会使其光谱形态发生变化。总体上表现为随着植被体内水分的增加,反射率降低。图 2.4 是梧桐树叶随水分变化的光谱曲线对比结果。

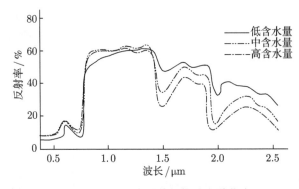

图 2.4 不同含水量的梧桐叶光谱曲线

国内外大量试验结果表明,植被光谱特征随含水量变化的一般规律是:①植被含水量大于 90%时,在 0.79μm 附近出现叶绿素反射峰,其他位置的峰值都小与该峰值;②当植被含水量低于 50%时,在 0.79μm、1.12μm、1.30μm 处出现反射峰,且随着波长的增加,峰值呈增大的趋势;③植被含水量越大,在 0.79μm 和 1.12μm 处的光谱吸收能力越强,反射率降低。

2.1.4 绿色涂料与植被光谱的区别

植被作为目标的常规背景环境,成为高光谱探测的重点。植被环境中的目标多数是涂有大量的绿色涂料,因此识别植被环境中涂有绿色涂料的目标对高光谱探测来说具有重要意义。刘志明等 (2009) 使用可以测量紫外、可见、近红波段的外实验室光谱仪日立 U-4100，测试了梧桐、樟树、构树和藤菜的反射光谱特征，并与某种绿色涂料的反射曲线进行了比较，如图 2.5 所示。

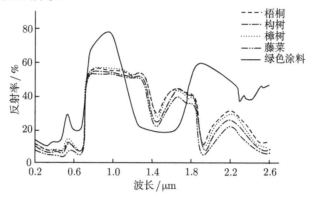

图 2.5　绿色涂料与植被光谱的差异

从图 2.5 中可以看出，喷涂有绿色涂料的目标与健康的植被在 0.4~2.5μm 波段范围内，两者的反射特征具有明显的差异。喷涂绿色涂料目标的反射光谱虽具有绿色植被的"绿色反射峰"和"红边"特征，但由于绿色涂料与植被叶面的组织结构、理化组分等方面的差异性，完全不具有植被的"近红外陡峰"特征。可见光波段的绿色反射峰和"近红外陡峰"波段 (0.78~1.3μm) 反射率的波动性，成为识别植被环境中喷涂有绿色涂料目标的有效光谱特征。

在实际应用中，一般是通过光谱特征选择来确定判别的规则，建立光谱异常检验算法来区分植被与喷涂绿色涂料的目标。为了反映绿色涂料和植被反射光谱的本质差异，将植被光谱和绿色涂料光谱求一阶导数，增强两者之间光谱反射特征的差异性，然后通过整体相似性计算即可有效区分植被和喷涂绿色涂料的目标。

2.2　土壤岩石的光谱特征

土壤岩石的光谱特征主要由基本组成物质决定。地球地表土质 (土壤和岩石) 是一种复杂的混合物，它是由物理和化学性质各不相同的物质所组成，这些差异便会影响土质的反射和吸收光谱特征。

2.2.1　土壤的光谱特征

土壤光谱特征是由土壤的基本组成决定的，而土壤又是由固体、液体和气体三相共同组成的多组体系。固体包括土壤的矿物质和有机质。土壤矿物质占土壤组分的绝大部分，约占总重量的 90% 以上。土壤有机质约占固体总量的 1%~10%，一般在可耕性土壤中约占 5%，且多积聚在土壤表层。土壤液体是指土壤水分及其水溶物。土壤中无数的空隙充满了空气，即土壤的气相。典型的土壤约有 35% 的体积是充满空气的空隙，所以土壤具有疏松的结构。

概括起来，影响土壤光谱特征的主要因素是土壤类型、土壤成土矿物、土壤含水量、土壤颗粒度以及有机质含量等。它们的差异反映在土壤的光谱反射曲线上会呈现显著的不同。

1. 土壤矿物质

土壤的许多性状都来源于土壤母质。一般土壤含有的原生矿物以石英石为主，也有石膏、方解石、长石、白云母和少量的角闪石和辉石，其次还有磷灰石、赤铁矿、黄铁矿等。土壤中的砾石、砂粒几乎全由矿物质组成，多为石英石。土壤含原生矿物的光谱曲线如图 2.6 所示。

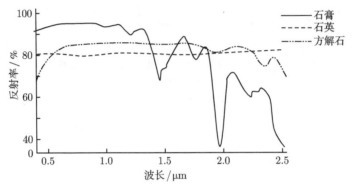

图 2.6　土壤主要原生矿物光谱曲线

土壤中的次生矿物是指岩石风化和成土过程中新生成的矿物，主要有三类：一是简单的盐类，都是原生矿物经化学风化后的最终产物，常见于干旱和半干旱地区的土壤中；二是含水的氧化物，是硅酸盐矿物彻底风化后的产物，常见于湿热的热带和亚热带地区的土壤中；三是构成土壤主要成分的次生层状硅酸盐类，又称"黏土矿物"或"黏粒矿物"，普遍存在于土壤中，种类很多。

土壤的次生矿物的光谱反射曲线如图 2.7 所示，在 2.10~2.45μm 光谱曲线差异显著，表现为吸收波段的峰值位置和吸收深度的差别。

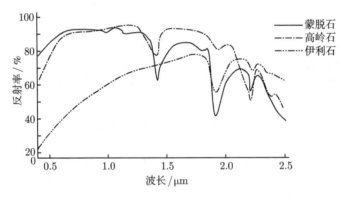

图 2.7　土壤次生矿物光谱曲线

2. 土壤含水率

含水率是表征土壤质地的重要指标，土壤含水量的不同，在反射光谱曲线上具有明显的差异。现有研究成果和实验数据表明，当土壤的含水率增加时，反射率在各个波长都会有明显降低，如图 2.8 所示，在 1.4μm 和 1.9μm 附近，水吸收特征的深度和宽度都会随含水率的增加而增加，特别是在 1.9μm 附近的特征吸收变化幅度更大。

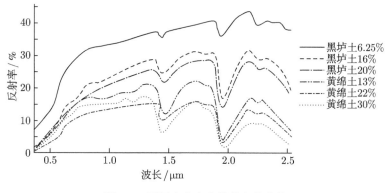

图 2.8　不同含水率土壤的光线曲线

3. 地表颗粒度

地表质地是指土壤中各种粒径的颗粒所占比例的相对比例。它对土壤光谱特征的影响表现为两方面：一是影响土壤持水能力，进而影响土壤的光谱反射率；二是土壤颗粒大小本身也对土壤的反射率有很大影响。一般来说，随着土壤颗粒的增大，反射率降低，如图 2.9 所示。其原因是颗粒直径大，表面不光滑，粒间空隙形成阴影，导致了反射率降低。

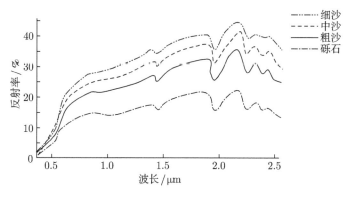

图 2.9　不同粒度黄沙光谱曲线

4. 土壤有机质

当土壤有机质的含量较高时，土壤的颜色一般会偏暗，因此它的光谱反射率降低，而且会与这些有机物质相对应的特征吸收有关。

作为土壤的重要组成部分，土壤有机质是指土壤中那些来源于生物 (主要是植物和微生物) 的物质，其中腐殖质是土壤有机质的主体，腐殖质可以分为胡敏酸和富里酸。胡敏酸的反射能力极低，几乎在整个波段范围内呈一条平缓的直线，呈现为黑色。富里酸则在黄光部分开始出现强反射的特性，呈现为棕色。

在实际应用中，通过对土壤有机质含量的分析，可以区分平沙地、龟裂地及耕地。通过对冬季土壤腐殖质含量的分析，可以判断在其他季节该区域的覆盖情况。有机质的成分及含量在光谱曲线上都有体现，有机质影响主要是在可见光和近红外波段，而影响最大的是在 0.6～0.8μm 波长范围。

2.2.2　岩石的光谱特征

地表岩石的种类很多，物理化学成分差异也很大，但岩石大体上可以分为三大类 —— 沉积岩、火山岩和变质岩。图 2.10、图 2.11 和图 2.12 是这三种岩石的光谱反射曲线。

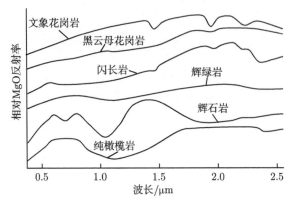

图 2.10　火山岩的光谱曲线

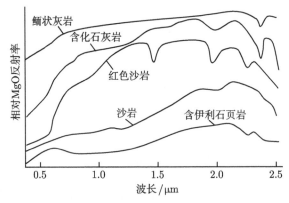

图 2.11　沉积岩的光谱曲线

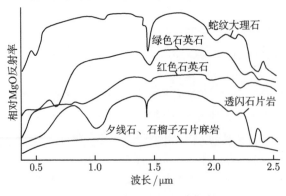

图 2.12　变质岩的光谱曲线

岩石的光谱非常复杂，最重要的原因是岩石光谱本质上是岩石矿物混合光谱，其光谱特征受成分、结构、构造和表面状态等因素的影响。研究表明，岩石的混合效应是非线性的，这对高光谱遥感影像识别岩石属性带来了困难。

影响岩石光谱特征的因素如下。

1. 风化和水蚀作用

风化作用和水蚀作用能够改变岩石的成分和结构。岩石受风化剥蚀作用生成碎屑物质，水蚀作用生成水化物，且部分残留于岩石表面。对于沉积岩，由于风化后对于组分影响较小，风化表面与原表面的光谱差异主要表现在反射率的大小上。而在光谱形态上，可见光部分变化较大，其他波段变化相对较小。

2. 岩石表面结构影响

岩石表面结构和状态对光谱特征有一定的影响。在岩石组分基本相同的条件下，组分颗粒粒度尺寸的减小会使反射率增大。这是由于粒度越小，对入射电磁波的散射越强，从而减弱了消光作用。

3. 岩石表面颜色

岩石颜色是组成成分、金属杂质以及有机质含量的集中表现。不同种类的岩石由不同矿物质组成，颜色也有差别。一般情况下，岩石的颜色越深，说明以暗色矿物为主或者含有某些有机杂质，则反射率越低。

4. 大气环境

大气环境的变化，对岩石光谱特征的影响比较明显。如受大气窗口的限制，风力的随机性变化，气温、气压以及能见度等变化的影响。最明显的是大气影响，因为大气能够改变太阳辐射的光谱分布，以致衰减辐射能量，增加散射能量。

2.3 人工地物的光谱特征

人工建筑物和构筑物是重要的地物要素，是遥感探测的重要内容。人工地物种类繁多，结构复杂，建筑形式也各异，但人工地物的光谱特征主要与建筑材料的类型和状态有关。因此，在分析人工地物光谱特征时，主要考虑所使用的建筑、铺面材料的类型。

2.3.1 建筑物顶部材料的光谱特征

在遥感图像上，通常只能看到建筑物的顶部。因此，构成建筑物顶部的不同建筑材料的光谱特征是研究的重点。建筑物顶部的主要材料有油毡石子、沥青石子，烧制的红瓦、灰瓦、青瓦，水泥质的灰瓦、石棉瓦，以及各种琉璃瓦和不同颜色的涂料等。图 2.13 是几种不同建筑材料的光谱曲线。

由图 2.13 可知，红瓦、土红色瓦、红色琉璃瓦在红外波段反射率上升趋势明显，而在可见光的短波部分反射率相对较低；在可见光短波部分土红色瓦的反射率高于红色瓦；

绿色琉璃瓦在近红外波段反射率较低，呈下降趋势；灰色石棉瓦以及灰色的水泥瓦在所有波段反射率中等，且变化缓慢，表现为灰体的特征；青瓦在可见光波段反射率最高，而在近红外波段反射率下降趋势明显。

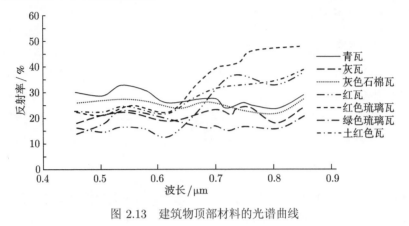

图 2.13　建筑物顶部材料的光谱曲线

2.3.2　道路铺面材料的光谱特征

道路的铺面材料多为水泥混凝土、沥青混凝土、石子沥青、接近纯沥青、炭渣以及土质路面，其光谱曲线如图 2.14 所示。

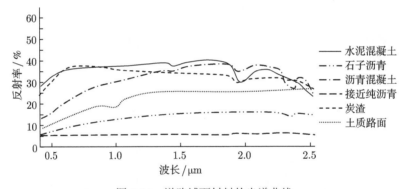

图 2.14　道路铺面材料的光谱曲线

从图 2.14 中可以看出，水泥混凝土路面的反射率整体上最高，在可见光和近红外波段变化相对缓慢；沥青与混凝土混合的路面，在可见光部分反射率较低，但到近红外部分增加明显；干燥的炭渣路面在可见光波段反射率随波长的增加上升明显，在近红外以后稍有下降，但变化缓慢；接近于纯沥青的路面反射率最低，且在可见光、红外部分几乎没有变化。

2.4　陆地水体的光谱特征

由于陆地水体的性状千差万别，因此其光谱特征也存在较大的差异。水体中的杂质或污染物质，如水中悬浮物、泥沙、可溶性有机物及浮游植物等，都会极大地影响水体的光谱反射特征。

2.4.1 清洁水体的光谱特征

水体的光谱反射由三部分组成，即水的表面反射、水体底部物质的反射和水中悬浮物质的反射。水体的光谱反射特征是由水体各组分 (浮游生物、悬浮物、黄色物质等) 的吸收和散射等特性共同作用的结果。

清洁水体的光谱反射特征曲线如图 2.15 所示。

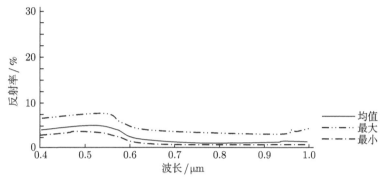

图 2.15　清洁水的光谱曲线

从图 2.15 可以看出，清洁的水体在蓝光波段透射率最大，而在红光波段衰减率最大。与散射相比，水体对光的衰减主要是吸收引起的，在红外光谱区几乎全部吸收，接近于黑体。由于选择吸收效应，水体在 750~760nm 出现吸收最大值，在蓝-绿波段反射率为 4%~5%，600nm 以下的红光部分反射率降到 2%~3%。

2.4.2 含沙量对水体反射光谱特征的影响

水体中悬浮泥沙所引起的浑浊度是影响各种水体光谱响应的主要因素之一，水体中含沙量的不同，水体的反射特征也不尽相同。总体来说，浊水的反射率比清水高很多。图 2.16 所示为水中不同含量悬浮泥沙的水体光谱曲线。

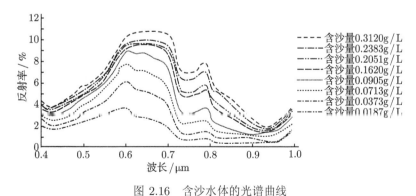

图 2.16　含沙水体的光谱曲线

悬浮泥沙光谱反射率具有双峰特征，第一反射峰在 0.6~0.7μm，第二反射峰在 0.76~

0.82μm。在含沙量较低时，第一反射峰值高于第二反射峰值。随含沙量浓度的增加，第二反射峰的反射率逐渐升高。当水体中悬浮泥沙含量增加时，反射率波谱上的反射峰由短波向长波方向位移，即具有所谓的"红移现象"。在 0.7~0.9μm 范围反射率对悬浮物浓度变化敏感，是分析水中所含悬浮物的最佳波段。

此外，悬浮泥沙的类型、颗粒大小也是影响水体光谱反射特征的一个重因素。研究结果表明，水体中悬浮物颗粒粒径越小，散射系数越大，反射率就越大。随着泥沙含量的增加，水体呈现与泥沙相似的反射光谱特征。

2.4.3　叶绿素浓度对水体反射光谱特征的影响

叶绿素 a (Chl-a) 是藻类植物中最丰富的色素，是反映水体富营养化程度的一个重要指标。一般说来，随着叶绿素 a 浓度的不同，在 0.43~0.70μm 范围会有选择地出现较明显的差异。图 2.17 为随叶绿素 a 浓度变化的水体反射光谱特征。

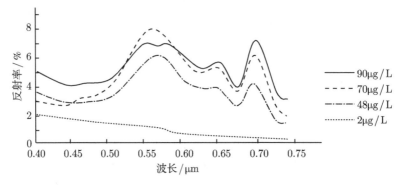

图 2.17　不同叶绿素浓度水体的反射曲线

从图中不难看出，叶绿素 a 在 0.44μm 和 0.67μm 附近都有吸收峰，当藻类密度较高时水体光谱反射率曲线在这两处出现峰值，0.4~0.48μm 范围内反射率随叶绿素 a 浓度加大而降低；在波长 0.52μm 处出现"节点"，即该处的辐射值不随叶绿素 a 含量而变化；0.55~0.57μm 范围的反射峰是由于叶绿素 a 和胡萝卜素弱吸收以及细胞的散射作用形成的，该反射峰值与色素组成有关，可以作为叶绿素 a 定量标志；藻青蛋白的吸收峰在 0.62μm 处，所以 0.63μm 附近出现反射率谷值或呈肩状；波长 0.68μm 附近有明显的荧光峰，此时叶绿素 a 的吸收系数在该处达到最小。0.68~0.72μm 范围荧光峰的出现是含藻类水体最显著的光谱特征。

2.4.4　水体不同深度的光谱反射特征

图 2.18 是不同深度水体的光谱曲线。图中所示曲线具有水体的一般特征。波长在 0.35 和 1.15 μm 之间，随着水深增加，光谱反射率降低；在波长 ≥1.15μm 时，水体反射率大幅降低。由图中可知浅水处的反射率明显高于深水处的反射率。与水深强烈相关的波段在红波段，而不在蓝波段。深浅水区光谱最大差异发生在 0.78~0.82μm 之间，而当波长短于 0.68μm 时，深浅水区的光谱差异明显减小了。

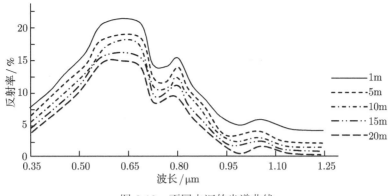

图 2.18　不同水深的光谱曲线

2.4.5　雪的光谱反射特征

雪是水的一种固体形式,但与水体的光谱特征截然不同,地表雪的反射率明显高于水体,如图 2.19 所示。

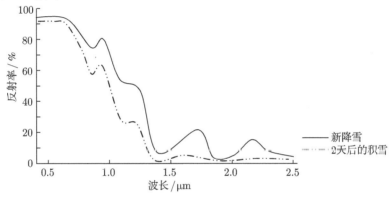

图 2.19　雪的反射光谱曲线

雪的晶粒大小、雪花絮状分裂的形状和积雪的松紧程度的不同,都对雪的光谱反射特征产生影响。雪的光谱反射率的平均值变化特点是:新降的未融化的雪 > 表面融化的雪 > 湿的融化的雪 > 重新结冰的雪。

2.5　海部要素的光谱特征

海岸带是海部要素分布最集中的潮浸地带。海岸带地段覆盖类型复杂,它们在反射光谱上表现不一,而且反射曲线规律性差。同时海岸带地物多为带状或者零星的点状分布,受潮汐、洋流等因素影响,多呈动态变化,有其特殊的光谱特征,但是海岸带地物在光谱响应上仍有一定的规律性。下面对与海岸带密切相关的水体、植被、基岩、滩涂等几类地物的光谱数据特征进行分析。

2.5.1　海水的光谱特征

海岸带的水体主要包括近岸海水、河口、潟湖、盐田等。水体的反射率相对于其他地物的反射率较低，水几乎成了全吸收体。水体中的悬浮泥沙、叶绿素、黄色物质以及含沙量是影响水体反射光谱的主要影响因子。例如，随着水体含沙量的增加，各波段的反射率都普遍增大，但增幅不同，反射率增幅最大的波长与反射率波谱最大峰值位置基本吻合。这些因子与水体反射率光谱之间的变化规律是利用遥感数据定量反演水色的基础。

海洋水含盐碱量很大，与陆地水体的光谱特征有较大的区别，如图 2.20 所示。

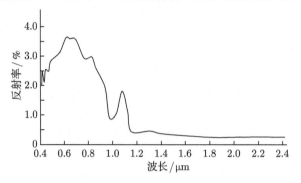

图 2.20　海水的反射光谱曲线

从图中可以看出，海水在 0.44μm 处有叶绿素吸收峰，在 0.60μm 处的反射峰是由叶绿素和悬浮泥沙的共同作用形成的，在 0.75μm 处是海水的吸收位置，在 0.81μm 处的反射峰由悬浮物质形成，在近红外波段是海水的吸收波段，在 1.15～2.25μm 的短波红外波段表现为海水的强吸收。

2.5.2　海岸带植被的光谱特征

海洋沿岸植被多具有耐盐碱性，与陆地非耐盐碱性植被的光谱特征有区别。图 2.21 是海岸带地区几种主要植物类型的光谱曲线。

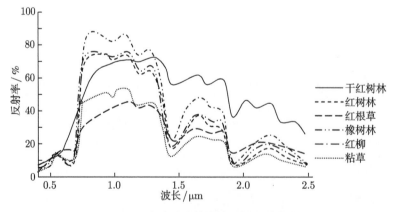

图 2.21　海岸地带植被的反射光谱曲线

植被由于植物的光合作用，各类植被具有极为相似的反射光谱特征。与大多数绿色植物一样，在海岸带环境中占有重要地位的红树林在 0.46～0.50μm 之间具有一个蓝光的吸收区，反射率很低，大约为 2%～3%；而对绿光特别是红外区则具有较强的反射；同时在 0.70～0.74μm 之间存在一个红光到红外区反射率递增的"红边"特征。

2.5.3 海岸基岩和滩涂的光谱特征

海岸基岩的光谱特征整体上与陆地岩石是相似的，但由于受海水浸湿的影响，在某些波段有其特殊性。岩石矿物的晶格结构中存在的铁等过渡性金属元素决定了其在 $0.4\sim1.3\mu m$ 波谱范围内的光谱特性，而在 $1.3\sim2.5\mu m$ 的波谱范围内，矿物的光谱特性是由矿物组成中的碳酸根、羟基及可能存在的水分子决定的。除不同类型的基岩在光谱响应上有差异，其表面干湿程度的不同也会影响其光谱响应，因此海岸带地物的反射光谱由于受到潮水的作用，其光谱曲线会发生变化。

沙滩的反射光谱与其含水量、沙砾的粒径级、密实程度、沉积物的组成等有重要的关系，沙滩的反射率光谱在 $0.4\sim1.0\mu m$ 范围与基岩光谱相似，总体上随波长的增加而增加。

2.6 高光谱影像地物属性探测要求

高光谱遥感技术由于应用领域和目的不同，对不同地表属性的探测要求也各异。本节结合地理环境要素属性信息探测方面的基本要求展开分析。

2.6.1 植被探测要求

植被在地表占有很大的比重，是重要的地理环境要素之一。常规的遥感技术中，由于光谱分辨率低，植被属性信息的获取只能依靠目视判读与实地调查相结合的方法，存在作业效率低、成图周期长的问题。

研究表明，高光谱遥感技术具备了植被属性信息自动分类的潜力，因而可大幅提升分类识别的速度和可靠性，并具备对植被进行定量分析的能力。因此，高光谱遥感可极大地提高植被属性信息探测的作业效率。

1. 基本要求

高光谱遥感应用于地理环境信息探测时，植被的分类应满足以下基本要求。

(1) 应注重探测和识别面积较大且隐蔽、障碍、取材价值大的植被属性。

(2) 应严格区分乔木树林、竹林、灌木、经济林、经济作物地、草地、稻田和有方位作用的旱生作物地的属性和分布范围。

(3) 应区分矮林、幼林和苗圃。

(4) 应正确区分经济作物林、多年旱生经济作物地和水生经济作物地。

(5) 草地要注意区别高草地和一般草地，即草类生长覆盖地面在 50% 以上且有放牧价值的地段和城市草坪绿地。

(6) 面积较大的还应判断能够反映植被参量的数据特征。例如，森林的树种、平均树高和胸径，幼林的平均树高，经济林的林种，竹林的平均高度，灌木的密集程度，以及蜜罐的平均高度，等等

2. 光谱范围和分辨率

高光谱的波段范围和波段宽度应满足植被种类细分的要求。研究结果表明，植被

光谱的特征谱段范围主要集中在 0.40~0.90μm 区间,特别是在蓝边 (0.52μm 附近)、黄边 (0.57μm 附近) 和红边 (0.67~0.74μm) 附近位置包含了大量有利于植被分类的信息。尽管植被的光谱特征主要体现在 0.40~0.9μm 的范围内,但是 0.40~2.5μm 的范围 (1.33~1.47μm 和 1.78~2.0μm 的大气吸收波段除外) 都能用来对植被进行分类 (例如 2.0~2.20μm 对植被季相变化敏感)。通常波长范围与分类的可靠性是成正比的,为了保证分类的可靠性,波段范围应选择为 0.40~2.5μm。

实验表明,对针叶树种进行识别,高光谱数据波段宽度应不大于 20nm,植被种类分离实验通常采用光谱分辨率 10nm 左右的数据。理论上讲,波段越窄,描述植被的光谱形状越细致,越有利于识别,但这也会造成数据冗余大,给数据处理带来困难。

综上所述,利用高光谱遥感图像进行植被信息探测时,不同的光谱范围应具有不同的光谱分辨率,具体要求如表 2.1 所示。

表 2.1　植被探测对光谱范围和分辩率的要求

光谱范围/μm	光谱分辨率/nm
0.49~0.53、0.55~0.58、0.67~0.74	5
0.40~0.51、0.53~0.56、0.58~0.67、0.78~0.90	10
0.90~2.50	20

2.6.2　土壤岩石的探测要求

1. 基本要求

高光谱遥感土质岩石属性探测的优势,主要体现在对岩石类型、成土矿物、土壤含水量、土壤颗粒度以及土壤有机质含量等的探测。对土壤岩石质地的探测要求主要包括以下几个方面。

(1) 主要识别在地形图上不能用等高线表示的变形地貌。

(2) 仅识别相应测图规范中有相应的图式符号表示的土壤岩石性质。

(3) 流水地貌中应区分河床、干湖、冲沟、陡崖等。

(4) 识别陡峭的裸露陡石山。

(5) 风积沙丘应区分新月形沙丘、新月形沙丘链、格状沙丘、格状沙丘链、鱼鳞状沙丘、羽毛状沙丘和梁窝状沙丘。

(6) 正确区分风蚀雅丹、风城、风蚀劣地。

(7) 识别沙砾地、石块地、盐碱地、小草丘地、龟裂地以及白板地等土质。

2. 光谱范围和分辨率

依据地理环境信息探测对地表土壤岩石分类提取的要求,结合前面对不同类型土壤和岩石的光谱特征分析结果,并通过高光谱影像地表土壤岩石分类实验,可得到土壤岩石类型识别所需的最优光谱特征范围和分辨率,如表 2.2 所示。

表 2.2　土壤岩石探测对光谱范围和分辨率的要求

光谱范围/μm	光谱分辨率/nm
0.48~0.55、0.60~0.8、0.9~1.0	10
1.35~1.45、1.85~1.95、2.1~2.45	20

2.6.3　人工地物的探测要求

1. 基本要求

地表人工地物复杂，种类繁多，形态和质地各异，是高光谱遥感中属性探测的重点和难点。概括起来，人工地物属性探测应满足以下基本要求。

(1) 区分街区式、散列式、窑洞式居民地以及蒙古包和牧区帐篷。

(2) 普通的街区应识别是否有树木覆盖。

(3) 识别高层房屋和突出房屋。

(4) 严格区分道路类型和等级，公路还应区分铺面性质，如水泥、沥青、卵石、砾石、沙砾质、土质等。

(5) 确定道路的路堤、路堑的质地，如土质、石质。

(6) 识别工厂、矿山的性质和主要建筑物、构筑物。

(7) 区分堤、坝、闸、桥涵等地物的建筑规模和建筑材料。

(8) 识别其他建筑物、构筑物的质地。

2. 光谱范围和分辨率

依据地理环境信息探测对人工建筑物属性识别的要求，高光谱影像人工建筑物的属性识别主要是通过对建筑材质及铺面材料的探测实现。根据前述对建筑材质、铺面材料的光谱反射曲线分析结果以及已有实验结论，高光谱影像用于人工地物属性探测时对光谱范围和分辨率的要求如表 2.3 所示。

表 2.3　人工地物探测对光谱范围和分辨率的要求

光谱范围/μm	光谱分辨率/nm
0.40~0.52、0.63~0.74、0.76~0.80、0.86~1.10	10
1.35~1.45、1.85~1.95、2.3~2.45	20

2.6.4　陆地水体和冰川的探测要求

1. 基本要求

高光谱影像用于陆地水体和冰川探测的优势主要表现在：能够显著降低水体监测的劳动强度，可以直接对水质参数进行精细评估，对水域的含沙量等杂质进行定量分析，以及可评价水域的污染程度等。高光谱遥感影像对陆地水体和冰川的探测，应满足下列基本要求。

(1) 区分常年有水的河流、湖与时令河、湖。

(2) 识别河流、湖泊、水库、池塘的长水位岸线位置，以及河流、湖泊的高水位岸线位置。

(3) 确定河流、沟渠流入地下的位置。

(4) 识别常年有水河流的长水位宽度、水深和河底性质。

(5) 识别人工沟渠。

(6) 探测水质。

(7) 确认冰川范围线,区分粒雪和冰川舌,认定雪线。

2. 光谱范围和分辨率

如前所述,一般情况下水体在波长 $0.35\sim1.15\mu m$ 之间反射曲线波峰和波谷交替出现,在 $0.6\sim0.7\mu m$、$0.44\mu m$、$0.67\mu m$、$0.55\sim0.57\mu m$、$0.68\sim0.71\mu m$、$0.76\sim0.82\mu m$ 及 $1.070\mu m$ 附近,又会出现小的反射峰,而后随着波长的增加逐渐衰减;$0.78\sim0.82\mu m$ 之间为水深的特征谱段;区分咸水和淡水的最佳波段在 $2.2\mu m$ 附近。综合考虑,高光谱影像用于水质探测的光谱范围和分辨率应满足表 2.4 的要求。

表 2.4　陆地水体探测对光谱范围和分辨率的要求

光谱范围/μm	光谱分辨率/nm
0.6~0.7、0.55~0.57、0.68~0.71	
0.76~0.82、1.0~1.15、2.10~2.3	5
0.40~2.45μm 范围内的其他波段	10

2.6.5　海部要素的探测要求

1. 基本要求

海岸带是陆地和海洋相互作用的地带,在经济、军事方面都具有极其重要的意义。然而,由于海岸带环境的复杂多变性和较差的进入性和通达性,常规的海岸带调查手段在资料获取和信息处理方面存在很大的局限性,高光谱遥感为解决这一问题提供了可能性。

高光谱影像对海部要素属性探测的优势表现在:能够精细区分不同性质的海岸线,准确探测滩涂质地及其承载能力,可对红树林等海洋性植被种类进行精细分类,可准确区分干出滩的质地等。

海部要素属性信息分类识别主要包括以下要求。

(1) 准确识别海岸线的位置。

(2) 正确区分海岸性质,如沙质岸、砾石岸、磊石岸、岩石岸、加固岸、岸垄、树木岸、芦苇岸、丛草岸和陡岸。

(3) 识别干出滩的性质和范围,如沙滩、泥滩、沙泥混合滩、砾石滩、沙砾混合滩、磊石滩、岩石滩、珊瑚滩、树木滩、芦苇滩、丛草滩等。

(4) 正确识别明礁、干出礁、适淹礁和暗礁。

(5) 明确区分港口、码头的类型、用途和建筑材料。

(6) 准确识别水产养殖场的范围和水产品性质。

(7) 探测沿岸底质。

(8) 探测洋流等海洋水文信息。

2. 光谱范围和分辨率

由于海洋环境的反射率一般低于 5%，来自海水的有用信号只占全部信号很小的一部分，这种在强干扰背景下探测微弱有用信息的情况决定了海洋遥感仪器必须具有较高的光谱分辨率、宽波段范围和高的探测灵敏度。光谱分辨率高，可以很容易地探测到地物反射光谱中的吸收峰，体现地物的一些诊断性光谱特征，它决定了辐射光谱中测量特征的精度；波段范围宽，能够在一定程度上消除大气的干扰，分离出有关波段在近表层水中的后向散射辐射。

根据基于辐射传输理论的大气辐射传输校正条件，同时结合海洋环境特点，一般水色观察要求光谱分辨率不大于 10nm，主要特征谱段位于 0.4~0.65μm，这也就是通常所说的 "海洋窗口"。海岸带遥感监测的另一个重要方面是岸滩性质，针对沙滩而言，在可见光波段光谱反射率随波长的变化明显，其中以 0.5~0.75μm 范围内的变化明显；含水量多少、粒径差异、物质组成、沙滩表面状况和密实程度都会引起该范围内光谱响应的变化，由于受潮汐影响，含水量大小是引起光谱差异的主要原因。

结合上述分析，考虑到利用遥感技术进行海部要素探测时主要包含岸线和近海海底性质、岸、滩的土质和植被以及水面污染等情况，结合各类地物不同的电磁辐射性质，在可见光到近红外区域，高光谱数据波段宽度应小于 10nm，其他波段位置的光谱分辨率可放宽至 20nm，具体要求如表 2.5 所示。

表 2.5　海部要素探测对光谱范围和分辨率的要求

海部要素	光谱分辨率/nm		
	光谱范围 0.40~0.7μm	光谱范围 0.7~1.0μm	光谱范围 1.0~2.5μm
海水	5~10	5~10	20
干出滩	5	10	20
岸线	10	10	20
近岸浅海底质	10	20	20

第3章　高光谱成像系统

实现地物的高光谱遥感探测首先要获取地面的高光谱影像数据，即以狭窄的光谱间隔在电磁波谱的可见光、红外波段成像，近似连续地记录每个像元的光谱辐射特性。这种光谱覆盖范围广、能够同时用许多个窄波段成像的传感器称为成像光谱仪，或高光谱成像仪。本章首先分析高光谱遥感的成像机理，结合典型系统总结成像光谱仪的发展现状，然后介绍成像光谱仪的定标系统，最后总结高光谱影像数据的基本特点。

3.1　高光谱遥感成像机理

成像光谱仪能够同时获取反映目标属性的光谱信息和反映目标空间几何关系的图像信息，是将成像技术和光谱技术有机结合的探测设备，其光学系统一般由望远系统和光谱仪系统组成。本节从光学探测、空间扫描和光谱分光方式三方面对高光谱遥感系统的成像机理进行描述。

3.1.1　光　学　探　测

对成像光谱仪而言，光学成像是将地表某一区域反射或辐射的电磁波聚焦在探测器单元上，并获取影像上像元辐射量化值的过程。地面分辨率和辐射分辨率是光学成像系统的两个重要的指标。

图 3.1 为光学成像系统的工作原理。系统工作时，前置物镜 (成像镜头)a 收集其视场角内进入系统的辐射能量，并汇集于物镜的焦平面 b 上映射成像。这是一个仅具有空间成像功能的单纯成像系统，包括物方采样和像方采样两个过程。

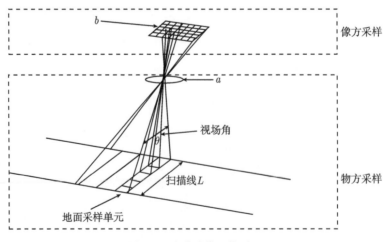

图 3.1　光学成像工作原理

物方采样过程收集物方平面中扫描线 L 上采样面元的辐射能量。物镜 a 依次对视场角内的辐射能量进行采集,将其聚焦于焦平面上映射成像,然后进行像方采样。

像方采样过程由焦平面上的光电探测器 b 及其相连的电子系统完成,光电探测器将焦平面上的映像转换成光电信号,并形成与地物一一对应的影像。

空间分辨率是指遥感影像上能够识别的两个相邻地物的最小距离。对于扫描影像,通常用瞬时视场角 (instantaneous field of view, IFOV) 的大小来表示,单位为 mrad(毫弧度)。空间分辨率数值在地面上的实际尺寸称为地面分辨率。

光学成像系统的可分辨极限受光学系统衍射极限的限制。通常将极限分辨角定义为 $\Delta\theta = 1.22\lambda/D$,这里 λ 为光的波长,此时成像系统的空间分辨率 (ΔL) 可以表示为

$$\Delta L = \Delta\theta \cdot F = \frac{1.22\lambda}{D/F} \tag{3.1}$$

式中,D 为光学系统的入射光瞳直径;F 为焦距;θ 为视场角;D/F 为相对孔径。

相对孔径值越大,地面分辨率就越高,分辨物方微小地物或地物细节的能力就越强。入射光瞳直径是一个重要的系统参数,由成像系统自身的透镜和反射镜器件来确定。

光学成像系统的辐射分辨率由最小可分辨的辐射差值决定。辐射分辨率越高,影像辐射差异表现越好,便可测量越微小的地面辐射变化。辐射分辨率与传感器电子系统的采样数据量化能力和信噪比等有关。

3.1.2 空间扫描

光学成像实现了地面电磁波能量向影像像元量化值的转换,然而整幅遥感影像的获取通常是通过对地面的空间扫描来实现的。按照扫描方式的不同,成像遥感系统主要分为推扫扫描仪、摆扫扫描仪和画幅式相机等类型,成像光谱仪则主要采用推扫型和摆扫型两种方式。

1. 推扫型成像光谱仪

推扫型成像光谱仪的空间成像原理如图 3.2(a) 所示。光学系统通过狭缝收集地物辐射信息,利用探测器自扫描完成一维空间扫描,另一维由遥感平台的运动完成。推扫型成像光谱仪需要采用面阵探测器,在完成空间推扫成像的过程中,同时记录每个像元的光谱信息。

由于推扫型成像光谱仪的空间扫描由探测器件的固体阵列自扫描完成,像元的凝视时间较长,可以提高系统的灵敏度或空间分辨率。在可见光波段的技术很成熟,光谱分辨率可达到 1~2nm,在红外波段 (短波红外和热红外) 的灵敏度和光谱分辨率则相对较低。由于没有光机扫描机构,仪器的体积能设计得比较小,但该类型成像光谱仪总视场角一般只能达到 30° 左右。

我国自行研制的推扫式成像光谱仪 (pushbroom hyperspectral imager, PHI) 和加拿大研制的紧密型机载成像光谱仪 (compact airborne spectrographic imager, CASI) 都属于面阵推扫型成像光谱仪。多数此类成像光谱仪的光谱覆盖范围仅包含可见光和近红外波段,但美国原定为地球观测系统 (earth observing system, EOS) 研制的高分辨率成像光

谱仪 (high resolution imaging spectrometer，HIRIS) 的光谱覆盖范围则可到达短波红外波段。

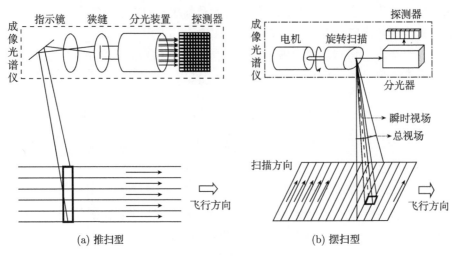

图 3.2　高光谱遥感的两种空间扫描方式

2. 摆扫型成像光谱仪

摆扫型成像光谱仪的空间成像原理如图 3.2(b) 所示，由旋转扫描镜转动和飞行平台向前运动完成二维空间扫描。摆扫型成像光谱仪采用线阵探测器，在成像的同时获取每个瞬时视场的光谱信息。

这种空间扫描通过旋转扫描镜在物方完成，总视场角可达 90°。不同波段任何时候都凝视同一像元，因此像元配准好。摆扫型成像光谱仪的光谱覆盖范围较广，可以从可见光一直到热红外，光谱分辨率一般为 10~120nm。但由于每个像元的凝视时间相对较短，获取影像的信噪比较低，要进一步提高光谱和空间分辨率都比较困难。

目前，波段全、实用性强的成像光谱仪多属此类，最典型系统是由美国宇航局喷气推进实验室 (jet propulsion laboratory，JPL) 完成的 AVIRIS 系统。我国中科院上海技术物理研究所研制的实用型机载成像光谱仪 (operational modular imaging spectrometer，OMIS) 也属此类。

3.1.3　光 谱 分 光

光谱分辨率是成像光谱仪的重要指标，它通常被定义为探测器达到光谱响应最大值的 50%时的波长宽度，即半波宽度。光谱分光技术直接影响着整个成像光谱仪的性能、结构的复杂程度、重量和体积等。按照光谱分光方式，成像光谱仪包括棱镜/光栅色散型、傅里叶变换型、滤光片型、计算机层析型、二元光学元件型和三维成像型等。其中，棱镜/光栅色散型和傅里叶变换型最为成熟，应用也最为广泛。

1. 棱镜/光栅色散型

在准直光束中使用棱镜或光栅的分光技术如图 3.3(a) 和图 3.3(b) 所示。入射狭缝位

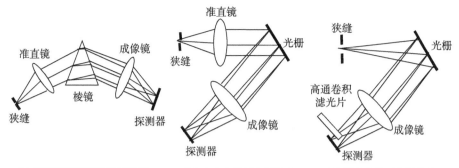

(a) 对准直光束使用棱镜分光　(b) 对准直光束使用光栅分光　(c) 对发散光束使用光栅分光

图 3.3　棱镜/光栅色散型原理图

于准直系统的前焦面上,入射光经准直光学系统后,经棱镜或光栅分光后成像在焦平面探测器上。棱镜和光栅色散型成像光谱仪出现较早,技术也比较成熟,许多航空和航天成像光谱仪均采用此类分光技术。

在发射光束中使用光栅的光谱仪,从狭缝入射的光不需准直系统而直接入射到平面光栅上,经光栅衍射后,成像系统将狭缝按波长成像在面阵探测器的不同位置。将这种光谱技术应用到成像光谱仪中,工作原理如图 3.3(c) 所示,美国军事卫星 Warfighter-1 搭载的成像光谱仪的就是采用这种分光方式。

2. 傅里叶变换型

傅里叶变换型成像光谱仪,利用光谱像元干涉图与光谱图之间的傅里叶变换关系,通过测量干涉图并对其进行傅里叶变换来获得物体的光谱信息。目前,获取地面光谱像元干涉图主要有三种方法:迈克尔逊干涉法、三角共路干涉法和双折射干涉法,如图 3.4 所示。

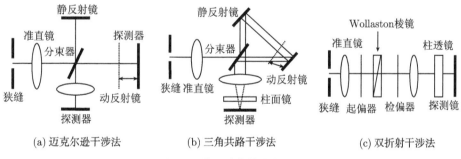

(a) 迈克尔逊干涉法　　(b) 三角共路干涉法　　(c) 双折射干涉法

图 3.4　傅里叶变换分光原理

迈克尔逊干涉法建立在具有一个不动镜和一个动镜的迈克尔逊干涉仪的基础上。它可实现相当高精度的光谱测量,但对扰动比较敏感,对机械扫描精度要求也高,因此仪器结构庞大、成本高。三角共路干涉通过空间调制产生物面的像和像元辐射干涉图。双折射干涉法在垂直狭缝的方向同时获取物面像元辐射的整个干涉图。

迈克尔逊型傅里叶变换成像光谱仪属于时间调制型,只适用于空间和光谱随时间变化较慢的目标光谱图像测量。三角共路型和双折射型属于空间调制型,结构紧凑,对外界扰动和震动有良好的稳定性,适合对地遥感观测,是国内外正大力发展的两种傅里叶变换成像光谱仪。

3.2 成像光谱仪发展现状

1972 年，美国搭载在陆地卫星 (Landsat) 上的多光谱扫描仪 (MSS) 投入运行以后，人们逐渐认识到综合影像空间特征与光谱辐射特性可对地物遥感分析带来巨大推动，光谱扫描成像技术便在世界范围内得到飞速发展。随着数据分析手段的进步，低光谱分辨率的多光谱成像技术所获取的观测数据已无法满足地物精细探测的需要。于是，成像波段更多、光谱分辨率更高的高光谱成像技术便随之产生。本节主要介绍国内外成像光谱仪的研究和发展情况。

3.2.1 国外的成像光谱仪系统

1983 年，美国的航空成像光谱仪 (AIS-1) 获取了第一幅地面高光谱影像，这通常被看做高光谱遥感技术的诞生标志。这一时期的成像光谱仪主要采用二维面阵推扫成像方式，例如 AIS-1 用 32 像素 ×32 像素的面阵列成像，后续的 AIS-2 则用 64 像素 ×64 像素的面阵列成像。由于获取的影像大小非常有限，限制了这类成像光谱仪的商业应用。

1987 年美国宇航局 (NASA) 喷气推进实验室 (JPL) 研制成功航空可见光/红外成像光谱仪 (AVIRIS)，它的问世标志着高光谱遥感成像技术已趋于成熟。AVIRIS 整体仪器由扫描仪、4 个成像光谱仪、1 个定标源共 6 个光学子系统和 5 个电子学分系统构成。扫描角 ±16.8°，扫描仪以扫描–回扫模式操作，不仅使动量得到补偿，回扫期间还能测量和记录探测器的暗电流。光谱仪可以制成 4 个独立个体或组件，将 0.41~2.45μm 的光谱划分成四段，光栅分光时可以避免由于光栅重叠而产生混杂光谱。4 个独立的光谱仪可以按组件模块化的方式构建仪器，便于简化机械结构。AVIRIS 仪器性能参数见表 3.1。AVIRIS 获取的遥感数据已广泛用于科学研究、资源普查、地质勘测、目标分类识别等多种领域，真正地将高光谱遥感技术推广到实用化。

表 3.1 AVIRIS 仪器性能参数及 4 个光谱仪的基本性能参数

AVIRIS 仪器性能参数		4 个光谱仪的基本性能参数				
		项目	光谱仪 A	光谱仪 B	光谱仪 C	光谱仪 D
光圈：14.5cm	扫描速率：	波长/μm	0.41~0.70	0.68~1.27	1.25~1.86	1.84~2.45
视场角：30°	12 扫描线/s	波段宽度/nm	9.7	9.5	9.8	9.8
瞬时视场：	每次像元数：614/行	波段数目	31	63	63	63
1mrad	辐照度定标精度：	光栅线/(条/mm)	117.65	128.21	124.22	128.6
焦距：19.76cm	绝对精度 7%	探测器	Si 二极管	InSb	InSb	InSb
光纤直径：	相对精度：0.5%	列阵元数	32	64	64	64
200μm	数据率：20.4 Mbps	器件面积/μm²	200×200	200×200	200×200	200×200
扫描宽度：	功率：28V DC, 41A	积分时间/μs	87	87	87	87
11km	重量：300kg	信噪比 (典型)	150:1	140:1	70:1	30:1

1992 年，高光谱数字影像采集实验仪 (hypersbectral digital imagery collection experiment, HYDICE) 在美国研制成功。该成像仪采用 CCD 推扫技术，共有 206 个波段，光谱探测范围为 400~2500nm。其数据可军民两用，应用领域包括农业、林业、环境、资源监测及各类灾害监测与估计、军事目标检测等。

许多其他国家也在积极发展本国的航空成像光谱仪系统。表 3.2 列出了自 20 世纪 80 年代以来国外主要的机载成像光谱仪,其中具有代表性的有加拿大的 CASI、澳大利亚的 HyMap、芬兰的 AISA 等。此外,许多新技术得以应用,先后出现了色散型、干涉型、层析型等不同类型的成像光谱仪,扫描方式上则出现了光谱、空间交叉扫描和光谱扫描等更为复杂的方式。

表 3.2　国外主要的机载成像光谱仪

传感器	中文名称	运营商	启用年份	波段数	光谱范围/μm
AIS-1	机载成像光谱仪	美国喷气实验室	1983	128	0.99～2.10 1.20～2.40
AIS-2	机载成像光谱仪	美国喷气实验室	1985	128	0.80～21.60 1.20～22.40
PROBE-1		美国 探索地球科学公司	1998	123	0.40～2.50
AVIRIS	机载可见光近红外成像光谱仪	美国国家航空航天局	1987	224	0.41～2.45
CASI	紧密机载成像光谱仪	加拿大国际研究公司	1990	288	0.43～0.86
AISA	多用途机载成像光谱仪	芬兰光谱成像有限公司	1993	286	0.45～0.90
AHI	机载高光谱成像仪	美国夏威夷大学	1994	32/256	7.00～11.50
DAIS 3715	数字机载成像光谱仪	欧盟地球物理环境研究公司	1994	37	0.40～12.70
DAIS 7015				79	
DAIS 16115				160	
DAIS 21115				211	
HYDICE	高光谱数字影像采集实验仪	美国海军研究实验室	1994	206	0.40～2.50
HyMap	机载高光谱扫描仪系列	澳大利亚 集或光电公司	1996	126	0.40～2.50
				1	3.00～5.00
				1	8.00～10.00
LASH	濒海机载超光谱传感器	美国海军	1997	48	0.39～0.71
PHILLS	便携式光谱成像仪	美国海军研究实验室	1999	500/1000	0.20～1.02
FTVHSI	Fourier 可见光成像光谱仪	美国 Kestrel 公司	2000	145/256	0.45～2.35
ASI VNIR-640	机载光谱成像仪	挪威光电科学院	2003	128/64	0.40～1.00
ASI VNIR-1600				160	0.40～1.00
SWIR-320i				160	0.90～1.70
SWIR-320m				256	1.30～2.50
APEX	机载棱镜实验传感器	欧洲空间局	2004	312	0.38～1.00
				199	0.94～2.50

目前,成像光谱仪的研制正由航空遥感为主转向航空和航天遥感相结合的阶段。在航天领域,由美国喷气推进实验室 (JPL) 研制的中分辨率成像光谱仪 (MODIS) 随 TERRA 卫星发射,成为第一颗在轨运行的星载成像光谱仪,从 2000 年开始向地面传回影像。目前,在轨运行的主要星载成像光谱仪的情况如表 3.3 所示。

表 3.3　国外主要的星载成像光谱仪

传感器	卫星平台	中文名称	运营商	启用年份	波段数	光谱范围/μm
MODIS	TERRA/AQUA	中分辨率成像光谱仪	美国喷气推进实验室	1999	36	0.45~14.3
PRISM	PROBA	空间成像任务高光谱成像仪	欧洲空间局	1999	204	0.45 ~ 0.95 0.90 ~ 2.50
FTHSI	Mightysat-2	傅里叶高光谱成像仪	美国空军研究室	2000	256	0.35~1.05
Hyperion	EO-1	卫星成像光谱仪	美国国家航空航天局	2000	220	0.40~2.50
Warfighter-1	ORBVIEW-4	高光谱传感器	美国轨道成像公司	2001	200	0.45~2.50
CHRIS	PROBA	紧密式高空间分辨率成像光谱仪	欧洲空间局	2001	18	0.41~1.05
MERIS	ENVISAT-1	中等分辨率成像光谱仪	欧洲空间局	2002	15	0.39~1.04
COIS	NEMO	海岸海洋成像光谱仪	美国海军研究实验室和空间技术发展公司	2002	210	0.40~2.50
GLI	ADEOS Ⅱ	全球成像仪	日本宇宙开发事业团	2002	36	0.38~1.20
ARIES-1	ARIES-1	澳大利亚资源信息环境卫星	澳大利亚空间有限公司	2005	64	0.40 ~ 1.05 2.00 ~ 2.50
ARTEMIS	TacSat-3	先进及时响应型战术有效军事成像光谱仪	美国空军研究室	2009	>200	0.40~2.50

2000 年 11 月,NASA 发射的对地观测卫星 EO-1 上搭载有陆地成像仪 ALI、大气校正仪 LAC 和高光谱成像仪 Hyperion。ALI 的用途和技术性能与 Landsat-7 上的 ETM+ 相当,LAC 用于测量大气水汽和气溶胶含量。Hyperion 是推扫式成像光谱仪,共有 220 个成像波段,光谱分辨率 10nm,成像光谱范围为 0.4~2.5μm,地面分辨率为 30m,其各项性能均相当于目前的机载成像光谱仪。Hyperion 在矿物定量填图方面取得了很好的应用效果。

美国空军于 2000 年 7 月发射了 Mightysat-2.1 卫星,其上搭载有傅里叶高光谱成像仪 (FTHSI)。该仪器的成像光谱范围为 0.35~1.05μm,共有 256 个成像波段,地面分辨率为 15m。另外,美国空军原计划于 2001 年 9 月发射轨道观测卫星四号 (OrbView-4),但这项发射最终失败。该卫星上搭载两台传感器,一台是高空间分辨率传感器,其地面分辨率为 1m;另一台是成像光谱仪,其光谱覆盖范围为 0.4~2.5μm,共有 205 个成像波段,地面分辨率为 8m。

为了探测全球范围的海岸环境,2000 年美国海军发射了测绘观测 (NEMO) 卫星,它携带的海岸海洋成像光谱仪 (COIS) 具有自适应性信号识别能力,能够满足军用和民用的不同需求,主要应用于海洋探测、海底类型调查、战舰类型识别等。

2009 年 5 月,美国空军研究实验室管理的战术星三号 (TacSat-3) 升空,它的主要载荷之一是雷神公司建造的先进及时响应型战术有效军事成像光谱仪 (ARTEMIS),设计为军队指挥官快速提供目标探测和目标识别信息,还提供战场准备和战斗损失的信息,用以满足军方对及时响应、灵活和经济适用的航天器在作战中的需求。

目前,许多国家都在积极研制自己的航天高光谱传感器,截至 2009 年年底已明确有发射计划的如表 3.4 所示。

表 3.4　国外计划升空的星载成像光谱仪

传感器	卫星平台	中文名称	国别	升空时间	波段数	光谱范围/μm	地面分辨率/m	刈幅/km
HSC-3	TAIKI	高光谱相机-3	日本	2011	61	0.4～1.0	30	
EnMAP	EnMAP	德国环境监测与分析计划	德国	2012	218	0.40～2.45	30	30
MSMI	ZASat-003	多传感器小卫星成像仪	南非	2012	200	0.40～2.35	14.5	14.9
PRISMA	ASI	高光谱预报与应用任务	意大利	2012	249	0.920～2.505	30	30
HyspIRI		高光谱红外成像仪	美国	2014	200	0.40～2.5	60	145

3.2.2　国内的成像光谱仪系统

我国紧密跟踪国际高光谱遥感技术的发展,并结合国内不断增长的应用需求,于20世纪80年代中后期开始着手发展自己的高光谱成像系统。中科院上海技术物理研究所自行研制成功的实验型71波段模块式机载成像光谱仪(MAIS)于1990年在唐山遥感实验场进行了成像实验,并于1991年又在澳大利亚等地进行了航空遥感实验。在随后的几年里,我国加大了对成像光谱仪的研发力度。自20世纪90年代,上海技术物理研究所先后研制成功推扫式成像光谱仪(PHI)系列和实用型模块化成像光谱仪(OMIS)系列,这是目前国内较有代表性的机载高光谱成像系统,其主要参数如表3.5所示。

表 3.5　中科院上海技物所成像光谱仪参数

类型	光谱范围/μm	取样间隔/通道数	波段数	总视场/(°)	瞬时视/mrad	行像元数	数据编码/bit
OMIS 1	0.46～1.10	10nm/64	128	>70	3	512	12
	1.06～1.70	40nm/16					
	2.00～2.50	15nm/32					
	3.00～5.00	250nm/8					
	8.00～12.50	500nm/8					
OMIS 2	0.46～1.10	10nm/64	68	>70	3/1.5	512/1024	12
	1.55～1.75	0.2nm/1					
	2.08～2.35	0.2μm/1					
	3.00～5.00	2μm/1					
	8.00～12.50	4.5μm/1					
PHI 1	0.40～0.85	1.8nm/244	244	21	1.5	360	12
PHI 2	0.40～0.87	1.9nm/244	247	23	1.2/0.6	652	14
PHI 3	0.41～0.98	1.9nm/124	124	42	0.6	1300	14

PHI的光学系统采用了棱镜和光栅组作为色散元件,它是典型的透射式分光部件,分光计的结构紧凑、体积小,通过合适的光学参数选择和设计,光学系统如彩图3.5所示。由于探测器器件尺寸的限制以及光学设计的困难,推扫型成像光谱仪总视场角相对较小。PHI 3将两台各具有22°视场角的高光谱成像仪拼接为具有42°视场角的高光谱成像模块,两个视场之间有2°的重合。机械结构采用光、机一体化的设计方法,如彩图3.6所示。

自1994年开始,中科院长春光机所研制了星载高分辨率成像光谱仪(C-HRIS),设计卫星在400km高空时,地面空间分辨率为20m,光谱范围为0.43～2.4μm,光谱分辨率为 10~20nm。1998 年研制成功原型样机，并在 1999 年进行了航空校飞试验，并显示了高分辨率成像光谱仪在目标识别方面的良好能力。此外，中国科学院西安光机研究所研制的稳态大视场偏振干涉成像光谱仪 (SLPIIS) 体积小，没有运动部件，有广角补偿功能，具有轻型、稳态、大视场的优点。

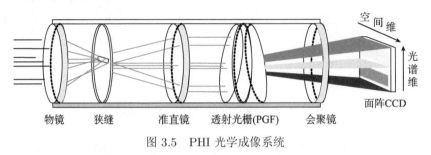

图 3.5　PHI 光学成像系统

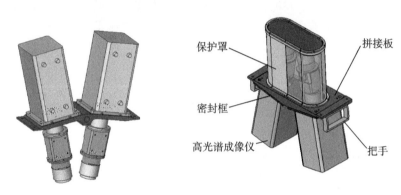

图 3.6　高光谱分辨率成像仪宽视场拼接示意图

在星载成像光谱仪方面，上海技术物理研究所研制的中国中分辨率成像光谱仪 (CMODIS) 于 2002 年 3 月随 "神舟" 三号发射升空，并成功获取了航天高光谱影像。CMODIS 获取的影像从可见光到近红外共 30 个波段，中红外到远红外 4 波段，空间分辨率为 500m。2007 年 10 月发射的 "嫦娥一号" 卫星携带西安光机所研制的干涉成像光谱仪升空，通过与其他仪器配合使用对月球表面有用元素及物质类型的含量与分布进行分析，获得的数据用于编制月球表面元素的月面分布图。2008 年 5 月，我国新一代极轨气象卫星 "风云三号" 发射成功，它也将中分辨率光谱成像仪作为基本观测仪器，纳入大气、海洋、陆地观测体系，为对地球的全面观测和监测提供服务。2008 年 9 月，我国将环境与灾害监测预报小卫星星座的 A、B 两星以一箭双星的方式送入太空。在 A 星上携带的高光谱成像仪，工作在可见光–近红外光谱区 (0.45~0.95μm)，具有 128 个波段，光谱分辨率优于 5nm，地面分辨率 100m，用于对广大陆地及海洋环境和灾害进行不间断的业务性观测。

3.3　成像光谱仪定标

成像光谱仪定标是高光谱遥感定量化分析的重要环节，目的是建立成像光谱仪每个探测单元输出的数字量化值 (DN) 与它所对应视场中输入辐射值之间的定量关系。高光谱成像数据只有经过成像光谱仪定标及修正，才能用于提取真实的地物物理参量，不同地区或不同时间获取的高光谱影像才能进行比较，不同传感器、光谱仪甚至系统模拟数据才能进行联合分析。按照定标内容的不同，成像光谱仪定标通常包括光谱定标、辐射定标和几何定标。

3.3.1　光　谱　定　标

光谱定标是测定成像光谱仪各波段的光谱响应函数，并由此得到每个波段的中心波长和等效带宽。光谱定标是成像光谱仪辐射定标的基础，在实验室内通常利用专用单色仪、准直系统和光源组成实验室光谱定标系统，采用波长扫描法进行。

实验室光谱定标系统如图 3.7 所示。光源发出的白光经聚光后打在单色仪的入射狭缝上，通过单色仪分光后从出射狭缝射出单色光，然后经由平行光管形成一束平行光，进入成像光谱仪，由数据采集系统得到光谱通道的光谱响应。

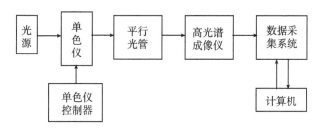

图 3.7　实验室光谱定标系统示意图

光谱定标时，首先以低压汞灯或氖灯的发射光谱为标准，对单色仪进行全光谱范围的定标；然后使单色仪以一定的步长扫描输出单色光，由数据采集系统监测记录结果。通过比较分析单色仪的输出信号与测量信号的波长位置、曲线形状来确定成像光谱仪每个波段的波长位置、光谱响应函数等。

在光谱定标过程中，光源的光谱分布、单色仪的狭缝宽度、单色仪的定位精度、有限扫描步长等都对定标的精度有影响，而单色仪的定位误差为光谱定标精度的主要影响因素。

3.3.2　辐　射　定　标

辐射定标用于确定成像光谱仪系统各个波段对辐射量的响应能力，为每一个探测单元产生辐射校正系数，即将输出的数字量化值同辐射量值联系起来。这样，高光谱影像处理时，对每个波段的每个点可根据其相应的校正系数进行辐射校正，以获得镜头前的目标辐射量。同时，辐射定标也可在一定程度上消除由探测器响应的非均匀性引起的影像缺陷。

按照使用要求或应用目的的不同，辐射定标可分为相对定标和绝对定标。绝对定标是通过各种标准辐射源，在不同波段建立成像光谱仪入瞳处的光谱辐射亮度值与成像光谱仪输出的数字量化值之间的定量关系。相对定标是确定场景中各像元之间、各探测器之间、各波段之间以及不同时间测得的辐射量的相对值。

按照成像光谱仪使用的光谱波段的不同，辐射定标可分为反射波段的辐射定标和发射波段的辐射定标。反射波段的辐射定标是针对 0.35~2.5μm 范围内的可见光-短波红外波段，成像光谱仪接收到的能量主要来自于地球反射的太阳辐射。发射波段的辐射定标是针对大于 3μm 的中波和热红外波段，成像光谱仪接收到的能量主要来自地物的发射辐射。

按照成像光谱仪从研制到运行的不同阶段，辐射定标包括实验室定标、机上 (或星上) 定标和辐射校正场定标。它们的主要区别在于入瞳辐射值是如何测定和求解的，实验室定标所用的入瞳辐射值是在实验室测得的，机上 (或星上) 定标的入瞳值是在机上 (或星上) 测得的，辐射校正场定标则是根据大气传输模型计算得到。

1. 实验室辐射定标

实验室辐射定标是成像光谱仪运行前利用高精度、高稳定度的标准辐射源，对成像光谱仪的绝对响应进行标定。实验室辐射定标的准确度最高，随后各阶段的定标应在此原始数据上对比、修正。成像光谱仪投入正常运行以后，还需要定期进行实验室定标，以监测仪器性能的变化，相应调整定标参数。

实验室辐射定标通常采用积分球作为标准辐射源，它具有良好的稳定性和均匀性。图 3.8 所示为实验室辐射定标系统示意图，成像光谱仪置于积分球前，并对准出射口中心，使总视场完全被积分球的出射光覆盖。从积分球输出的光辐射进入成像光谱仪，利用成像光谱仪的数据采集系统获得定标数据。

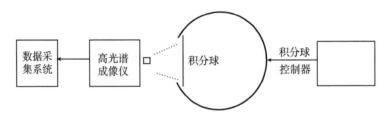

图 3.8　实验室辐射定标系统示意图

实验室辐射定标过程中，需采集成像光谱仪的积分时间、光圈数、探测器温度在不同组合情况下的不同积分球能级的定标数据。此外，还须采集在不同积分时间和探测器温度的组合情况下镜头盖未开在暗视场下的暗电流数据。考虑到面阵探测器探测元的非均匀性，辐射定标要具体到探测器每一个探测元。为消除噪声的影响，每个定标数据文件为成百上千帧数据的平均，每个定标数据可采集多次。

2. 机上 (或星上) 辐射定标

机上 (或星上) 辐射定标，又称飞行 (或在轨) 辐射定标。因为成像光谱仪的性能常随光学、电子元件的老化及空间环境的变化而变化，而地面定标设备又不能完全模拟空间环境，所以有必要进行运行中的机上 (或星上) 辐射定标，来直接反映成像光谱仪在运行状态下的实际情况。

机上辐射定标用来经常性地检查飞行中的传感器定标情况。飞机上的辐射定标一般采用内定标的方法，即辐射定标源和定标光学系统都在飞行器上。内定标系统的组成和原理与实验室定标系统相似，都使用人造光源。理想的情况是这些光源到达传感器的路径与地面物体相似，即光线通过所有光学路径，并且充满仪器口径。

星载成像光谱仪除了可以配备星上内定标系统，同时也可以配备星上太阳定标系统。在大气层外，太阳辐射度可以被认为是一个常数，因此可以选择太阳作为基准光源，通过太阳定标系统对星载成像光谱仪进行绝对定标，也可以对内定标系统中的人造光源进行监测和校正。

3. 辐射校正场定标

辐射校正场定标是指在传感器处于正常运行条件下，选择定标辐射场地，通过地面同步测量对传感器定标。它考虑到了大气传输和环境的影响，可以实现对传感器运行状态下与获取地面影像完全相同条件的绝对校正，可以提供传感器整个工作寿命期间的定标，对传感器进行真实性检验和对一些模型进行正确性检验。

当遥感平台飞越辐射定标场地上空时，可以在定标场地选择若干个区域，测量成像光谱仪对应的地物各波段光谱反射率和大气光谱等参量，并利用大气辐射传输模型给出成像光谱仪入瞳处各光谱带的辐射亮度，最后确定它与成像光谱仪对应输出的数字量化值的数量关系，求解定标系数，并估算定标的不确定性。目前，地面定标的常用方法有反射率法、辐亮度法、辐照度法等。

3.3.3 几何定标

伴随着成像光谱仪空间分辨率的不断提高，为满足高光谱遥感应用中对地物几何形状探测和空间定位的需求，有必要对成像光谱仪进行几何定标，用以确定镜头等效焦距、光学传递函数、空间分辨率和内方位元素等参量。

1. 镜头等效焦距的测定

精密测角法测量焦距原理如图 3.9 所示。

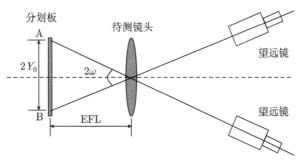

图 3.9 精密测角法测量焦距原理图

在待测镜头的像方焦平面上放置一分划板，已知分划板上刻线 A、B 间距为 $2Y_0$，它们对待测镜头的张角为 2ω。当分划板刻线被均匀照亮后，从刻线 A、B 发出的光经待测镜头后成为夹角为 2ω 的平行光，通过经纬仪的望远镜先后对准刻线 A、B 位置，测出望远镜转过的角度即为 2ω，待测镜头的等效焦距 (EFL) 可由下式计算得出：

$$EFL = Y_0/\tan\omega \tag{3.2}$$

2. 光学传递函数的测定

光学传递函数 (optical transfer function, OTF) 用来评价光学系统的成像质量，是把物体的光场分布函数展开成傅里叶级数或傅里叶积分的形式。具有特征频谱 $G(u, v)$ 的目标物由被测透镜成像，输出图像的频谱为 $F(u, v)$，根据线性不变系统理论，得到被测透镜的传递函数为

$$\text{OTF}(u, v) = \frac{G(u, v)}{F(u, v)} \tag{3.3}$$

OTF 的模被称为调制传递函数 (modulation transfer function，MTF)，反映了光学系统传递各种频率调制度的能力。一般来说，高频部分反映物体的细节传递情况，中频部分反映物体的层次传递情况，低频部分反映物体的轮廓传递情况。光学传递函数能克服过去的一些影像质量评价标准的明显不足，使光学系统的设计和检验建立在更加可靠的基础上，因此在影像质量评价方面占主导地位，并已广泛地应用于光学设计过程及光学系统的检验。

3. 空间分辨率的测定

对于成像光谱仪，其空间分辨率是由仪器的角分辨力，即传感器的瞬时视场角决定的。从传感器到观测到的最小面元构成的空间立体角被称为瞬时视场角。

将仪器放置在焦距为 L 的平行光管前，平行光管焦面上放置刻有镂空条带的挡光黑板，条带间距为 d，镂空条带对应仪器视场角为 d/L。调整成像仪位置，使条带成像在探测器列方向，提取一行数据，若光照像元之间信号最小像元响应小于两边像元峰值响应的一半，则说明达到该空间视场分辨率。

4. 内方位元素的测定

成像光谱仪的内方位元素包括相机的主点、主距、交会角以及相机的畸变，其测量原理与一般相机的标定相同。

由于光学镜头的光轴是唯一确定的，因此主点位置也是唯一的。对于旋转对称光学系统来说，在像平面范围内其成像特性是以主点为中心对称的。按光学成像理论，所测的转台读数 θ_i 及像点位置 x_i 满足方程式

$$x_i - x_0 = f\tan(\theta_i - \theta_0) + \Delta x \quad (i = 1, 2, \cdots, n) \tag{3.4}$$

式中，x_0 为主点位置；f 为主距；Δx 为畸变值。

在主点附近小视场范围内，每隔一小角度测试一组 (θ_i, x_i)，这样就得到 n 组测量数据，经过平差处理可以求解出主点 x_0 以及主距 f。

为了提高相机标定的精度，可以考虑采用内插值法进行亚像元标定。当像点落在探测器光敏面某光敏元上时，通过光电效应将有电信号输出。保持测试光路中其余部分不动，水平转动二维转台，使光点以一定的步长逐步进入及退出探测器光敏面，记录像点进入及退出光敏面时的转台读数值和该光敏元电信号 DN 值，DN 值最大处的转台读数值即为像点落于该探测元中心时所对应的转台读数值。使用这种方法可以使像点位置测量精度提高到 1/10 像素级。

3.4 高光谱遥感数据特点

高光谱影像数据将反映目标辐射属性的光谱信息与反映目标空间几何关系的图像信息有机地结合在一起。这种"图谱合一"的影像数据结合了图像和光谱数据各自的优点，使人们可以融合图像分析和光谱分析方法从高光谱遥感数据中提取感兴趣的信息。

3.4.1 立方体结构

高光谱影像具有类似于顺序排列的扑克牌似的三维数据结构，可以用数据立方体结构形象地表示，如彩图 3.10 所示。即将不同波段的影像按波长顺序叠加形成一个数据立方体，x-y 平面表示空间影像特征位于立方体的底部平面，z 轴方向表示数据的光谱维信息。

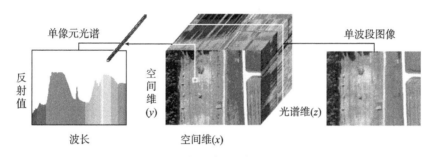

图 3.10　高光谱影像数据立方体

与传统的全色、多光谱影像相比较，高光谱影像具有以下特点：

(1) 高光谱影像的光谱分辨率更高。高光谱遥感覆盖的波长范围宽，从可见光延伸到短波红外，而且波段众多、光谱分辨率高，能够获取近似连续的地物光谱特征曲线。由于许多地物的吸收特征一般宽度为 20~40nm，高光谱遥感能够满足地物探测的一般要求。

(2) 高光谱遥感数据中蕴含的地物信息更为丰富，分辨识别地物目标的能力大大提高。由于多光谱影像的光谱分辨率较低，影像中大量不同地物具有相同的辐射能量值，即存在所谓的"异物同谱"与"同谱异物"现象。高光谱影像不仅能有效减少这种现象，还能够实现定量或半定量化分析。

(3) 高光谱影像数据量大，波段间相关性强，信息冗余多。由于影像光谱响应范围广，而波段非常狭窄，高光谱数据的波段众多，其数据量巨大。由于相邻波段的地物辐射特性变化不大，因此相邻波段之间相关性非常大。高光谱影像分析技术更加复杂，有必要进行适当的特征压缩。

3.4.2 数据描述模型

与多光谱遥感技术的仅几个波段相比，成像波段数量达上百的高光谱遥感技术几乎相当于对目标的辐射光谱区间进行了连续光谱采样，获取的数据不同于传统的遥感影像。

在概念上如何描述高光谱遥感数据，是进行数据处理与分析的前提和基础。目前，高光谱遥感数据主要有三种描述模型，如彩图 3.11 所示。

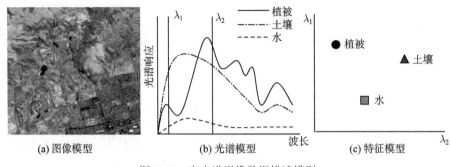

图 3.11　高光谱影像数据描述模型

1. 图像模型

图像模型是一种最直观的高光谱数据信息描述方式，它将图像中每一个像素与其地面位置对应起来，为高光谱影像处理与分析提供空间知识。通过高光谱影像的几何纠正，可以实现影像中地物要素的空间定位，从而服务于地理信息系统的数据库更新。

由于人们一次只能观察一个波段的灰度图像或由三四个波段合成的彩色图像，而波段之间的相互关系很难从图像中反映出来。因此，图像模型只能表现高光谱数据中的很少的一部分信息。

2. 光谱模型

光谱模型利用目标的光谱响应与波长之间的变化关系来描述高光谱数据内蕴含的信息。影像中每一个像素的灰度值在不同波段间的变化，反映了其所代表的目标的辐射光谱信息，可抽象为一条近似连续的曲线；曲线中每个点的数值是相应成像波段上传感器对目标光谱辐射与反射能量的响应值。

利用高光谱影像中光谱曲线的分析来获取地物属性信息是发展高光谱遥感技术的最初目的。基于光谱模型的高光谱影像地物识别，通常需要经过高光谱影像的辐射校正、反射率转换来重建地物反射率曲线，并与地物光谱数据库进行匹配来确定地物属性。

3. 特征模型

高光谱遥感影像中的每一个像元对应着多个成像波段的反射值，这些反射值可以描述为多维数据空间的一个 N 维向量 (N 表示成像波段数)，即相当于把近似连续的光谱曲线转换为多维数据空间中的一个 N 维向量。

在特征空间中，不同的目标分布在不同区域，并且有不同的分布特性，有利于定量地描述目标的光谱辐射特性及其在特征空间内的变化规律。由于高光谱影像维数很高，基于特征模型的高光谱影像分析方法，一般经过特征选择或提取来降低特征维数，然后利用模式识别方法来进行影像分类，来确定影像中地物的类型。

第4章 高光谱影像校正技术

高光谱遥感技术的突出优势之一就在于能够通过定量化光谱分析来识别地物。在高光谱遥感成像时，由于众多因素的影响，使得获取的影像数据存在不同程度的几何畸变和辐射量失真。这些畸变和失真所导致的影像降质对后续的影像分析与处理、特征提取、影像分类及其应用等环节均会产生较大的影响。为了精确获取地物的属性信息和空间位置信息，必须对高光谱影像数据进行辐射校正和几何校正。本章结合高光谱成像过程中辐射和几何误差形成机理的讨论，介绍相关的影像校正方法。

4.1 太阳辐射及大气传输特性

高光谱遥感过程中，对地物辐射信息的收集要穿过厚度不同的大气层。传感器从空中接收的地物辐射主要来源于太阳的电磁波辐射。太阳辐射穿过大气到达地面，再由地面反射后经过大气到达传感器，因此大气对太阳辐射传输过程的影响是需要考虑的重要问题之一。

4.1.1 太阳辐射

当把太阳近似地看做黑体时，其温度约为 5900K，其辐射峰值 λ_m 在 0.47~0.50μm 之间，它输送到地面的能量约为 17.2×10^{23}erg/s(17.2×10^{16}J/s)。由于地球绕太阳沿椭圆轨道运行，日地距离在一年内是变化的。图 4.1 是日地平均距离上太阳光谱辐射照度分布曲线。

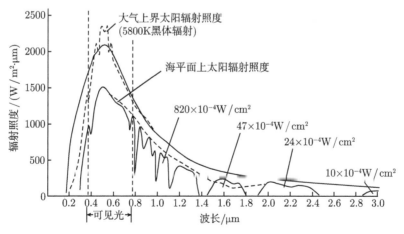

图 4.1 太阳光谱辐射照度曲线

由于大气对电磁波传输的影响而使太阳辐射能量有所损失，太阳辐射到达地面的有效辐射通量密度仅占大气上界太阳辐射的 64.5%。由图 4.1 可看出，太阳的辐射光谱范围从 X 射线一直到无线电波，绝大部分能量集中在 0.2～3.0μm 之间。在高光谱遥感常用波段范围内，0.32～1.1μm(可见光/红外线波段) 部分占总能量的 85%；1.4～2.5μm(短波红外波段) 部分占总能量的 8%。

4.1.2　大气对电磁波传输过程的影响

大气成分主要为氮、氧、氩、二氧化碳、氦、甲烷、氧化氮、氢 (不变成分)、臭氧、水蒸气、液态和固态水 (雨、雾、雪、冰等)、盐粒、尘烟 (可变成分) 等。大气对电磁波传输过程的影响包括散射、吸收、扰动、折射和偏振等五个方面。对于高光谱遥感来说，主要的影响因素是散射和吸收。

1. 大气散射

大气散射的性质与强度取决于大气中分子或微粒的半径 a 及被散射电磁波的波长 λ。研究表明，若大气微粒半径为 a，散射面积比为 $K(K = A/\pi a^2, A$ 为散射面积)，每立方厘米中雾滴数为 n，则散射系数为

$$\gamma = \pi \cdot n \cdot K \cdot a^2 \tag{4.1}$$

在实际中，n、a 很难测定，难以定量表达，常用定性的表述。随着波长 λ 与 a 之间的关系的变化，散射形式主要体现为两种，即瑞利散射和米氏散射。

(1) 瑞利散射。由半径 (a) 小于波长 (λ) 十分之一以下的微粒引起的散射叫"瑞利散射"。其散射能力与波长有如下关系为

$$\gamma \propto \lambda^{-4} \tag{4.2}$$

由于大气分子的半径是 10^{-4}μm 量级 (一般在较好的天气情况下)，可见光波长为 10^{-1}μm 量级，符合 $a \ll \lambda$ 的条件。因此，大气分子对可见光的散射为瑞利散射。并且波长愈短，散射能力愈强。瑞利散射对不同波长的电磁波有不同的散射能力，属于选择性散射。但是大气分子的密度、大小随着季节、纬度、气候条件而变动，不同地区上空大气的瑞利散射能力也是变化的。

(2) 米氏散射。由半径 (a) 大于波长 (λ) 的微粒引起的散射叫"米氏散射"。米氏散射与波长几乎无关，是一种非选择性的散射。大气中的晶粒、水滴、烟尘、气溶胶等，它们的半径 a 都大于 λ，使得太阳辐射的各波段都被等强度地散射。

电磁波经大气分子的散射，一部分转化为天空辐射，它与太阳辐射一起产生了对地面的照度，两者之间的比例随太阳高度角而变化。太阳高度角越小，太阳辐射所经过的大气路程长，散射机会多，因而天空辐射照度就越大。

2. 大气吸收

大气吸收是大气分子接收电磁波辐射能量而转换成大气分子热运动的一种形式。大气中的水蒸气、二氧化碳、臭氧对电磁波有吸收作用。主要的吸收带如图 4.2 所示。

(1) 臭氧吸收带。主要在 0.3μm 以下的紫外区，另外在 0.96μm 处有弱吸收，在 4.75μm 和 14μm 处的吸收更弱，已不明显。

(2) 二氧化碳吸收带。有若干个，它们分别是：$2.60 \sim 2.80 \mu m$，其中吸收峰值在 $2.70 \mu m$ 处；$4.10 \sim 4.45 \mu m$，吸收峰值在 $4.3 \mu m$ 处；$9.10 \sim 10.9 \mu m$，则吸收峰值在 $10.0 \mu m$ 处；$12.9 \sim 17.1 \mu m$，吸收峰值在 $14.4 \mu m$ 处。二氧化碳的吸收带全在红外区。

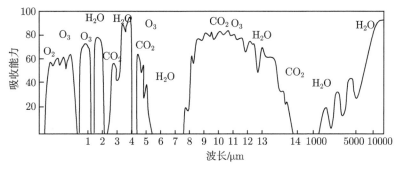

图 4.2 大气吸收带

(3) 水蒸气吸收带。分别为 $0.7 \sim 1.95 \mu m$，吸收峰值在 $1.38 \mu m$ 和 $1.87 \mu m$ 处；$2.5 \sim 3.0 \mu m$，在 $2.70 \mu m$ 处为最强；$4.9 \sim 8.7 \mu m$，在 $6.3 \mu m$ 处为最强；$15 \mu m \sim 1 mm$ 的超远红外区；微波中的 $0.164 cm$ 和 $1.348 cm$ 处。

此外，氧气对微波中 $0.253 cm$、$0.55 cm$ 波长的电磁波也有吸收能力。甲烷、氧化氮、一氧化碳、氨气、硫化氢、氧化硫等也具有吸收电磁波的作用，但吸收率很低，可以忽略不计。

3. 大气的透过率

因大气分子及气溶胶粒子的影响，光线在被吸收和散射的同时要通过大气，故而引起光线强度的衰减，称为"消光作用"。因大气的消光作用会引起电磁波传递的衰减，表示消光比例 (衰减几率) 的系数叫"消光系数"。

若入射光亮度为 I_λ，在吸收和散射物质密度为 ρ 的介质中通过光路长 $\mathrm{d}s$ 后，光亮度减弱了 $\mathrm{d}I_\lambda$，则消光系数表示为

$$K_\lambda = -\frac{\mathrm{d}I_\lambda}{\rho I_\lambda \mathrm{d}s} \tag{4.3}$$

当光线通过高度 Z_1 到高度 Z_2 的大气区段时，该区段大气的光学厚度 $T(Z_1, Z_2)$ 可由消光系数来定义：

$$T(Z_1, Z_2) = \int_{Z_1}^{Z_2} K_\lambda(Z)\rho \mathrm{d}Z \tag{4.4}$$

当太阳天顶角为 θ 角时，则光线通过的路径会产生变化，这时其透过率 $\tau(Z_1, Z_2, \theta)$ 可表达为

$$\tau(Z_1, Z_2, \theta) = \mathrm{e}^{-T(Z_1, Z_2)\sec\theta} \tag{4.5}$$

若入射光线的辐射照度为 E_0，当通过高度 Z_1 到高度 Z_2 的大气层后，辐射照度为 E_τ，则它们与透过率的关系为

$$E_\tau = E_0 \cdot \mathrm{e}^{-T(Z_1, Z_2)\sec\theta} \tag{4.6}$$

有时将 $\delta = T(Z_1, Z_2) \cdot \sec\theta$ 称作"衰减系数"。式 (4.4) 中，K_λ、ρ 很不稳定，随气候条件而变化，故很难精确确定。

大气的衰减作用常由散射、吸收引起，可以表示为

$$\delta = \gamma + \alpha \tag{4.7}$$

式中，γ 为散射系数，它取决于大气中气体分子、液态和固态杂质对电磁波的散射；α 为吸收系数，它取决于大气中气体分子对电磁波的吸收。γ 和 α 随波长不同而变化。

4. 大气窗口

大气窗口是指太阳辐射通过大气层未被剧烈反射、吸收和散射的那些透射率高的波段范围。目前，在遥感成像中常使用的大气窗口为：

(1) 0.3~1.15μm：包括部分紫外光、全部可见光和部分近红外光。其中 0.3~0.4μm 的透过率约为 70%；0.4~0.7μm 的透过率大于 95%；0.7~1.1μm 的透过率约为 80%。

(2) 1.4~1.9μm：近红外窗口，透过率为 60%~95%，其中 1.55~1.75μm 透过率较高。

(3) 2.0~2.5μm：近红外窗口，透过率约为 80%。

(4) 3.5~5.0μm：中红外窗口，透过率为 60%~70%。

(5) 8.0~14.0μm：热红外窗口，透过率约为 80%。

(6) 1.0~1.8mm：微波窗口，透过率为 35%~40%。

(7) 2.0~5.0mm：微波窗口，透过率在 50%~70%。

(8) 8.0~1000.0mm：微波窗口，透过率接近 100%。

4.1.3 辐射传输方程

大气辐射传输方程指所有辐射源 (太阳辐射、大气辐射、地物辐射) 到达传感器的过程中电磁波能量变化的数学传递模型。依据电磁波经过的路径，其能量变化的过程包括以下几个部分。

1. 太阳辐射经大气到达地面的辐射照度

$$E_\tau = E_0 e^{-T(Z_1, Z_2)\sec\theta} \tag{4.8}$$

式中，$T(Z_1, Z_2)$ 为 Z_1 到 Z_2 整个地球大气的厚度；θ 为太阳天顶角；E_0 为太阳辐射照度。

2. 地物辐射后到达传感器的辐射照度

地物发射和反射的电磁波在正直传入传感器时的辐射照度为

$$E_\tau' = \left[\rho_\lambda \cdot E_0(\lambda) e^{-T(Z_1, Z_2)\sec\theta} + \varepsilon_\lambda W_e(\lambda) \right] e^{-T(0, H)} \tag{4.9}$$

式中，ρ_λ 为地物的波谱反射系数；ε_λ 为地物的波谱发射率系数；H 为平台高度；$W_e(\lambda)$ 为与地物同温度黑体的发射通量密度。

3. 大气散射和辐射的照度

若传感器的光谱响应系数为 K_λ，大气散射和由于大气辐射所形成的天空辐射密度为 b_λ，则辐射传输方程可写为

$$E_\lambda = K_\lambda \left\{ \left[\rho_\lambda \cdot E_0(\lambda) e^{-T(Z_1, Z_2)\sec\theta} + \varepsilon_\lambda W_e(\lambda) \right] e^{-T(0, H)} + b_\lambda \right\} \tag{4.10}$$

4.2　高光谱影像的辐射误差

从上节太阳辐射传输方程 (4.1) 可以看出，传感器的输出 E_λ 除了与地物本身的反射和发射波谱特性有关外，还与传感器的光谱响应特性、大气条件、光照情况等因素有关。因此，高光谱影像辐射误差主要来源于以下三个方面。

4.2.1　传感器的灵敏度特性引起的辐射误差

传感器的灵敏度特性引起的辐射误差，包括光学镜头的非均匀性引起的边缘减光现象、光电变换系统的灵敏度特性引起的辐射畸变等。

1. 光学镜头的非均匀性引起的边缘减光

由于镜头光学特性的非均匀性，在其成像平面上存在着边缘部分比中间部分暗的现象，称为"边缘减光"。

如图 4.3 所示，如果光线以平行于主光轴的方向通过镜头到达像平面 O 点的光强度为 E_O，以与主光轴成 θ 角度的方向通过镜头到达像平面 P 点的光强度则为

$$E_P = E_O \cos^4 \theta \tag{4.11}$$

按照这一性质，可以对由边缘减光造成的辐射畸变进行校正。

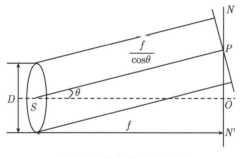

图 4.3　镜头的辐射畸变

2. 光电变换系统的灵敏度特性引起的误差

扫描方式的传感器需要将收集到的电磁波信号转换成电信号记录下来，在转换过程中会引起辐射量误差，如由电子元件发热引起的热噪声、电源波动等引起的随机噪声等。由于光电转换灵敏度特性重复性很高，可以定期在地面测量其特性，并根据测量值对其进行校正。

4.2.2　光照条件差异引起的辐射误差

光照条件的差异引起的辐射误差，是指由太阳高度角变化、地面起伏等因素引起的辐射值变化。

1. 太阳高度角变化的辐射畸变

太阳光线倾斜照射时获取的影像与太阳垂直照射时获取影像存在着差异。太阳高度角 (θ) 可以根据成像的时间、季节和地理位置来确定

$$\sin\theta = \sin\phi\sin\delta \pm \cos\phi\cos\delta\cos t \tag{4.12}$$

式中，ϕ 为影像对应地区的地理纬度；δ 为太阳赤纬 (成像时太阳直射点的地理纬度)；t 为时角 (地区经度与成像时太阳直射点地区经度的经差)。

ϕ 与 δ 同在北半球或南半球时，取正值；ϕ 与 δ 不同在北半球或南半球时，取负值。

太阳高度角的校正是通过调整一幅影像内的平均灰度来实现的。太阳以高度角 θ 倾斜时得到的影像辐射值 $g(x,y)$ 与直射时得到的影像辐射值 $f(x,y)$ 有如下关系：

$$f(x,y) = \frac{g(x,y)}{\sin\theta} \tag{4.13}$$

如果不考虑天空光的影响，各波段影像可以采用相同的太阳高度角 θ 进行改正。太阳方位角的变化也会改变光照条件，它也随成像季节、地理纬度的变化而变化。

2. 地面起伏引起的辐射畸变

太阳光线和地表作用以后再反射到传感器的辐射亮度和地面倾斜度有关。如果光线垂直入射时水平地表受到的光照强度为 I_0，则光线垂直入射时倾斜角为 α 的斜坡上入射点处的光强度 I 为

$$I = I_0 \cos\alpha \tag{4.14}$$

若处在坡度为 α 的倾斜面上的地物影像为 $g(x,y)$，则校正后的影像 $f(x,y)$ 为

$$f(x,y) = \frac{g(x,y)}{\cos\alpha} \tag{4.15}$$

由式 (4.15) 看出，地形坡度引起的辐射误差的精确校正需要有影像对应地区的 DEM 数据支持。

4.2.3 大气条件不同引起的辐射误差

高光谱成像系统的传感器接收到的地面辐射，既包括了地面反射光谱信息，也记录了大气辐射传输效应引起的地面反射辐射照度的变化信息。由于大气分子及大气层中气溶胶粒子的影响，太阳辐射的电磁波在大气中传输时一部分被吸收，一部分被散射，剩下的部分穿过大气层到达地面；地物反射或本身辐射的电磁波在大气层中传输时一部分被吸收，一部分被散射，剩下的部分穿过大气层到达传感器的接收系统。因此，大气造成了光线强度的衰减，进而影响传感器的成像质量。

由于成像光谱影像相对于宽波段的多光谱影像具有更高的光谱分辨率，需要对大气的光谱透过率与吸收特征以及仪器定标作特殊的考虑。这些特殊性表现在：位于大气窄吸收特征处或宽吸收特征的边缘处的高光谱波段受大气的影响与其相邻波段所受到的影响不同；成像光谱仪尤其是航空成像光谱仪的波段中心位置在不同的操作环境与条件下可能会发生移动；许多成像光谱数据的分析算法要求对吸收位置处的吸收带宽作精确测量；从计算与处理角度讲，成像光谱系统的定标问题更加突出。

4.3 基于定标参数的辐射校正

4.3.1 辐射校正参数获取

利用辐射定标数据,可以获得系统输出 DN 值与入瞳辐射量值的关系,用于飞行影像的辐射校正,以消除传感器的灵敏度特性引起的辐射误差。

光谱数据的 DN 值一般由几部分组成,计算公式为

$$\mathrm{DN}[x,y] = (\int L_{\mathrm{real}}[x,y]Q[x,y]\mathrm{d}t) + \int \mathrm{Dark}[x,y]\mathrm{d}t + \mathrm{Bias}[x,y] \tag{4.16}$$

式中,t 为曝光时间 (对 CCD 来讲又称积分时间);(x,y) 为对应于 CCD 光敏面上相应的光敏元坐标;$\mathrm{DN}[x,y]$ 为 (x,y) 处高光谱成像仪输出的原始影像 DN 值;$L_{\mathrm{real}}[x,y]$ 为 (x,y) 处探测器接收到的辐亮功率;$\mathrm{Bias}[x,y]$ 为电路直流偏置,即无光照信号且曝光时间为零时的值;$\mathrm{Dark}[x,y]$ 为暗电流的贡献;$Q[x,y]$ 为单个像元的响应率。

一般我们把 $\mathrm{Bias}[x,y]$ 和 $\mathrm{Dark}[x,y]$ 一起考虑,统称为“暗电平”,即曝光时间和影像采集时的曝光时间一致时无光照信号条件下采集的 DN 值。如果测得了 $Q[x,y]$ 和暗电平,就可以根据采集的原始高光谱影像的 DN 值,计算出 $L_{\mathrm{real}}[x,y]$,即镜头前的辐亮功率值。测量 $Q[x,y]$ 和暗电平通过辐射定标获取。

式 (4.16) 可以简化为

$$\begin{aligned}\mathrm{DN}[x,y] &= L_{\mathrm{real}}[x,y]G[x,y]\Delta t + \mathrm{Dark}[x,y]\Delta t + \mathrm{Bias}[x,y] \\ &= L_{\mathrm{real}}[x,y]G_1[x,y] + G_0[x,y] + \mathrm{DN}_0[x,y]\end{aligned} \tag{4.17}$$

通过定标,可以确定 $G_1[x,y]$、$G_0[x,y]$、$\mathrm{DN}_0[x,y]$,根据式 (4.17) 即可确定 $L_{\mathrm{real}}[x,y]$ 和 $\mathrm{DN}[x,y]$ 的关系。

4.3.2 影像辐射校正方法

高光谱影像数据处理时,对每个波段的每一个点根据其相应的反演系数进行反演,以获得镜头前的目标辐射能量值。辐射反演可采用多种算法,如两点法、2 阶多项式拟合算法、分段线性法等。

1. 两点法

产生反演系数的等式为

$$G_{1(i,j)}L_p^{\mathrm{std}} + G_{0(i,j)} = \mathrm{DN}_{p(i,j)} - \mathrm{DN}_{0(i,j)} \tag{4.18}$$

式中,$G_{0(i,j)}$、$G_{1(i,j)}$ 为第 i 波段第 j 像元的探测单元的辐射反演系数;$\mathrm{DN}_{p(i,j)}$ 为积分球第 p 个能级时,第 i 波段第 j 像元的 DN 值;$\mathrm{DN}_{0(i,j)}$ 为第 i 波段第 j 像元的暗电平 DN 值 (包括暗电平和电路偏置);L_p^{std} 为入射辐射量。

由式 (4.18) 可见，求得反演系数只需两个能级的定标数据，如果定标能级多于两个，则采用最小二乘拟合的方法求得反演系数。求得的所有探测单元的反演系数按顺序存储在反演系数文件里。反演时，对每一个像元利用下式求辐射量值。

$$L_{(i,j,l)}^{\text{std}} = (\text{DN}_{(i,j,l)} - \text{DN}_{0(i,j)} - G_{0(i,j)})/G_{1(i,j)} \tag{4.19}$$

式中，l 为影像行数。

2. 多项式法

原理与两点法相同，只是其输出与输入关系为二阶或以上多项式。产生反演系数需要采用多项式拟合算法，需要多个能级的定标数据，且能级个数大于多项式阶数。高阶多项式会带来额外的误差，因此实用的多项式法一般采用二阶多项式，其 DN 值与入射辐射量的关系为

$$G_{2(i,j)}(L_p^{\text{std}})^2 + G_{1(i,j)}L_p^{\text{std}} + G_{0(i,j)} = DN_{p(i,j)} - DN_{0(i,j)} \tag{4.20}$$

3. 分段线性法

当定标能级较多，且 DN 值与入射辐射量之间存在非线性关系时，采用分段线性法是更好的选择。分段线性法将 DN 值与入射辐射量的映射关系分段表达，相邻的两个能级定标数据之间采用两点法计算反演系数，反演时根据 DN 值的不同采用不同能级系数。

4.4　高光谱影像大气辐射校正

大气校正是定量遥感的重要组成部分，其目的是消除大气和光照等因素对地物反射的影响，以获取地物反射率、辐射率或者地表温度等真实物理模型参数。大多数情况下，大气校正是反演真实地物反射率的过程，校正方法则可以分为辐射传输方法、基于影像数据本身的方法、借助于已知地物光谱反射率的方法三类。

4.4.1　基于辐射传输理论的大气辐射校正

大气辐射校正方法的选择需要考虑对地面实测数据的依赖程度。基于辐射传输模型的大气辐射校正只需要输入模型所需大气参数，不需要开展实地光谱测量，是通常采用的大气辐射校正方法。

大气吸收/散射等造成的乘性或加性效应，可以利用辐射传输模型来确定。针对不同的成像系统以及大气条件发展出了多种大气校正模型，如 5S、6S、LOWTRAN、MODTRAN 等算法。

5S 模型模拟计算海平面上的均匀朗伯体目标的反射率，大气上层测量的目标反射率 ρ_{TOA} 可以表示为

$$\rho_{\text{TOA}} = T_g(\rho_{R+A} + T_{\text{down}}T_{\text{up}}\frac{\rho_s}{1 - S\rho_s}) \tag{4.21}$$

式中，ρ_s 表示海平面处朗伯体的反射率；T_g 表示大气透过率；ρ_{R+A} 对应于分子、气溶胶层的内在反射率；T_{down}、T_{up} 为由太阳到地表再到传感器的大气透过率；S 为大气的反射率。

6S 模型对 5S 模型作了改进，进一步考虑了目标高程、表面的非朗伯体特性、新的吸收分子种类的影响 (甲烷、一氧化碳等)，并且采用了较好的近似算法来计算大气和气溶胶的散射与吸收的影响。

LOWTRAN 系列模型是美国空军地球物理实验室研制的大气辐射模拟计算程序。LOWTRAN7 是一个光谱分辨率为 20 波数 (cm^{-1}) 的大气辐射传输适用软件，可以根据用户的需要，设置水平、倾斜及垂直路径，地对空、空对地等各种探测几何形式，适用对象广泛。

MODTRAN 是中分辨率大气辐射传输程序，它改进了 LOWTRAN 的光谱分辨率。在 MODTRAN 4 中，光谱分辨率已经达到 1cm^{-1}，并将大气辐射传输方面的最新成果融入到程序中，例如改进了 Rayleigh 散射和复折射指数的计算精度、增加了计算太阳散射贡献的方位角相关选项等。

基于辐射传输模型的大气较正方法需要大量的大气参数以及精确的大气模型，如果参数或者模型本身不精确，将会导致较大的误差，加重影像的噪声。由于高光谱影像具有丰富的光谱信息，具备利用影像自身反演大气参数的可能，是目前高光谱影像校正研究的热点。

4.4.2 利用影像数据进行反射率反演

这类方法仅从影像数据本身出发进行反射率反演，不需要其他辅助数据，基本属于数据归一化的范畴。典型的方法有以下四种。

1. 内部平均法

用影像波段 DN 值除以该波段的平均值得到相对反射率。这要求景物类型比较复杂，整幅影像的均值光谱曲线没有明显的强吸收特征。

2. 平场域法

在影像中找到一块亮度高、光谱响应曲线变化平缓和地形起伏较小的区域，用影像 DN 值除以该区域的均值光谱响应。这种方法能够减小大气影响、消除太阳辐射曲线影响、消除一些主要的气体吸收特征以及仪器引入的残留效应。

3. 对数残差法

对数残差法可以消除成像光谱数据中太阳光照影响、大气效应和地形影响。设影像的辐射测量值为 L_{ij}(i 为像元，j 为波段)，它与反射率 ρ_{ij}、地形因子 T_i、光照因子 I_j 之间的关系为

$$L_{ij} = T_i \rho_{ij} I_j \tag{4.22}$$

式中，T_i 为由地形引起辐射亮度变化的因子，对于特定的像元所有波段影响相同，只与该点的方位角和坡度等有关；光照因子 I_j 描述太阳辐射谱的影响，对特定波段中的所有像元有相同的值。

设 $L_{i\bullet}$ 表示像元 i 在所有波段值 L_{ij} 的均值，$L_{\bullet j}$ 表示波段 j 中所有像元数值 L_{ij} 的均值，$L_{\bullet\bullet}$ 表示所有像元、所有波段值 L_{ij} 的均值，则对数残差值为

$$Y_{ij} = (L_{ij}/L_{i\bullet})/(L_{\bullet j}/L_{\bullet\bullet}) = (\rho_{ij}/\rho_{i\bullet})/(\rho_{\bullet j}/\rho_{\bullet\bullet}) \tag{4.23}$$

可见，Y_{ij} 中消除了地形、光照因子，只与反射率有关。当然 Y_{ij} 给出的影像光谱曲线形状与实际光谱曲线形状是有差别的。

4. 包络线消除法

包络线与光谱曲线至多有一个交点，从直观上来看，包络线相当于光谱曲线的外壳，通过光谱的峰点。求出包络线以后对光谱曲线进行包络线消除，即像元波段辐射值除以对应位置包络线的值。包络线消除以后的反射率归一化为 0~1，光谱的吸收特征也归一化到一个一致的光谱背景上，可以和其它光谱特征比较，进行光谱匹配分析。

这些方法可以消除大气影响，可以反映光谱的吸收特征，而且不需要大气参数以及野外同步实地测量数据，因此被众多的研究者所使用。但这几种方法得到的数据本身不是反射率，而是相对反射率的量。用于相对分析时优势明显，但在进行绝对量分析时有其不足，例如不能通过与标准光谱比较进行物质识别。

4.4.3 借助地面特殊地物的光谱反射率方法

这类方法需要已知几种地面物质的反射光谱，并建立这些地物与影像数据 DN 值之间的关系，主要有经验线性法和混合光谱法。

1. 经验线性法

经验线性法需要两个以上光谱均一、有一定面积大小的目标，分别作为暗目标和亮目标。假定影像 DN 值与反射率 R 间存在线性关系：

$$DN = kR + b \tag{4.24}$$

实测两个目标的地面反射光谱值，根据测定值及影像 DN 值，采用最小二乘法求出系数 k 和 b，得到 DN 值与反射率 R 之间的关系式以进行像元灰度的反射率转换。经验线性法对目标的均匀性要求比较强，其优点是具有较高的可靠性，缺点是需要野外实地光谱数据。

2. 混合光谱法

混合光谱模型用来进行混合像元的分解，采用线性混合光谱模型以及一些地物的已知反射率值和影像 DN 值，也可用来进行反射率反演。端元光谱是一个或者多个覆盖一定区域的、能够代表影像中一个独立物质类别的像元点的辐射光谱。端元光谱找到以后，需要根据光谱数据库或者实地光谱测量将影像 DN 值与光谱反射率联系起来。

混合光谱方法由于方程组解的限制，对于 m 个波段的影像，要求最终端元数不超过 $m+1$。对多光谱影像来说这个条件难以满足，而对高光谱影像来说，即使在删去信噪比小的波段以后一般也都可以满足这个要求。一旦端元确定了，就可以采用实验室光谱或

者野外实地测量光谱来确定各个波段的增益与偏差。混合光谱法对光谱端元的选择要求严格，其精度依赖于端元的质量，有关端元提取方面的内容将在第 10 章详细讨论。

4.5 高光谱影像的几何特性

影像的几何属性是指影像的像点坐标与相应地面点的空间位置之间的对应关系，是获取影像覆盖地表的空间位置信息的重要依据。影像的几何属性主要包括影像几何成像模型和影像几何变形。几何成像模型建立了理想条件下像点坐标与地面点空间位置之间的基本几何或数学关系；影像几何变形则主要考虑现实条件下各种影响因素产生的像点坐标移位。

4.5.1 几何成像模型

如前所述，高光谱成像系统主要采用推扫型和摆扫型两种，这两种类型的仪器成像方式不同，其几何成像模型也有差异。

1. 推扫型

推扫型光谱成像仪的成像原理类似于单个线阵列传感器推扫成像。随着平台向前运动，垂直于平台运动方向排列的线阵列传感器连续成像，一次成像 (曝光) 仅形成一行单像素宽的影像，所以其几何成像模型应按照垂直于平台运动方向的影像行逐行建立。

如图 4.4 所示，设地面坐标系为 $D\text{-}XYZ$，在成像时刻 t 传感器的光学投影中心为 s，以平台飞行方向为 x 轴，s 与影像行中心 O 的连线 sz 为 z 轴，按照右手直角坐标法则确定 y 轴，建立像空间坐标系 $s\text{-}xyz$，这个坐标系也作为传感器坐标系。地面点 P 的地面坐标为 (X, Y, Z)，其像点 p 在像空间坐标系中的坐标为 $(0, y, -f)$。若 t 时刻传感器光学投影中心 s 在地面坐标系 D 中的坐标为 $(X_s(t), Y_s(t), Z_s(t))$，传感器主光轴 so 在地面坐标系 D 中的方向可以用 $\varphi(t)$、$\omega(s)$、$\kappa(y)$ 三个姿态角来表示，则像点 p 的像空间坐标 $(0, y, -f)$ 与地面点 p 的地面坐标为 (X, Y, Z) 之间的关系式可表示为

$$\begin{bmatrix} 0 \\ y \\ -f \end{bmatrix} = \frac{1}{\lambda} \boldsymbol{R}^{\mathrm{T}} \begin{bmatrix} X - X_s(t) \\ Y - Y_s(t) \\ Z - Z_s(t) \end{bmatrix} = \frac{1}{\lambda} \begin{bmatrix} a_1(t) & b_1(t) & c_1(t) \\ a_2(t) & b_2(t) & c_2(t) \\ a_3(t) & b_3(t) & c_3(t) \end{bmatrix} \begin{bmatrix} X - X_s(y) \\ Y - Y_s(t) \\ Z - Z_s(t) \end{bmatrix}$$

或

$$\begin{cases} 0 = -f \dfrac{a_1(t)[X - X_s(t)] + b_1(t)[Y - Y_s(t)] + c_1(t)[Z - Z_s(t)]}{a_3(t)[X - X_s(t)] + b_3(t)[Y - Y_s(t)] + c_3(t)[Z - Z_s(t)]} \\[4mm] y = -f \dfrac{a_2(t)[X - X_s(t)] + b_2(t)[Y - Y_s(t)] + c_2(t)[Z - Z_s(t)]}{a_3(t)[X - X_s(t)] + b_3(t)[Y - Y_s(t)] + c_3(t)[Z - Z_s(t)]} \end{cases} \tag{4.25}$$

式中，λ 为比例系数；$\boldsymbol{R}$ 为旋转矩阵，是 t 时刻传感器姿态角 $\varphi(t)$、$\omega(t)$、$\kappa(t)$ 的函数，表示为

$$
\begin{aligned}
\boldsymbol{R} &= \begin{bmatrix} a_1 & a_2 & a_3 \\ b_1 & b_2 & b_3 \\ c_1 & c_2 & c_3 \end{bmatrix} = \boldsymbol{R}_Y(\varphi)\boldsymbol{R}_X(\omega)\boldsymbol{R}_Z(\kappa) \\[2mm]
&= \begin{bmatrix} \cos\varphi & 0 & -\sin\varphi \\ 0 & 1 & 0 \\ \sin\varphi & 0 & \cos\varphi \end{bmatrix} \begin{bmatrix} 1 & 0 & 0 \\ 0 & \cos\omega & -\sin\omega \\ 0 & \sin\omega & \cos\omega \end{bmatrix} \begin{bmatrix} \cos\kappa & -\sin\kappa & 0 \\ \sin\kappa & \cos\kappa & 0 \\ 0 & 0 & 1 \end{bmatrix} \\[2mm]
&= \begin{bmatrix} \cos\varphi\cos\kappa - \sin\varphi\sin\omega\sin\kappa & -\cos\varphi\sin\kappa - \sin\varphi\sin\omega\cos\kappa & -\sin\varphi\cos\omega \\ \cos\omega\sin\kappa & \cos\omega\cos\kappa & -\sin\omega \\ \sin\varphi\cos\kappa + \cos\varphi\sin\omega\sin\kappa & -\sin\varphi\sin\kappa + \cos\varphi\sin\omega\cos\kappa & \cos\varphi\cos\omega \end{bmatrix}
\end{aligned}
\tag{4.26}
$$

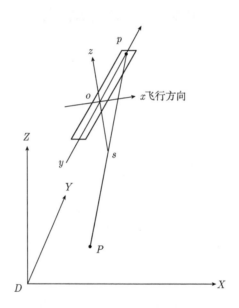

图 4.4　推扫型高光谱影响几何关系

传感器投影中心 s 在地面坐标系中坐标 $(X_s(t), Y_s(t), Z_s(t))$ 和主光轴的姿态角 $\varphi(t)$、$\omega(t)$、$\kappa(t)$ 合称该行影像的外方位元素，前三个坐标参数称为"线元素"，后三个角度参数称为"角元素"。假设传感器成像为面阵列影像，即像平面 $o\text{-}uv$ 上的影像由一次曝光形成，取飞行方向作为地面坐标系的 X 轴，则角元素的定义如图 4.5 所示。

以上建立的几何成像模型式 (4.26) 中，地面点坐标表示在相对固定的地面坐标系中，像点坐标表示在像空间坐标系中，而像空间坐标系是随着传感器的运动不断变化的，所以还要建立像平面坐标 (u, v) 与像空间坐标 $(0, y, -f)$ 之间的对应关系。以飞行方向为 u 轴，t_0 时刻所成的影像行中心为 v 轴建立像平面坐标系 $o\text{-}uv$，原点 o 取为 t_0 时刻虚拟面阵列传感器主光轴与像面的交点，对于推扫型高光谱成像仪，可将 u 轴取在影像中间，如图 4.6 所示，灰色条带为一次曝光获取的影像行。

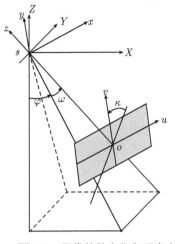

图 4.5　影像的外方位角元素定义

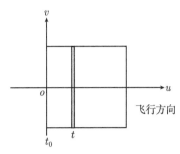

图 4.6　像平面坐标系

如此建立的像平面坐标系中,像点坐标为

$$
\begin{cases}
u = \displaystyle\int_{t_0}^{t} \dot{u}(t)\mathrm{d}t \\
v = y
\end{cases}
$$

式中,$\dot{u}(t)$ 为传感器沿飞行方向的成像速度。

若该速度恒定,则上式可以简化为

$$
\begin{cases}
u = k(t - t_0) \\
v = y
\end{cases}
\tag{4.27}
$$

式中,k 为成像速度。

2. 摆扫型

摆扫型光谱成像仪的成像原理类似于多光谱扫描仪,每个像元都有单独的投影中心,所以其几何成像模型应逐个像点建立。

如图 4.7 所示,设 $D\text{-}XYZ$ 为地面坐标系,在成像时刻 t 传感器的光学投影中心为 s,在摆扫角度 $\theta_t = 0$ 的理想条件下,建立传感器坐标系 $s\text{-}\overline{xyz}$,此时平台飞行方向为 $\overline{x}$ 轴,s 与像点 o 的连线 $s\overline{z}$ 为 $\overline{z}$ 轴,按照右手直角坐标法则确定 $\overline{y}$ 轴。如此建立的传感器坐标系 $s\text{-}\overline{xyz}$ 与上文推扫型几何成像模型的像空间坐标系一致,故虚拟传感器主光轴 so 在地面坐标系 D 中的方向可以用 $\varphi(t)$、$\omega(t)$、$\kappa(t)$ 三个姿态角来表示。于是,像点 p 的传感器坐标 $(0, \overline{y}, -f)$ 与地面点 p 的地面坐标为 (X, Y, Z) 之间的关系为

$$
\begin{bmatrix} 0 \\ \overline{y} \\ -f \end{bmatrix} = \frac{1}{\lambda} \boldsymbol{R}^{\mathrm{T}} \begin{bmatrix} X - X_s(t) \\ Y - Y_s(t) \\ Z - Z_s(t) \end{bmatrix} = \frac{1}{\lambda} \begin{bmatrix} a_1(t) & b_1(t) & c_1(t) \\ a_2(t) & b_2(t) & c_2(t) \\ a_3(t) & b_3(t) & c_3(t) \end{bmatrix} \begin{bmatrix} X - X_s(t) \\ Y - Y_s(t) \\ Z - Z_s(t) \end{bmatrix}
\tag{4.28}
$$

式中,$(X_s(t), Y_s(t), Z_s(t))$ 为投影中心 s 在地面坐标系 $D\text{-}XYZ$ 中的坐标;$\boldsymbol{R}$ 为旋转矩阵,是 t 时刻传感器姿态角 $\varphi(t)$、$\omega(t)$、$\kappa(t)$ 的函数。

上述传感器坐标系 s-$\overline{xyz}$ 是在假定摆扫角度为 0 的理想条件下建立的，实际成像时，传感器摆扫角度 θ_t 并不总是为 0，如图 4.7 所示。此时，将传感器坐标系统 $\overline{x}$ 轴旋转 θ_t，得到像空间坐标系 s-xyz。像点 p 的像空间坐标为 $(0,0,-f)$，其与 p 的传感器坐标 $(0,\overline{y},-f)$ 的关系为

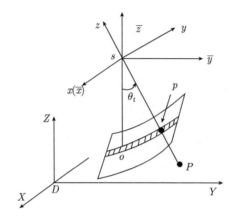

图 4.7　摆扫型高光谱影像几何关系

$$\begin{bmatrix} 0 \\ \overline{y} \\ -f \end{bmatrix} = \boldsymbol{R}_x(\theta_t) \begin{bmatrix} 0 \\ 0 \\ -f \end{bmatrix} \text{ 或 } \begin{bmatrix} 0 \\ 0 \\ -f \end{bmatrix} = \boldsymbol{R}_x^{\mathrm{T}}(\theta_t) \begin{bmatrix} 0 \\ \overline{y} \\ -f \end{bmatrix}$$

代入式 (4.28)，得到像点 p 的像空间坐标 $(0,0,-f)$ 与地面点 P 的地面坐标为 (X,Y,Z) 之间的关系式为

$$\begin{bmatrix} 0 \\ 0 \\ -f \end{bmatrix} = \frac{1}{\lambda} \boldsymbol{R}_x^{\mathrm{T}}(\theta_t) \boldsymbol{R}^{\mathrm{T}} \begin{bmatrix} X - X_s(t) \\ Y - Y_s(t) \\ Z - Z_s(t) \end{bmatrix}, \quad \boldsymbol{R}_x^{\mathrm{T}}(\theta_t) = \begin{bmatrix} 1 & 0 & 0 \\ 0 & \cos\theta_t & \sin\theta_t \\ 0 & -\sin\theta_t & \cos\theta_t \end{bmatrix} \quad (4.29)$$

令

$$\begin{bmatrix} X \\ Y \\ Z \end{bmatrix} = \boldsymbol{R}^{\mathrm{T}} \begin{bmatrix} X - X_s(t) \\ Y - Y_s(t) \\ Z - Z_s(t) \end{bmatrix}$$

式 (4.29) 展开为

$$\begin{cases} 0 = -f \dfrac{X}{Z\cos\theta_t - Y\sin\theta_t} \\ 0 = -f \dfrac{Y\cos\theta_t + Z\sin\theta_t}{Z\cos\theta_t - Y\sin\theta_t} \end{cases} \quad (4.30)$$

此即为摆扫型光谱成像仪瞬时成像的数学模型。由式 (4.30) 的第二式得出

$$\mathrm{tg}\theta_t = -\frac{Y}{Z}$$

代入式 (4.30) 第一式, 得到摆扫型光谱成像仪瞬时成像模型的另一种形式为

$$
\begin{cases}
0 = -\dfrac{X}{Z} = -\dfrac{a_1(t)[X-X_s(t)]+b_1(t)[Y-Y_s(t)]+c_1(t)[Z-Z_s(t)]}{a_3(t)[X-X_s(t)]+b_3(t)[Y-Y_s(t)]+c_3(t)[Z-Z_s(t)]} \\[3mm]
\tan\theta_t = -\dfrac{Y}{Z} = -\dfrac{a_2(t)[X-X_s(t)]+b_2(t)[Y-Y_s(t)]+c_2(t)[Z-Z_s(t)]}{a_3(t)[X-X_s(t)]+b_3(t)[Y-Y_s(t)]+c_3(t)[Z-Z_s(t)]}
\end{cases} \tag{4.31}
$$

在图 4.6 所示的像平面坐标系中, 将灰色条带看做一次摆扫获取的一行影像, 则像平面坐标 (u,v) 表示如下

$$
\begin{cases}
u = \displaystyle\int_{t_0}^{t} \dot{u}(t)\mathrm{d}t \\[3mm]
v = \theta_t f
\end{cases}
$$

若该传感器成像速度恒定, 上式简化为

$$
\begin{cases}
u = k(t-t_0) \\
v = \theta_t f
\end{cases} \tag{4.32}
$$

因此, θ_t 的值可以利用像点坐标计算, 即 $\theta_t = v/f$。

4.5.2 影像几何变形

高光谱影像的几何变形是指影像上各像元的位置坐标与地物实际坐标位置的差异, 可分为静态变形和动态变形。静态变形是指在影像获取过程中传感器相对于地球表面静止状态时所具有的各种变形误差。动态变形是指由于成像过程中地球自转和平台移动所造成的影像变形。

导致静态变形的因素可分为内部误差和外部误差两类。内部误差是由传感器不稳定引起的, 如焦距变动、像主点偏移、镜头畸变、扫描线首末成像点时间差、不同波段上相同位置的扫描线成像时间差、扫描棱镜旋转速度不均匀、扫描线的非直线性和非平行性等。内部差异大小因传感器的结构而异, 一般误差不大。外部误差是指传感器本身处在正常的工作条件下, 由传感器以外的各因素所造成的误差, 如传感器的外方位的变化、地球曲率、地形起伏、地球旋转等因素所引起的误差。

推扫型高光谱成像系统和摆扫型高光谱成像系统都属于动态扫描成像的方式, 由于成像过程中平台的运动, 整幅影像不存在统一的外方位元素。由于卫星平台运行平稳, 影像的外方位元素变化规律性较强, 所以对于星载高光谱成像系统, 任意时刻 (t) 的外方位元素可以采用以下多项式模型近似表示:

$$
\begin{aligned}
X_s(t) &= X_s(t_0) + \dot{X}_S \cdot (t-t_0) + \ddot{X}_S \cdot (t-t_0)^2 + \cdots \\
Y_s(t) &= Y_s(t_0) + \dot{Y}_S \cdot (t-t_0) + \ddot{Y}_S \cdot (t-t_0)^2 + \cdots \\
Z_s(t) &= Z_s(t_0) + \dot{Z}_S \cdot (t-t_0) + \ddot{Z}_S \cdot (t-t_0)^2 + \cdots \\
\varphi(t) &= \varphi(t_0) + \dot{\varphi} \cdot (t-t_0) + \ddot{\varphi} \cdot (t-t_0)^2 + \cdots \\
\omega(t) &= \omega(t_0) + \dot{\omega} \cdot (t-t_0) + \ddot{\omega} \cdot (t-t_0)^2 + \cdots \\
\kappa(t) &= \kappa(t_0) + \dot{\kappa} \cdot (t-t_0) + \ddot{\kappa} \cdot (t-t_0)^2 + \cdots
\end{aligned}
$$

其中，$X_s(t_0)$、$Y_s(t_0)$、$Z_s(t_0)$、$\varphi(t_0)$、$\omega(t_0)$、$\kappa(t_0)$ 为 t_0 时刻的外方位元素；$\dot{X}_S$、$\dot{Y}_S$、$\dot{Z}_S$、$\dot{\varphi}$、$\dot{\omega}$、$\dot{\kappa}$、为外方位元素的一阶变化率；$\ddot{X}_S$、$\ddot{Y}_S$、$\ddot{Z}_S$、$\ddot{\varphi}$、$\ddot{\omega}$、$\ddot{\kappa}$、为外方位元素的二阶变化率。

利用以上模型，就能够用少量的参数表示整幅影像的外方位元素。

与卫星平台相比，航空平台由于飞行高度较低，受到气流影响较大，难于保持平稳飞行，传感器的外参数变化没有明显的规律可循，所以不能采用上述模型。这也是机载高光谱影像存在严重扭曲变形的原因。在这种情况下，传统的利用地面控制点解算整幅影像的几何参数，然后再进行几何校正的策略不再适用，必须开发新的几何校正方法。

4.6 高光谱影像几何校正

高光谱影像几何校正的目的是改正影像的各种变形和误差，生成在几何关系上具有某种类似于地图投影，如正射投影的影像图。

4.6.1 几何校正的一般方法

几何校正可分为直接法和间接法两类。直接法将原始影像上的每一个像元 $a(u,v)$，通过校正公式变换到校正后新影像相应像元 $A(U,V)$ 上，同时把原始像元 $a(u,v)$ 的灰度值赋予新影像 $A(U,V)$ 的位置上。直接法的不便之处在于校正后输出的像元坐标可能不按规则格网分布，因而在确定输出像元的灰度值时，必须对像元灰度值作进一步的灰度配赋。间接法是直接法的反解法，它由校正后的新影像出发，逐个按格网取出像元 $A(U,V)$，通过校正公式求解其在原始影像上的相应位置 $a(u,v)$。此法求得的影像位置，虽然也不一定正好位于像元的中心，但此时可在原始影像上作灰度内插，能够克服直接法确定灰度值的困难。但是对于动态成像的高光谱影像，由于原始影像上每行像元或者每个像元成像时的外方位元素都不同，使得从新影像像元 $A(U,V)$ 求解相应像元 $a(u,v)$ 时不能直接确定外方位元素，必须迭代进行。

1. 直接法几何校正

直接法校正从原始影像像元 $a(u,v)$ 出发，计算其对应的地面点坐标 $P(X,Y,Z)$，根据地面点 P 的平面坐标 (X,Y)，确定其在校正影像上的像点坐标 $A(U,V)$ 后，将像元 a 的灰度值赋予校正影像像点 A。

由 P 点的平面坐标 (X,Y) 确定其在校正影像上的像点 A 的坐标 (U,V) 的公式为

$$
\begin{cases}
U = \dfrac{Y - Y_{\min}}{\Delta t} \\[2mm]
V = \dfrac{X - X_{\min}}{\Delta X}
\end{cases}
\tag{4.33}
$$

式中，$X_{\min}$、$Y_{\min}$ 为校正影像上像元对应地面坐标最小值；ΔX、ΔY 为像元对应地面尺寸。

按照式 (4.33) 计算得到的像点坐标 (U,V) 一般不是整数值，所以校正影像上整数像元位置的灰度值必须通过灰度配赋得到。由于直接计算出的校正影像像点坐标排列不规

则，采用常规的内插方法面临着巨大的搜索量，计算效率很低。可以采用按照面积进行灰度加权分配的方法。如图 4.8 所示，如果原始影像上的像元 a 计算出的校正像元 A 位于影像的四个像元 1、2、3、4 之间，则可认为像元 A 是 1、2、3、4 共同作用的结果，因此将像点 a 的灰度值按照 A 位于像元 1、2、3、4 中的面积进行分配，如图中分配给像元 4 的灰度比例为 $w = \mathrm{d}x + \mathrm{d}y$。

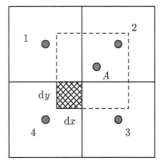

图 4.8 灰度面积加权分配

直接法校正中，由原始影像像元 a 的坐标 (u, v) 计算其相应地面点坐标 (X, Y, Z) 的变换函数为式 (4.26) 或式 (4.31) 所示的几何变换模型的反解形式，对于推扫型和摆扫型光谱成像仪，其分别为

$$
\left\{
\begin{array}{l}
X = X_s(t) + [Z - Z_s(t)]\dfrac{a_2(t)y - a_3(t)f}{c_2(t)y - c_3(t)f} \\[3mm]
Y = Y_s(t) + [Z - Z_s(t)]\dfrac{b_2(t)y - b_3(t)f}{c_2(t)y - c_3(t)f}
\end{array}
\right.
\tag{4.34}
$$

和

$$
\left\{
\begin{array}{l}
X = X_s(t) + [Z - Z_s(t)]\dfrac{a_2(t)\tan\theta_t - a_3(t)}{c_2(t)\tan\theta_t - c_3(t)} \\[3mm]
Y = Y_s(t) + [Z - Z_s(t)]\dfrac{b_2(t)\tan\theta_t - b_3(t)}{c_2(t)\tan\theta_t - c_3(t)}
\end{array}
\right.
\tag{4.35}
$$

其中，式 (4.34) 中的外方位元素根据像点 a 在飞行方向的坐标 u 确定，y 为垂直于飞行方向上的像点坐标，即 $y = v$；式 (4.35) 中的外方位元素由像点 a 的坐标 u 和 v 共同确定，$\theta_t = v/f$。

由式 (4.34) 或式 (4.35) 可知，若已知空间点 P 在物方空间坐标系中的 Z 坐标，就可以唯一地确定 P 点的地面坐标 X 和 Y。Z 值可由地面点的高程计算得到，计算方法取决于所采用的地面空间坐标系。对于平坦地区，地面点的高程 H 可以看做一个常量，计算得到地面点的 Z 坐标后，可直接解算地面点的 X 和 Y 坐标。但是当地形起伏时，地面点的高程是随着平面点位变化的，此时可以取目标区的平均高程 H_0 作为该点的概略高程，在数字高程模型 DEM 的支持下，通过如下迭代过程确定地面点的三维坐标：

第一步，取成像地区平均高程 H_0 作为地面点 P 的概略高程，计算 P 点 Z 坐标的初值 Z_0。

第二步，由初值 Z_0 按照式 (4.34) 式 (4.35) 计算像点 (u, v) 对应的地面点的 X 和 Y 坐标。

第三步，在 DEM 中内插 (X, Y) 的高程 H，并由此高程计算 P 点的 Z 坐标，令 $Z_0 = Z$，返回到第二步。

迭代执行第二步和第三步，直到收敛 $|Z_0 - Z| < \delta$，δ 为给定的阈值。

输出地面目标点的坐标 (X, Y, Z)。

2. 间接法几何校正

间接法校正首先确定校正影像对应的地面范围，然后从校正影像像元 $A(U,V)$ 出发，计算其对应的地面点坐标 $P(X,Y,Z)$，并根据 (X,Y,Z) 确定其在原始影像上的像点坐标 $a(u,v)$ 后，将像元 a 的灰度值赋予校正影像像点 A。

由校正影像像元 $A(U,V)$ 计算其对应地面点 P 的平面坐标 (X,Y) 的公式为

$$
\begin{cases}
X = V\Delta X + X_{\min} \\
Y = U\Delta Y + Y_{\min}
\end{cases}
\tag{4.36}
$$

计算出 P 点的平面坐标 (X,Y) 后，在 DEM 中内插 (X,Y) 的高程 H，并可据此计算 Z 坐标。

理论上，由 (X,Y,Z) 确定原始影像像点坐标 (u,v) 可直接利用几何变换模型式 (4.26) 或式 (4.30)，但对于动态成像的高光谱影像，公式中的外方位元素应根据像点 a 的坐标 u 或 (u,v) 确定，所以这一解算过程不能直接确定外方位元素，必须迭代进行。

同样的，按照式 (4.26) 或式 (4.30) 计算出的像点坐标 (u,v) 一般也不是整数值，也必须进行灰度重采样。由于原始影像是规则排列的，因此重采样过程较直接法简单，常用的方法有最临近点法、双线性内插法、双三次卷积法等。

间接法校正的关键问题是确定地面点 P 的曝光时刻，进而确定外方位元素。下文以推扫型光谱成像仪为例说明如何确定最佳曝光时刻。如图 4.9 所示，地面点 $P(X,Y,Z)$ 在 T 时刻 (对应于扫描行 L) 成像，则根据时刻 T 可确定外方位元素 $X_S(t)$、$Y_S(t)$、$Z_S(t)$、$\varphi(t)$、$\omega(t)$、$\kappa(t)$，进而根据式 (4.26) 可确定出像点 p，此时在第 L 个扫描行的像空间坐标系中像点 p 的 x 坐标应接近于 0，这是最佳曝光时刻的判定依据。

显然，对于给定地面点对所有扫描行逐一进行判断是费时、不切实际的，必须有效缩小像方搜索范围。从图 4.9 知，在地面平坦、姿态不变、飞机匀速直线航行的理想条件下，地面点 P 对于 T_1 时刻 (对应于扫描行 L_1) 将成像在 p'。p' 到 T_1 时刻扫描行的距离 $\|p'p_1\|$，亦即利用 L_1 扫描行计算出的像点 x 坐标是确定 L 的关键参数。

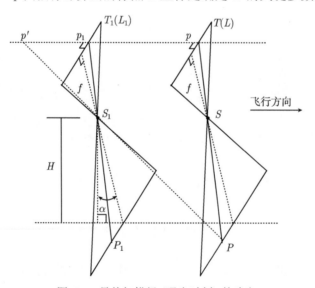

图 4.9　最佳扫描行 (曝光时刻) 的确定

根据图示的成像几何, 有以下数学关系:

$$\frac{\|p'p_1\|}{\|p'p\|} = \frac{\|p_1S_1\|}{\|pP\|} = \frac{\|p_1S_1\|}{\|p_1P_1\|}$$

$$\frac{\|p_1S_1\|}{\|S_1P_1\|} = \frac{f}{H/\cos\alpha} = \frac{f\cos\alpha}{H}$$

其中, f 为传感器焦距; H 为航高; α 为传感器沿飞行方向的倾角。于是得

$$\frac{\|p_1S_1\|}{\|p_1P_1\|} = \frac{f\cos\alpha}{f\cos\alpha + H}$$

因此

$$\|p'p_1\| = \frac{f\cos\alpha}{H}\|p_1p\| \tag{4.37}$$

式 (4.37) 表明 $\|p'p_1\|$ 与扫描行 L_1 到 L 的距离成正比, 因此根据 $\|p'p_1\|$ 即可确定时刻 T 对应的扫描行号 L。但是, 在实际作业中上述理想飞行条件一般难以满足, 因而不能简单利用式 (4.37) 直接计算 L, 还要进行迭代。

4.6.2   基于 POS 的几何校正

由上文可见, 高光谱影像几何校正解算需要利用完整的影像几何成像模型参数来实现。几何成像模型参数既包括影像的内方位元素 (或称为传感器的内参数), 如传感器的等效焦距, 也包括影像的外方位元素 (或传感器的外参数), 如光学传感器的投影中心位置、光学传感器的主轴指向或传感器姿态角等。高光谱影像的内方位元素通过几何定标确定, 且在成像过程中保持不变, 外方位元素则随着平台的运动不断变化。

近些年发展起来的位置姿态测量系统 (position and orientation system, POS), 可以快速动态地给出反映载体运动状态的角运动参数和线运动参数, 据此动态测定载体的位置和姿态信息。利用 POS 实时测量成像光谱仪的位置姿态, 经过处理可以给出任意成像时刻传感器的外方位元素, 从而实现高光谱影像的几何校正。

1. 位置姿态测量系统 POS

通用的位置姿态测量系统是在惯性导航的基础上发展出来的, 其基本原理是采用陀螺仪和加速度计测量载体的角速度和加速度, 通过积分得到载体的姿态和位置。在全球定位系统 (global positioning system, GPS) 出现后, 位置姿态测量系统充分利用 GPS 定位的优越性, 联合传统的惯性系统进行测量。姿态位置测量系统一般由以下几个部分组成:

(1) 加速度计: 测量传感器三个方向上的速度和加速度。

(2) 陀螺仪: 测量传感器的偏航角、俯仰角和侧滚角。

(3) GPS: 测量传感器的三维坐标。

姿态测量系统的输出数据包括载体的三维绝对坐标 (经度、纬度和高度)、载体在三个方向上的速度和加速度分量以及三个导航角 (偏航角、俯仰角和侧滚角) 等载体运动参数。

目前广泛采用的航空位置姿态测量系统有 Applanix 公司的 POS/AV(position and orientation system for airborne vehicles) 系列，IGI 公司的 AEROcontrol 以及 iMAR 公司的 iNAV 等。下面仅以 POS/AV 系统为例，简要说明其工作原理。

POS/AV 系统专为机载传感器的直接地理定位设计，它通过集成高精度的 GPS 和惯性测量装置 (inertial measurement unit，IMU)，提供传感器实时或后处理的位置和姿态参数。

POS/AV 系统采用 GPS 和 IMU 组合的方式，主要包括四个部分：IMU 单元，双频低噪声 GPS 接收机，主控计算机系统 PCS 和后处理软件包 POSPac™。整个系统的核心是集成的惯性导航算法软件，它由 POSRT、POSGPS、POSProc 以及 POSEO 四个独立的软件模块组成，可以实时运行在 PCS 上，也可以后处理时使用。它利用 GPS 观测数据来校正 IMU 获得的姿态和位置，使之输出的数据保持动态高精度和绝对高精度。图 4.10 是 POS/AV 系统的原理结构图，表 4.1 是其主要性能指标，表中 C/A 为一种民用伪码定位方式，DGPS 为采用基站的差分定位方式。

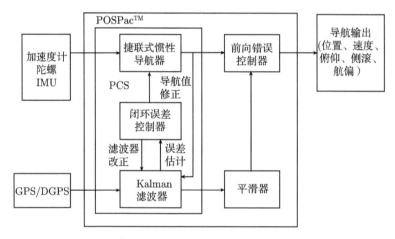

图 4.10 POS/AV 系统原理图

表 4.1 POS/AV 510 系统精度指标

项目	C/A GPS	DGPS	后处理
位置测量精度/m	4.0~6.0	0.5~2.0	0.05~0.30
速度测量精度/(m/s)	0.05	0.05	0.005
俯仰角、侧滚角测量精度/(°)	0.008	0.008	0.005
偏航角测量精度/(°)	0.070	0.050	0.008

2. 利用 POS 求解外方位元素

将 POS 系统与传感器系统固联。如果能够使 POS 系统坐标中心与传感器光学中心重合，POS 系统视准轴指向与传感器主光轴指向一致，则 POS 坐标系和传感器坐标系完全重合。此时 POS 系统输出的三维坐标是传感器坐标系原点在地心坐标系中的坐标，输出的导航角是传感器坐标系在导航坐标系中的姿态角。地心坐标系如图 4.11 所示，导航坐标系如图 4.12 所示。而高光谱影像几何校正需要的影像外方位线元素定义在地面坐标系中，如图 4.13 所示的切面直角坐标系。两者使用的坐标基准不同。因此，利用 POS 求解影像的外方位元素，需要将 POS 系统输出的导航测量值转换为影像的外方位元素。本书通过推导空间一点在不同坐标系中的坐标关系实现这一转换。

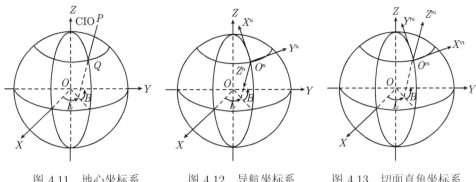

图 4.11　地心坐标系　　　　图 4.12　导航坐标系　　　　图 4.13　切面直角坐标系

导航坐标系是瞬时坐标系，坐标原点 O^n 和三轴指向均随着运行体不断运动。此时，传感器坐标系 $s\text{-}xyz$ 和导航坐标系存在坐标旋转关系，POS 系统测量的实际上就是这一关系。按照航空标准 ARINC 705 的定义，传感器坐标系在导航坐标系中的姿态用偏航角、俯仰角和侧滚角描述。各姿态角的定义参见图 4.14，其中 Ψ 为偏航角，是在水平面内，传感器坐标系 x 轴与北方向之间的夹角，右偏为正；Θ 为俯仰角，是传感器坐标系 x 轴与水平线的夹角，x 轴正向向上为正；Φ 为侧滚角，是传感器坐标系 y 轴与水平线的夹角，y 轴向下为正。

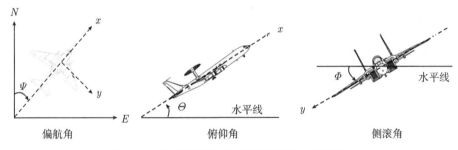

图 4.14　传感器坐标系在导航坐标系中的姿态角

根据导航角的定义，若空间一点在传感器坐标系中的坐标为 $\boldsymbol{X} = [x\quad y\quad z]^{\mathrm{T}}$，则其在导航坐标系中的坐标 $\boldsymbol{X}^n = [X^n\quad Y^n\quad Z^n]^{\mathrm{T}}$ 表示为

$$\boldsymbol{X}^n = \boldsymbol{R}_b^n \boldsymbol{X} \tag{4.38}$$

式中，

$$
\begin{aligned}
\boldsymbol{R}_b^n &= \boldsymbol{R}_Z(\Psi)\boldsymbol{R}_Y(-\Theta)\boldsymbol{R}_X(\Phi) \\
&= \begin{bmatrix} \cos\Psi & -\sin\Psi & 0 \\ \sin\Psi & \cos\Psi & 0 \\ 0 & 0 & 1 \end{bmatrix} \begin{bmatrix} \cos\Theta & 0 & \sin\Theta \\ 0 & 1 & 0 \\ -\sin\Theta & 0 & \cos\Theta \end{bmatrix} \begin{bmatrix} 1 & 0 & 0 \\ 0 & \cos\Phi & -\sin\Phi \\ 0 & \sin\Phi & \cos\Phi \end{bmatrix}
\end{aligned}
$$

$$= \begin{bmatrix} \cos\Theta\cos\Psi & \sin\Phi\sin\Theta\cos\Psi - \cos\Phi\sin\Psi & \cos\Phi\sin\Theta\cos\Psi + \sin\Phi\sin\Psi \\ \cos\Theta\cos\Psi & \sin\Phi\sin\Theta\sin\Psi + \cos\Phi\cos\Psi & \cos\Phi\sin\Theta\sin\Psi - \sin\Phi\cos\Psi \\ -\sin\Theta & \sin\Phi\cos\Theta & \cos\Phi\cos\Theta \end{bmatrix}$$

式中，$\boldsymbol{R}_b^n$ 的上标 n 表示导航坐标系，下标 b 表示传感器坐标系，$\boldsymbol{R}_b^n$ 表示将传感器坐标转换为导航坐标的旋转矩阵。

设导航坐标系原点在地心大地坐标系中的坐标为 (L_n, B_n, H_n)，相应的地心直角坐标为 (X_n, Y_n, Z_n)，若空间一点 P 在导航坐标系中的坐标为 $\boldsymbol{X}^n = [X^n \quad Y^n \quad Z^n]^{\mathrm{T}}$，则其在地心直角坐标系中的坐标 $\boldsymbol{X} = [X \quad Y \quad Z]^{\mathrm{T}}$ 为

$$\boldsymbol{X} = \boldsymbol{R}_n \boldsymbol{X}^n + \boldsymbol{X}_n \tag{4.39}$$

式中，$\boldsymbol{X}_n = [X_n \quad Y_n \quad Z_n]^{\mathrm{T}}$；

$$\begin{aligned} \boldsymbol{R}_n &= \boldsymbol{R}_Z(L_n)\boldsymbol{R}_Y(\pi/2 + B_n) \\ &= \begin{bmatrix} \cos L_n & -\sin L_n & 0 \\ \sin L_n & \cos L_n & 0 \\ 0 & 0 & 1 \end{bmatrix} \begin{bmatrix} \cos(\pi/2 + B_n) & 0 & -\sin(\pi/2 + B_n) \\ 0 & 1 & 0 \\ \sin(\pi/2 + B_n) & 0 & \cos(\pi/2 + B_n) \end{bmatrix} \\ &= \begin{bmatrix} -\cos L_n \sin B_n & -\sin L_n & -\cos L_n \cos B_n \\ -\sin L_n \sin B_n & \cos L_n & -\sin L_n \cos B_n \\ \cos B_n & 0 & -\sin B_n \end{bmatrix} \end{aligned} \tag{4.40}$$

式中，$\boldsymbol{R}_b$ 的上标为空，表示地心直角坐标系，下标 n 表示导航坐标系，$\boldsymbol{R}_n$ 表示将导航坐标转换为地心直角坐标的旋转矩阵。

更进一步地，设切面直角坐标系原点在地心大地坐标系中的坐标为 (L_m, B_m, H_m)，相应的地心直角坐标为 (X_m, Y_m, Z_m)，若空间一点 P 在切面直角坐标系中的坐标为 $\boldsymbol{X}^m = [X^m \quad Y^m \quad Z^m]^{\mathrm{T}}$，则其在地心直角坐标系中的坐标 $\boldsymbol{X} = [X \quad Y \quad Z]^{\mathrm{T}}$ 为

$$\boldsymbol{X} = \boldsymbol{R}_m \boldsymbol{X}^m + \boldsymbol{X}_m \tag{4.41}$$

式中，$\boldsymbol{X}_m = [X_m \quad Y_m \quad Z_m]^{\mathrm{T}}$；

$$\begin{aligned} \boldsymbol{R}_m &= \boldsymbol{R}_Z(\pi/2 + L_m)\boldsymbol{R}_X(\pi/2 - B_m) \\ &= \begin{bmatrix} \cos(\pi/2 + L_m) & -\sin(\pi/2 + L_m) & 0 \\ \sin(\pi/2 + L_m) & \cos(\pi/2 + L_m) & 0 \\ 0 & 0 & 1 \end{bmatrix} \begin{bmatrix} 1 & 0 & 0 \\ 0 & \cos(\pi/2 - B_m) & -\sin(\pi/2 - B_m) \\ 0 & \sin(\pi/2 - B_m) & \cos(\pi/2 - B_m) \end{bmatrix} \\ &= \begin{bmatrix} -\sin L_m & -\cos L_m \sin B_m & \cos L_m \cos B_m \\ \cos L_m & -\sin L_m \sin B_m & \sin L_m \cos B_m \\ 0 & \cos B_m & \sin B_m \end{bmatrix} \end{aligned}$$

由式 (4.41) 得 $\boldsymbol{X}^m = (\boldsymbol{R}_m)^{\mathrm{T}}(\boldsymbol{X} - \boldsymbol{X}_m)$，将式 (4.39) 和式 (4.38) 代入式 (4.41)，得到

$$\boldsymbol{X}^m = (\boldsymbol{R}_m)^{\mathrm{T}}(\boldsymbol{R}_n \boldsymbol{R}_b^n \boldsymbol{X} + \boldsymbol{X}_n - \boldsymbol{X}_m) \tag{4.42}$$

式 (4.42) 说明，若地面坐标采用切面直角坐标系，则影像的外方位线元素为 $\boldsymbol{X}_s^m = (\boldsymbol{R}_m)^{\mathrm{T}}(\boldsymbol{X}_n - \boldsymbol{X}_m)$，旋转矩阵为 $\boldsymbol{R}^m = (\boldsymbol{R}_m)^{\mathrm{T}}\boldsymbol{R}_n\boldsymbol{R}_b^n$。

最后，考虑到本书所定义的传感器坐标系与导航坐标系各轴指向之间的差异，旋转矩阵 $\boldsymbol{R}^m$ 应修正为

$$\boldsymbol{R}^m = (\boldsymbol{R}_m)^{\mathrm{T}}\boldsymbol{R}_n\boldsymbol{R}_b^n \begin{bmatrix} 0 & 1 & 0 \\ 1 & 0 & 0 \\ 0 & 0 & -1 \end{bmatrix} \tag{4.43}$$

由旋转矩阵 $\boldsymbol{R}^m$ 可以唯一地确定影像外方位角元素 φ、ω、κ。

彩图 4.15 是基于 POS 数据对高光谱影像进行几何校正的实例。

图 4.15 高光谱影像 POS 校正

第5章　地物光谱数据库技术

地物光谱数据库是面向高光谱数据的具体应用，体现图谱合一特性，综合了光谱数据库、光谱分析功能于一体的专用数据库。在高光谱遥感影像分类应用中，基于地物光谱特征的方法最具特色，它要求利用光谱库中已知的光谱数据，采用匹配的算法精细、准确地识别地物属性。因此，地物光谱数据和环境参数的收集，及其通过数据库的管理、发布和应用就成为高光谱遥感的重要内容。本章就光谱数据库的研究现状、光谱数据获取方法以及地物光谱数据库设计要求等方面加以介绍。

5.1　概　述

测量、收集和整理各种地物的光谱数据历来是遥感基础研究和应用研究领域不可或缺的重要内容和环节，它对遥感信息获取和处理的方法创新、提高遥感影像分类识别精度和可靠性等起着不可替代的作用。高光谱遥感技术的发展和应用研究的深入和光谱数据的剧增，都对光谱数据库的建设提出了更高的要求。建立地物光谱数据库并运用数据库技术存储、管理、处理和分析这些数据，是遥感定量化研究不断深入、应用领域进一步拓展的重要标志。

5.1.1　地物光谱数据库的概念

狭义地讲，地物光谱数据库是指对地面光谱仪测量的地物目标光谱辐射信息以及描述目标相关环境参数的信息进行存储、管理、显示、分析和检索的数据库系统。广义上，数据库中不仅存储室内或野外光谱辐射计获取的地物目标光谱数据，还应存储以图像立方体方式存储的高光谱影像数据，因而具备将图像、光谱有机融合而形成的对高光谱影像的综合分析和应用功能。

地物光谱数据库的建立起源于地物光谱特性的研究。自然界中的物质，在电磁波的作用下，由于电子跃迁、原子和分子振动等复杂的相互作用，吸收或发射特定波长的电磁辐射，从而在某些特定波长的位置具有反映物质物理和结构信息的光谱吸收和反射特征。地物具有发射、反射、吸收、透射电磁波的特征，并且这些特征随着电磁波波长而变化。因此，对地物光谱的研究就是关于地物发射、反射、吸收、透射电磁波的能力与特征的研究。

5.1.2　地物光谱数据库的地位和作用

地面光谱测量能够获取地物目标从紫外到近红外 (0.3~2.5μm) 几乎连续的电磁波辐射信息，在对高光谱遥感数据获取、处理、分析与应用中具有特别的重要性，主要体现在以下几个方面：

(1) 为成像光谱仪的设计制造提供重要参数。通过对光谱数据的分析与模拟,可以使人们了解高光谱遥感探测地物的可能性和精度,理解地物辐射特性,从而为确定成像光谱仪采用的探测波长、光谱分辨率、空间分辨率、信噪比等重要参数的设计提供参考。

(2) 为实现成像光谱仪的机上、星上定标提供依据。地面光谱辐射计在获取高光谱数据时,通过进行实地或实验室同步观测获取遥感过程中的大气环境和太阳辐射信息,经过数据库系统分析处理后,可用于成像光谱仪的定标处理。

(3) 为地物属性信息精细探测建立特征项。当数据库存储的地面光谱辐射特征数据在空间尺度上与图像像元尺度相适应,且具有典型性和代表性,同时地面光谱测量与高光谱影像获取时的条件相一致时,可以通过光谱特征匹配方法进行影像分类,以达到对地物属性信息精细探测的目的。

(4) 可用于图像表达形式转换。在经验线性法反射率转换中,需要引入地面光谱辐射计测量的地面点光谱数据,完成 DN 值图像到反射率图像的转换。

(5) 用于地面目标特性的定量分析。通过建立地面目标光谱特征数据与目标特性 (如生物物理和生物化学参量) 之间的联系,便可以实现定量分析。

由于地物光谱数据库在高光谱遥感的基础研究和应用研究中具有不可替代的作用,从其诞生之时到现在就一直在不断发展和完善。

5.1.3 地物光谱数据库建设流程

地物光谱数据系统建设应包括系统应用要求分析 (需求分析)、系统结构设计、系统功能设计、数据获取、系统研制开发、数据入库、系统测试以及数据库运行与维护等环节和过程,其流程如图 5.1 所示。

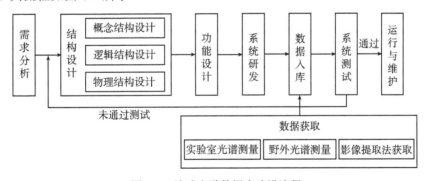

图 5.1　地球光谱数据库建设流程

5.2　光谱数据库研究现状

5.2.1　国外光谱数据库研究现状

地物光谱数据库起源于地物光谱特性的研究。早在 20 世纪 40 年代,原苏联就对 300 多种地物的可见光光谱进行了测量,并出版了第一部地物光谱特性的专著——《自然物体的光谱反射特征》,书中包括植被、土壤、岩矿、水体四大类地物的光谱反射特性。该成果对胶片航空摄影的发展起到了促进作用。

20 世纪 60 年代，美国密执安大学等开始了大规模的地物光谱特性测量，从遥感器通道设置的合理性到性能参数对陆地卫星计划的可行性等方面进行了系统的研究。至 1971 年已建立了 289 个试验场，进行遥感器的应用评价和辐射校正，其中的白沙导弹靶场直到目前一直是美国和欧洲空间局的辐射校正场。

美国 NASA 在 20 世纪 60 年代末至 70 年代初，建立了地球资源信息系统 (the NASA earth resource spectral information system，ERSIS)，其中包括植被、土壤、岩矿和水体四大类地物的电磁波谱特性数据。

20 世纪 80 年代后期，在美国地质调查局 (United States Geological Survey，USGS) 牵头、十几个国家参与的国际地质比对计划中，从光谱仪、定标、测量规范、数据库结构与格式，到光谱特性与地质的关系分析，专门就地质光谱特性进行了全面研究。地物光谱测量中采用了实验室测量、野外地面光谱测量方法，还采用了遥感光谱学的测量方法，即利用航空高光谱成像的反演方法测量地物目标的光谱特性，并建设了光谱数据库。

有些国家和部门还结合特定的应用研究开展了某些地物光谱特性测试与数据库建设工作。例如，美国环保局、空军以及其他相关部门针对大气污染和空气成分的诊断建立了 AEDC/EPA 光谱数据库，基于 HYDICE(hyperspectral digital imagery collection experiment) 超光谱传感器的森林高光谱数据库，NIST(national institute of standards and technology) 发展的有害气体污染物质的标准定量化光谱数据库等。英国在 20 世纪 90 年代初针对海洋水色研究建立了海水光谱数据库，以研究海水光谱分析模型。澳大利亚的 CSIRO(Commonwealth Scientific and Industrial Research Organization) 建立了高光谱分辨率地物波谱数据库。日本的地质调查所为了弄清楚光谱与地质体及其蚀变、土壤、植被之间的对应关系，建立了标准化的目标光谱数据库，用于发展新的分类和识别技术。

国际上有代表性的地物光谱数据库主要有 IGCP-264, JHU, JPL, USGS-MIN 及 ASTER 等。

1. IGCP-264 光谱数据库

IGCP-264 地物光谱数据库是美国在 1990 年开始建设的数据库系统。为了比较光谱分辨率和采用间隔对光谱特征的影响，对 26 种样本采用五种光谱仪测试，并同时采用了能谱仪、扫描电子显微镜和衍射仪进行分析测试，最后建成了如下五个光谱谱数据库：

(1) 科罗拉多大学空间对地研究中心采用改制的 Beckman5270 双光路反射光谱仪测量的光谱，光谱分辨率为 3.8nm，重采样成 1nm 分辨率。

(2) 科罗拉多大学空间对地研究中心采用 GER 公司 SIRIS 便携式野外光谱仪测量的光谱。SIRIS 是单光路三个光栅的光谱仪，波长范围分别为 0.35～1.08μm、1.08～2.5μm 和 1.8～2.5μm。

(3) 科罗拉多大学空间对地研究中心采用 PIMA II 野外光谱仪在实验室条件下测得的光谱，光谱分辨率约为 2.5nm。

(4) 布朗大学采用 Relab 光谱仪测量的光谱。光谱分辨率为 2～13nm，在 0.4～2.5μm 范围内重采样成 5nm。

(5) USGS 下属的丹佛光谱实验室采用计算机控制的 Beckman 光谱仪测量的光谱。

光谱分辨率在可见光范围为 0.2nm，在近红外为 0.5nm。现在的光谱库版本是 splib04，包含近 500 条特征矿物与典型植被光谱数据，覆盖光谱范围为 0.4~3.0μm。USGS 正在进一步丰富其光谱库内容，增加更多的矿物、混合矿物、植被和人造材料光谱，并计划将光谱覆盖范围扩展到 150μm。由于光谱库建设需要耗费巨大的人力和财力，USGS 下一个光谱库版本的推出日期还没有确定。

2. JHU 光谱数据库

JHU 光谱数据库是由美国约翰 霍普金斯大学建设的包含 15 个子库的地物光谱数据库，测量对象包括各种火成岩、变质岩、沉积岩、雪、土壤、水体、矿物、植被以及人工目标等多类物质。采用 Beckman UV-5240 和 FTIR 光谱仪测量，光谱覆盖范围为 2.08~25μm。其他大都采取半球反射测量，波谱覆盖范围略有不同，但大致在 0.3~15μm 范围内。2~25μm 热红外以及植被光谱库中，用户可查看、建立、重采样标准光谱库，从而使用户可进行物质成分、热红外分析和植被分析。

3. JPL 光谱数据库

美国喷气推进实验室 (JPL) 建设的数据库。采用 Beckman5240 光谱仪测量，包括 160 种矿物岩石在 125~50μm，45~12μm 以及小于 45μm 三种光谱，以研究微粒尺度与光谱之间的关系。光谱波段宽度在 400~800nm 之间为 1~4nm, 800~2200nm 之间小于 20nm, 2200~2500nm 之间为 20~40nm。

4. USGS-MIN 光谱数据库

20 世纪 80 年代，由美国 USGS 牵头，由几个国家参与的国际地质比对计划中建立的 USGS-MIN 光谱数据库，从光谱仪、定标、测量规范、数据库结构与格式，到光谱特性与地质的关系分析，专门就地质光谱特性进行了比较全面的研究。USGS 对各种主要岩石类型和部分植被类型进行了比较系统的光谱测量，测量中除了采用实验室及野外地面光谱测量方法外，还采用了遥感光谱学 (remote sensing spectroscopy) 方法，利用高光谱成像的反演测量地物目标的光谱特征，并建成光谱数据库。

5. ASTER 光谱数据库

加利福尼亚技术研究所于 2005 年建立了 ASTER 光谱库，包括相关的辅助信息，并有数据库检索功能供用户查询。数据来源于 USGS、JPL、JHU 三个光谱库，共计八大类，即矿物、岩石、土壤、月球土壤、陨石、植被、水、雪和人工材料等。

国外许多遥感商用软件系统中也包括高光谱数据库模块。如 ENVI 软件中有光谱库管理、编辑及分析模块；PCI 软件的高光谱分析模块中，提供了基于 USGS 光谱库发展的高光谱地物库，可由用户自行组合成有限光谱通道 (如 10~20 个) 的光谱曲线库，它同时给用户提供各种光谱分析能力，自动地物判读 (根据光谱特点) 等功能，用户可用上述工具对高光谱影像进行辅助的或半自动的地物判读，或结合 PCI 软件的多光谱分析、神经元网络分类模块及其他影像解译方法进行地物判读。在 ERDAS 及 ENVI 软件的高光谱工具模块中，也包括 JPL、USGS 以及用户自定义的光谱库。

5.2.2　国内地物光谱数据库研究进展

我国从 20 世纪 70 年代开始跟踪国外的地物波谱测量与数据库技术，相继开展了基础理论和应用研究。

20 世纪 80 年代，我国在长春净月潭地区建立了地物电磁波辐射特性试验场，同时开展了地物光谱测量技术的研究，场内地物反映了东北地区的地理环境特点。

1982 年，由中科院空间科学技术与应用研究中心主持，十多个研究所参加，制定了地物光谱测试规范，获得了岩矿、水体、土壤、植被等地物的光谱曲线共 1 000 余条，波长范围主要为 0.4~1.0μm，部分在 0.4~2.4μm 之间，出版了《中国地球资源光谱信息资料汇编》一书。

"七五"期间，在全国范围建立了 13 个遥感基础实验场，全面规范了典型地物光谱的收集和分析方法，收集并建立了包括植被、土壤、岩矿、水体和人工地物目标五大类地物、300 余种约 15 000 余条光谱组成的地物光谱数据库。数据库中除野外测量光谱外，还有选择地收集了一部分 0.38~2.5μm 的室内光谱数据及 0.4~1.1μm 的航空光谱数据，并存储了相应的环境参数、大气参数及理化参数。经过分析、分类和汇总，建立了具有 15 000 余条标准化数据的全国地物光谱特性数据库。

20 世纪 80 年代末出版了《中国典型地物波谱及其特征分析》，给出了 173 种植物、31 种土壤、66 种岩石、7 种水体，共计 277 种中国典型地物波谱特征。1998 年，以 Visual Foxpro 为平台，建立了一套挂靠于图像分析系统 HIPAS 的相对独立的高光谱数据库系统。库中共有标准光谱数据 1152 条，其中植被 562 条，岩石 125 条，目标 146 条，城市地物 399 条，并包含了地学属性数据和测量仪器参数等数据。该系统实现了数据库基本的查询检索、添加、删除及修改等功能，提供了光谱曲线包络线消除、光谱特征波段突出等分析功能。

1996~2000 年，我国有关部门在青海湖、敦煌等试验场开展了多次地面光谱测量，为进行场地光谱特性分析和评价、辐射定标等积累了大量的数据。

"九五"期间，中科院上海技术物理研究所在国家卫星气象中心、中科院安徽光学精密机械研究所和中科院遥感应用研究所等单位工作基础上，建立了基于 Windows 界面的地物波谱数据库，具有图像、曲线和数据的分析和交互功能，从数据源上看，特别增加了超光谱地物波谱仪获取的不同水体的光谱测量数据，并配有采样分析数据和 GPS 等数据。

2001 年，北京师范大学开展了星—机—地同步遥感实验，获取了大量的冬小麦地面光谱测量数据、飞行图像和配套的结构参数、农学参数、农田小气候参数和气象参数等系统的实验数据，并设计开发了以植被、土壤岩石和水体为主要内容的地物光谱数据库。

2005 年建立的国家典型地物波谱数据库，收集了岩矿、农作物、水体等地物，覆盖全国范围的成套波谱数据 3 万余条。该数据库实现了不同观测尺度测定的光谱数据之间、实验室与野外实验点上测量的地物光谱数据与遥感影像之间的关联。

5.3 地物光谱数据库系统设计

地物光谱数据库可以为定量遥感理论和应用研究提供系统化和专业化的科学数据平台。数据库系统和数据处理与分析系统的有效结合，使得光谱数据得以有效地管理、检索与应用。早期的光谱数据库仅存储室内或野外光谱辐射计获取的目标光谱信息，目前的光谱数据库则可以存储图像立方体形式的高光谱图像数据，并可根据用户的需要，从标准图像数据块中提取所需要的任意像元级上的光谱曲线。本节就地物光谱数据库系统的应用要求分析、设计原则、设计内容、总体结构、系统功能等内容进行讨论。

5.3.1 系统应用要求分析

对于一个数据库系统而言，系统分析相当重要。一个好的数据库，通过详细的需求分析，可以合理地设计系统结构、数据结构和系统功能，从而降低数据的冗余，提高数据库的查询检索速度，增强应用效果。

1. 地物属性信息探测方法及存在问题

目前，地理空间环境信息探测以及利用遥感影像测绘和更新地形图时，地形要素属性信息获取的方法一般采取图像判读、利用参考资料以及实地调查的方法获得。

遥感图像判读，是指根据遥感成像机理和地物目标表现出来的影像特征识别地物属性的方法，利用目标的几何特征和辐射特征进行目标属性信息识别。利用参考资料确定地形要素的属性信息，主要根据遥感影像特征，参考相关的地理资料来完成。实地调查是指调查人员在实地将遥感影像与地物对照，以确认地形图、专题图上需要表示的地形要素属性的方法。

图像目视判读方法受作业人员判读经验的局限性较大，确定地物属性定量信息相对困难，无法准确地认定地面尺寸较小、影像特征不明显的地物属性。利用空间分辨率低、比例尺小的遥感影像测绘和更新地形图时，采用目视判读方法确定地物的属性信息难度更大，必须依赖现势性好、精确可靠的地理资料。尽管实地调查方法获取地形要素的属性信息精度和可靠性相对较高，但存在劳动强度大、成图周期长、作业效率低等问题。

2. 系统建设目标

高光谱影像具有同时获取地面物体空间特征、辐射特征和光谱特征的能力。为了充分挖掘高光谱影像地形要素精细探测潜力。建立一套规范、实用、功能完备的满足地图测制、地理信息系统属性数据更新应用要求的数据库系统十分必要。这类系统可以为定量遥感、计算机自动分类进行理论研究与应用探索提供系统化、专业化的试验平台，为高光谱影像大范围应用奠定技术基础，为地理空间属性信息获取实现自动化、智能化和信息化提供数据、方法储备和技术支撑。

地物光谱数据库系统的建设应实现的目标是：建立与地形要素分类体系匹配的光谱数据库，提供地物属性分类识别的系统平台，实现图像数据和光谱数据的有效整合，实现光谱分析和系统的二次开发功能。

5.3.2　系统设计原则

地物光谱数据有不同的获取方法。此外，光谱数据的尺度特征存在差异，观测时间和观测地点也不尽相同。因此，为了满足地形要素精细分类提取要求，数据库系统设计应遵循以下原则：

(1) 数据类型完整性原则。针对地形要素属性信息探测的要求，数据库中的内容应包括所有要素的光谱信息，同时还应包括相应的高光谱影像数据、环境特征参数等信息。数据库系统建设初期保证数据完整有困难时，可设计系统扩充接口，采取分期建设、逐步完善的策略。

(2) 系统运行可靠性原则。数据库系统的可靠性，包括发生故障时的可恢复性、故障恢复所需时间和故障发生频率。数据库发生故障时，应具备完整恢复数据库的能力。一方面要求系统具有较强的纠错能力，网络结构和软硬件环境具有高度的可靠性，不因某个操作或停电等意外事件而导致数据丢失和系统瘫痪。另外，系统能够具备数据备份功能。为了防止数据库内容的丢失、泄露和被恶意修改，系统应具有授权、用户确认、口令、审计等功能，以确保其安全性。

(3) 系统设计规范化原则。地物光谱数据是在不同时间和地点观测的光谱数据和环境参数数据，系统设计与开发应尽量采用符合国家基础地理信息的规范和标准的数据，包括数据命名规则、数据种类、数据结构、存储模型、字段类型等均应符合要求。

(4) 面向用户原则。系统设计开发应在对用户需求充分分析的基础上进行。系统的功能设置、数据结构设计要依据用户的现有条件，满足地形要素属性分类识别要求，并尽量采用多种信息服务模式，以用户习惯的方式进行数据服务，同时要求系统要界面友好，操作方便。

(5) 高效率原则。系统具备高效率原则的目标包括三个方面：模式设计的合理性，应使每个响应执行的时间最小；查询检索优化，应使系统具备最小的数据传输量、最优处理顺序、最少的输入输出操作次数和最优的访问路径；合理的数据冗余，系统模式中保留一定的冗余，可以减少检索响应时间，但也增加了新的开销和一致性问题，应根据应用要求而设定。

5.3.3　系统内容设计

地物光谱数据库系统是面向地理空间属性信息探测而建立的，因此数据库系统应包括地物光谱测量数据库、高光谱影像数据库以及数据分析方法库三部分内容。

地物光谱测量数据库包括地面获取的光谱反射率数据以及相应的环境描述参数信息；遥感影像数据库包括从航空、航天遥感平台上获取的高光谱影像数据；数据分析方法库为数据分析应用提供遥感模型和技术方法。地面测量数据是基础，影像数据是提取像元光谱的数据源，也是光谱数据分析应用的数据处理对象，数据分析方法库在先验知识、遥感模型的支持下，提供光谱信息分析应用和地形要素属性信息分类提取技术方法和手段。

1. 地物光谱测量数据库

地物光谱测量数据库包含在规范观测条件下获得的测量数据集合，即按照测量规范和标准采集的地物目标光谱反射率数据和说明测量环境的参数信息等，其组成和内容如图 5.2 所示。

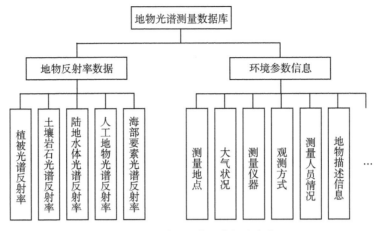

图 5.2　光谱测量数据库组成内容

环境参数信息中，测量地点应详细记录被测地物的大地平面坐标和高程、地理名称；大气状况包括光照条件、云量、能见度、地表温度、风向等有关大气信息；测量仪器应说明采用的仪器型号、制造商、出厂日期、波长范围、视场角、光谱分辨率、采样间隔以及标定情况；观测方式应记录仪器平台、观测距离、观测次数等信息；测量人员情况应记录数据采集、数据预处理、数据审核、数据录入等有关人员的单位和姓名；地物描述信息包括地物名称、所属类别、实际尺寸和比高，并实地拍摄地物目标景观图像。

2. 影像数据库

影像数据库存储典型的航空、航天成像光谱仪获取的高光谱影像数据，包括影像数据的获取时间、传感器类型、空间分辨率、光谱分辨率、波段数、影像大小、遥感平台以及其他影像辅助信息。

3. 数据分析方法库

为了满足基础理论研究和应用分析研究的需要，数据库中仅有光谱数据和影像数据是不完备的，必须包括光谱数据分析工具，将一些常用的处理和分析方法软件化，为用户搭建高效、适用的数据分析系统，以拓展光谱数据库的应用范围。

5.3.4　系统结构设计

系统结构设计是光谱数据库系统的核心内容。不但要完成逻辑模型所规定的任务，而且要使系统达到最优化。地物光谱数据库系统应体现可扩展性能、网络性能和跨平台性能，因此，可采用浏览器–服务器模式的三层体系结构，即 B/S 结构。

三层体系结构具备的优点主要有以下几个方面：

(1) 通过对服务进程管理，可以实现用尽量少的服务进程处理尽量多的请求，减少进程的启动和终止次数。

(2) 保持和复用数据库连接，减少与数据库连接的次数和时间。

(3) 系统分为三层管理，客户端维护简单。

(4) 将客户端与数据库隔离，提高了应用系统的安全性。

(5) 采取增加服务器的措施，可提高系统性能和处理速度，具有较好的可扩展能力。

(6) 可减少网络数据流量，提高数据响应速度。

概括起来，三层体系结构在系统性能、安全性和可扩展性等方面具有明显的优势，方便系统维护和应用管理。图 5.3 是地物光谱数据库应采用的三层客户端服务器体系结构框架。

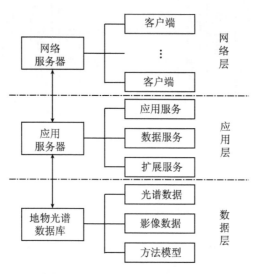

图 5.3　地物光谱数据库体系结构

5.3.5　系统功能设计

满足遥感测绘用户基本要求的地物光谱数据库系统的功能至少应包括：基础信息管理、数据预处理、光谱数据可视化分析、数据查询与更新以及用户管理等五个方面，如图 5.4 所示。

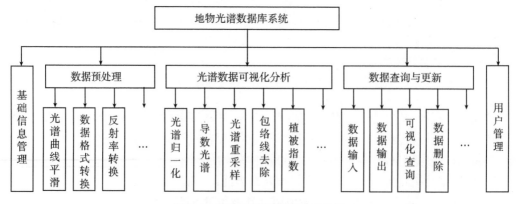

图 5.4　地物光谱数据库系统功能

1. 基础信息管理

基础信息管理包括植被、土壤岩石、陆地水体、人工目标、海部要素等五大类要素的光谱数据以及高光谱影像数据、环境参数信息和景观照片等数据的管理，具备数据输入、修改、删除、浏览等功能，可显示相应的波谱曲线、景观照片或高光谱影像。

2. 数据预处理

对所有入库的光谱数据进行包括数据格式转换、粗差剔除、反射率转换、数据平滑、纯光谱计算等处理，使入库的数据规范化，满足入库标准。

3. 光谱数据可视化分析

数据分析模块包括光谱数据分析的最基本功能，如光谱重采样、导数光谱、包络线去除、植被指数、光谱归一化分析与处理、光谱吸收指数模型等。通过对光谱曲线进行各种基本分析，增强光谱吸收特征，以便于更好地进行光谱匹配与地物分类识别。

4. 数据查询与更新

此模块包括数据输入、输出、可视化查询等。对光谱通过多条曲线的叠加显示，对比分析同类地物或各类地物在不同或相同环境下的光谱特征。

5. 用户管理

用户访问数据库必须经过认证与管理，包括用户注册、身份验证、账号管理、用户授权等。

5.4 地物光谱数据获取

根据光谱信息获取的仪器设备和技术手段的不同，地物光谱反射数据获取方法主要有实验室光谱测量、地面光谱测量和遥感影像数据提取三种方法。

地物光谱数据获取方法不同，使得光谱数据具有多尺度特征。利用光谱匹配技术对遥感影像上的地面目标进行分类识别时，首先应明确地物光谱特征与被测地面目标之间的观测尺度。根据基础理论和应用研究对地物光谱特征描述的要求，地物光谱特征可以分为材料光谱、端元光谱和像元光谱三个尺度，分别对应于实验室测定、野外地面测量和遥感影像提取方法所得到的地物光谱数据。在实际应用中，材料光谱、端元光谱和像元光谱这三个尺度的光谱数据之间的关系可以通过遥感模型加以描述。例如，在植被冠层反射模型中，可以将材料光谱或端元光谱作为模型中的自变量，从高光谱成像机理的角度出发，描述影像像元光谱与地面观测目标端元光谱以及其他参数之间的关系。

5.4.1 实验室光谱测量

实验室测量是指在实验室内严格控制条件下测量地物样品的光谱数据，如植被叶面、水样、土壤岩石样品、建筑材料样品等。该方法是在光源、温度、湿度等环境参数严格控制并相对恒定的情况下获取的光谱数据，所获得的数据是光谱数据库中最基础的标准光谱特征数据。

实验室测量常用分光光度计，仪器由计算机控制，测量数据也可以传输给计算机。分光光度计测量的条件是一定方向的光辐射和半球接收，因此获得的反射率与野外测量有区别。室内光谱测量时要求有严格的样品采集和处理过程。例如，植被样品要求具有代表性，采集后应迅速冷藏保鲜，并在 12 小时内完成室内测量；土壤和岩石应按照不同的应用专业要求并制备成粉或块。

地理空间环境信息探测中获取地物光谱数据的目的，是根据地物的光谱反射率的数据特征，采用光谱匹配的方法识别遥感影像上的地物属性。遥感影像获取时，影像数据的光谱特征受大气状况的影响，与具有严格控制的理想状况差异较大。因此，实验室光谱测量数据通常用于材料分析，直接应用于遥感影像分类识别则受到限制。

5.4.2　地面光谱测量

地面光谱测量，亦称野外地面光谱测量，是指利用光谱辐射计 (或光谱仪) 在野外对地物目标进行光谱数据测量的方法。该方法测量的结果受环境因素 (如光照条件、地物含水量、温度、背景等) 的影响较大，测量数据存在偶然误差和系统误差，为了描述环境因素的影响，提高数据质量，通常在测量光谱特征数据的同时还需要采集环境因素信息。

1. 光谱测量原理

用于野外地物目标光谱测量的仪器一般是光谱辐射计 (仪)，其工作原理是由光谱仪的光电探测头获取目标反射的电磁波信息，经过模/数转换变成数字信号，并由与光谱仪配套的光谱处理软件对测量结果进行显示、处理和分析。

为了准确获取地物目标的光谱反射特征信息，野外测量时应测定三类光谱辐射值，即暗光谱、参考光谱和地物光谱。暗光谱是指在没有光线进入光谱仪时由仪器记录的光谱信息，通常是指光谱仪系统的噪声，在地物光谱测量结果中应予以消除。参考光谱也叫标准白板光谱，是指光谱仪对标准白板测量的光谱，用于确定地物目标相对反射电磁波能力的标准值。地物光谱 (目标光谱) 是从地物目标上测量的光谱数据。

对地物目标的光谱反射率测量时，可以分为垂直观测和非垂直观测两种形式。

为了使观测的地物光谱数据与航空航天传感器所获得的数据进行比较分析，通常采用垂直观测的方法。在不考虑环境因素变化的情况下，垂直观测地物目标的相对反射率的值可以表示为

$$\rho(\lambda) = \frac{V(\lambda)}{V_S(\lambda)} \rho_S(\lambda) \tag{5.1}$$

式中，$\rho_S(\lambda)$ 为标准白板的反射率；$V(\lambda)$ 为地物目标的仪器观测值；$V_S(\lambda)$ 为标准白板的仪器观测值。

考虑太阳辐射和环境因素产生散射 (即天空光的辐射和周围物体散射) 的综合影响，采用在不同方向上测量地物目标的相对反射率时，地物目标的反射能力取太阳直射光和

环境因素产生散射光的加权和，即

$$R(\theta_a\phi_a, \theta_z\phi_z) = \frac{I_S(\theta_a\phi_a)}{I(\theta_a\phi_a)}R(\theta_a\phi_a, \theta_z\varphi_z) + \frac{I_D}{I(\theta_a\phi_z)}R_D(\theta_z\phi_z) \tag{5.2}$$

式中，θ_a 为太阳的天顶角；ϕ_a 为太阳的方位角；θ_z 为观测仪器的天顶角；ϕ_z 为观测仪器的方位角；I_D 为环境因素产生的散射光照射到地物目标的辐照度；$I_S(\theta_a\phi_a)$ 为太阳直射光在地面目标上的辐照度；$I(\theta_a\phi_a)$ 为太阳光和环境因素产生的散射光的总辐照度；$R_D(\theta_z\phi_z)$ 为环境因素产生的散射光照射半球的一定方向上的反射率因子；$R_S(\theta_a\phi_a, \theta_z\phi_z)$ 为太阳直射光照射下的双向反射率因子；$R(\theta_a\phi_a, \theta_z\phi_z)$ 为野外测量的地物方向反射率因子。

非垂直观测方法考虑了地物在多个方向上的光谱反射能力，得到的地物光谱反射率精度相对较高，但观测、计算过程复杂。

2. 数据采集的基本原则

应用于地形要素属性信息分类识别时，地物光谱数据的采集应遵循以下原则：

(1) 按照地形要素分级分类体系对测量目标进行分类。不同比例尺的地形图、专题图上表示的地形要素的分级分类体系不完全相同，但是在 1:1 万、1:2.5 万、1:5 万、1:10 万比例尺的地形图上，要素的分级分类体系基本相同。大于 1:1 万比例尺的地形图上，建筑物、构筑物等一般单独表示。因此，在对地物目标分类测量光谱信息时，可以 1:1 万 ~1:10 万比例尺地形图上表示的地形要素的分级分类为基础，适当考虑大比例尺测图的需要。

(2) 选取的测量地点必须具有代表性和普遍性。地形要素往往是由多种不同质地的物质组成的混合体，例如戈壁是由黏土、沙质土和砾石等物质组成的，其组成成分和比例的差异，表现为光谱测量结果的不同。因此，在进行光谱测量时应选择组成物质及各组分间的比例具有代表性和普遍性的地点进行测量。

(3) 采集方案和仪器设备满足标准化要求。针对不同的地物和不同的观测目的，设计合理的采集方案，选用合适的测量仪器，并在测量前对仪器设备进行标定检验。

(4) 数据种类齐全。地物光谱测量时，不仅需要测量地物本身的光谱数据，还必须真实采集地物环境数据。

(5) 数据记录应详细、周密、完整。详细记录其他辅助信息，包括环境参数、仪器参数、人员信息等。

环境参数包括测量的日期、时间、地理坐标，太阳的高度角、方位角，地物所在地的坡度角、大气湿度、土壤湿度、温度和天空云量等。仪器参数包括仪器型号、光谱分辨率、采样间隔等。

3. 数据采集方法和要求

地物光谱数据和环境参数数据采集时，应遵循以下基本方法和要求：

(1) 防止光污染。数据采集时，测量人员必须穿深色衣物。测量时，向着太阳，防止自身阴影落在目标物上而影响目标的光谱特征。

(2) 仪器位置。仪器向下正对着被测物体，至少保持与水平面的法线夹角在 ±10° 之内，保持一定的距离，探头距离地面高度通常在 1.3m 左右，以便获取平均光谱。视域范围可以根据相对高度和视场角计算。如果有多个探头可选，则在野外尽量选择宽视域探头。

(3) 选择合适的传感器探头。当野外地物范围比较大，地物纯度比较高、观测距离比较近时，选用较大视场角的探头；当地物分布面积较小，或者地物在近距离内比较混杂，或需要测量远处地物时，则选用小视场角的探头。

(4) 及时标定仪器。为了防止传感器相应系统的漂移和太阳入射角变化的影响，应及时利用标准白板对仪器进行标定。标定需在短时间内完成。

(5) 观测时间和次数。光谱测试应在 10~14h 之内完成，并在无云晴朗的天空下进行，尽量避免过早或过晚。在时间许可时，尽量多测一些光谱。每个测点一般应测试 5 个数据以上，以求平均值，降低噪声和随机性。

(6) 采集辅助信息。在所有的测试地点一般应获取地理坐标数据，详细记录测点的位置、要素类型以及异常条件、探头的高度，配以野外照相记录，便于后续的解译分析。

野外地物光谱测量是一个需要综合考虑各种光谱影响因素的复杂过程，我们所获取的光谱数据是太阳高度角、太阳方位角、云量、风速、相对湿度、入射角、探测角、仪器扫描速度、仪器视场角、仪器的采样间隔、光谱分辨率、坡向、坡度及目标本身光谱特性等各种因素共同作用的结果。光谱测定前要根据测定的目标与任务制定相对应的试验方案，排除各种干扰因素对所测结果的影响，使所得的光谱数据尽量反映目标本身的光谱特性，并在观测时详细记录环境参数、仪器参数以及观测目标的辅助信息。

5.4.3 遥感影像提取法

遥感影像提取法是指利用遥感影像数据直接提取地物光谱特征数据的方法。为了从影像数据中提取高精度的光谱信息，需要对传感器进行定标，将影像的 DN 值转换为辐射亮度，经过大气校正成为地面目标的相对反射率或方向反射率。

高光谱影像反射率转换方法可以分为三类：利用辐射传输模型反射率转换、基于图像辐射值的反射率转换和参照地面光谱的反射率转换。

1. 利用辐射传输方程的反射率转换

成像光谱仪在遥感平台上获取的地物电磁波辐射能量值可以表示为

$$L_0(\lambda) = L_{sun}(\lambda)T(\lambda)R(\lambda)\cos\theta + L_{path}(\lambda) \tag{5.3}$$

式中，$L_0(\lambda)$ 为入孔辐射能量；$L_{sum}(\lambda)$ 为大气上层太阳辐射；$T(\lambda)$ 为大气透过率；$R(\lambda)$ 为不考虑地形起伏影响的地面反射率；θ 为太阳高度角；$L_{path}(\lambda)$ 为程辐射。

由此可见，成像光谱仪接收到的辐射是太阳辐射、大气影响和地物共同作用的结果，反映了地物在不同光谱波段对不同入射能量的反射率。因此，可以利用大气传输模型将影像的辐射值转换为反射率。

目前，用于大气校正的辐射传输模型主要有 5S 模型、6S 模型、LOWTRAN 模型以及 MODTRAN 模型等。例如，利用 LOWTRAN7 模型进行反射率转换的公式为

$$R(\lambda) = \frac{L(\lambda) - L_0(\lambda)}{L_x(\lambda)} \tag{5.4}$$

式中，$R(\lambda)$ 为像元在某一波段的反射率；$L(\lambda)$ 为相应像元的 DN 值；$L_0(\lambda)$ 为模型所计算的零反照度的程辐射；$L_x(\lambda)$ 为模型计算的 100% 反射的朗伯体表面的反射辐亮度。

利用该方法进行反射率转换时，需要已知经纬度、数据获取时间、光学厚度以及大气水分含量等参数。

2. 基于图像辐射值的反射率转换

该类方法是利用图像本身的能量值进行反射率转换，主要方法有内部平均法、平场域法和对数残差法等。

(1) 内部平均法。该方法假设高光谱影像上的各种地物充分混杂，影像的平均光谱基本上反映了大气影响下的太阳光谱信息，将影像 DN 值与整幅影像的平均辐射光谱值的比值确定为相对反射率。内部平均法的计算公式为

$$\rho_\lambda = \frac{R_\lambda}{F_\lambda} \tag{5.5}$$

式中，ρ_λ 是相对反射率；R_λ 是像元辐射值；F_λ 是整幅影像的平均辐射光谱。

(2) 平均域法。该方法是选择影像中尺寸较大、质地均一、呈高亮度特征且光谱响应曲线变化平缓的地物，利用平均光谱辐射值模拟飞行时的大气状况的太阳光谱。通过将每个像元的 DN 值除以平均光谱辐射值的比值作为地物的反射率，以此消除大气的影响。

(3) 对数残差法。该方法的意在于消除光照及地形变化的影响，其计算公式为

$$DN_{ij} = T_i R_{ij} I_j \tag{5.6}$$

式中，DN_{ij} 为 j 波段中像元 i 的灰度值；I_i 为像元 i 处表征地形变化的影响因子；R_{ij} 为 j 波段中像元 i 的反射率；I_j 为 j 波段的光照因子。

如果假设 DN_1 是像元 i 各个波段的均值，DN_2 是 j 波段所有像元的均值，DN_3 是所有波段所有像元的均值，则反射率 ρ_{ij} 为

$$\rho_{ij} = (DN_{ij}/DN_1)(DN_2/DN_3) \tag{5.7}$$

3. 参照地面光谱的反射率转换

该方法假设成像光谱仪接收与输出信号满足线性关系，而地表有效的辐射亮度与传感器接收的辐射亮度也呈线性关系，在实地确定两个以上光谱均一、有一定面积大小的目标，分别为暗目标和亮目标。高光谱影像的 DN 值与反射率 R 之间存在以下关系：

$$DN = kR + b \tag{5.8}$$

在飞行时同步测量定标点的地面光谱反射率，计算图像上对应像元的平均辐射光谱，然后利用反射率与辐射亮度之间的关系，求出系数 k 和 b 后即可进行反射率反演计算。

为了提高反射率计算精度，在实际应用中，可以选择多个暗目标和亮目标进行多余观测，并采用最小二乘法计算系数值。

第6章　光谱特征分析与匹配

地物由于组成成分及其外在结构的不同，呈现出不同的反射或吸收光谱特征，因此每种地物都具有其特有的诊断光谱特征，高光谱数据具有吸收光谱特征细化和连续的特点，其波段宽度小于地物诊断光谱特征的吸收宽度。地物光谱分析与匹配正是基于高光谱影像丰富的光谱信息，通过光谱特征增强与参量化以及光谱匹配分类的技术手段，达到直接识别地物种类的目的。

6.1　光谱特征增强与定量分析

本节介绍的内容包括光谱特征增强方法和光谱特征参量化方法。为了区分不同地物或同一地物不同状态下光谱曲线的细微变化，需要对光谱特征的差异性进行增强处理，其目的是为了提高高光谱影像的可分性，常用的光谱特征增强方法主要包括光谱微分技术和包络线消除算法。

地物光谱特征的差异性是利用遥感手段获取地表各类属性信息的基础，不同的地表物质具有完全不同的电磁波辐射特性。高光谱遥感数据中包含了地物的精细光谱特征表达，通过对光谱曲线的处理可以获得各种光谱特征与参数，如曲线峰谷位置、光谱吸收指数、曲线分维数、功率谱等，这些参数信息代表了地物由于化学成分不同而形成的可诊断性光谱吸收特征，在地物目标的精细识别与提取方面占有重要的地位。常用的描述吸收谱带特征的参数包括谱带的波长位置 (P)、波段深度 (H)、宽度 (W)、斜率 (K)、面积 (A) 及对称度 (S) 等。

6.1.1　光谱特征增强方法

1. 光谱微分

光谱微分技术可以对地物反射光谱特征进行数学模拟，计算不同阶数的微分，形成光谱导数，从而迅速确定反射光谱曲线在坡度上的细微变化。一阶和二阶的光谱微分有：

$$\rho'(\lambda_i) = [\rho(\lambda_{i+1}) - \rho(\lambda_{i-1})]/2\Delta\lambda \tag{6.1}$$

$$\rho''(\lambda_i) = [\rho'(\lambda_{i+1}) - \rho'(\lambda_{i-1})]/2\Delta\lambda = [\rho(\lambda_{i+1}) - 2\rho(\lambda_i) + \rho(\lambda_{i-1})]/\Delta\lambda^2 \tag{6.2}$$

式中，λ_i 为各波段的波长；$\rho'(\lambda_i)$，$\rho''(\lambda_i)$ 分别为波长 λ_i 处的一阶和二阶微分值；$\Delta\lambda$ 为波段间隔。

光谱微分技术的特点是可以突出显示光谱曲线的差异性，消除背景噪声。如在植被光谱中，730nm 附近会有一个反射率陡升的部分，一般称之为"红边"，这也是判断光谱为植被光谱的一个典型判据。而利用导数光谱就可以在相应区间里凸显这一特征。

如图 6.1 所示，圆圈所在位置为原始数据中的红边部分，以及相应的导数光谱中的特征值。

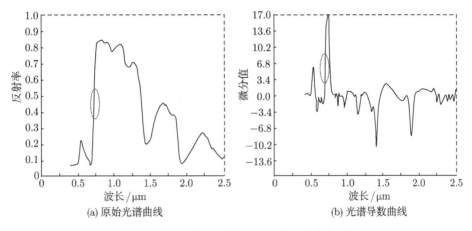

图 6.1 植被原始光谱曲线与光谱导数曲线对比

理论表明，光谱微分方法对于噪声是极为敏感的，因而导数光谱的使用必须结和具体情况进行分析。只有在某些特定的光谱范围内，而且数据的信噪比有保证时才适合利用光谱微分技术进行光谱特征的增强和分析处理。

2. 包络线消除算法

包络线消除法 (continuum removed) 是一种比较常见、有效的光谱特征增强处理方法，又称连续统去除法。该方法是由 Clark 和 Roush 在 1984 年提出，定义为逐点直线连接随波长变化的吸收或反射凸出的 "峰" 值点，并使折线在 "峰" 值点上的外角大于180°。它在将反射率数据归一到一个一致的光谱背景上的同时，可以有效地突出光谱曲线吸收和反射特征，有利于和其他光谱曲线进行特征数值比较，从而提取出特征波段进行分类识别。

利用外壳系数法进行包络线消除的计算过程如下：

第一步，通过求导得到光谱曲线上的所有极大值点，即凸出的 "峰" 值点，然后比较大小，得到极大值点中的最大值点。

第二步，以最大值点作为包络线的一个端点，计算该点与长波方向 (波长增加的方向) 各个极大值连线的斜率，以斜率最大点作为包络线的下一个端点，再以此点为起点循环，直到最后一点。

第二步，以最大值点作为包络线的一个端点，向短波方向 (波长减少的方向) 进行类似计算，以斜率最小点为下一个端点，再以此点为起点循环，直到曲线上的开始点。

第四步，沿波长增加方向连接所有端点可形成包络线。用实际光谱反射率去除 (减) 包络线上相应波段的反射率值，可得到包络线消除法归一化后的值。

图 6.2 为高岭土的光谱曲线进行包络线消除处理前后的形状对比，可以看出经包络线消除后光谱吸收特征得到了明显增强。

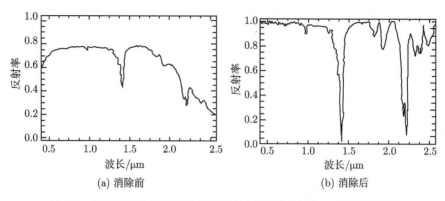

图 6.2　包络线消除前后高岭土的光谱曲线对比 (取自 USGS 光谱库)

6.1.2　光谱特征参量化

1. 光谱斜率和坡向

在某个波长区间内，如果光谱曲线可以非常近似的模拟成一条直线段，这条直线的斜率就被定义为光谱斜率，可以用光谱坡向指数 (spectral slope index, SSI) 来表示光谱曲线斜率的变化，当光谱曲线斜率为正时，SSI = 1；当光谱曲线斜率为负时，SSI = −1；当光谱曲线为平向坡 (斜率为 0) 时，SSI = 0。如图 6.3 所示。

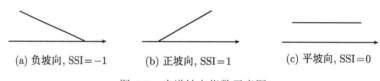

图 6.3　光谱坡向指数示意图

2. 单峰吸收特征量化

一般光谱曲线的单吸收峰宽度在 10~20nm 之间，而整个的吸收光谱可以看做是物质内部不同成分所引起的单个吸收峰特征叠加的结果。一个局部吸收单峰的形状及主要特征参数如图 6.4 所示。

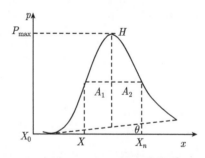

图 6.4　单个吸收峰的参数描述

吸收峰值 (P_{max})：最大吸收位置处的光谱值，与物质本身的性质、纯度、颗粒大小、背景基线噪音的大小等因素有关。

吸收位置 ($X_{\max}$)：最大光谱吸收值所对应的波段位置，只与物质性质有关，是能够直接对目标进行鉴别的重要特征之一。

吸收宽度 (W)：当 $P = P_{\max}/2$ 时，对应的两个吸收值之间的波段长度。W 的大小决定了高光谱传感器波段分辨率 $\Delta\lambda$ 的最小值，只有当 $\Delta\lambda < W$ 时，地物的光谱才是可分辨的。

变程角 (θ)：局部单峰开始与结束的波段位置所对应的吸收值的连线与横坐标轴之间的夹角。

吸收面积 (A)：局部单峰开始与结束的波段位置所对应的吸收值的连线与波形线所组成部分的面积。面积是宽度和深度的综合参数。

吸收对称性 (S)：吸收对称性的定义为，以过吸收位置的垂线为界限，左边区域面积与吸收峰整体面积的比值，即有 $S = A_1/A$，其中 A_1 为吸收峰左半部分的面积，A 为吸收峰整体面积。

3. 光谱吸收指数

光谱吸收指数 (SAI) 可用于高光谱遥感图像处理和鉴别光谱吸收特征，也可进行混合光谱分解。如图 6.5 所示，光谱吸收特征由光谱吸收的谷点和光谱吸收的两个肩部组成。

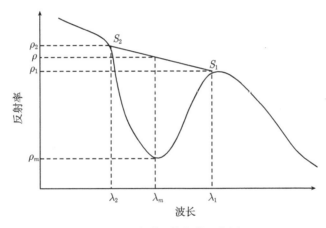

图 6.5 光谱吸收指数示意图

设吸收谷点对应的波长为 λ_m，反射率为 ρ_m，两个肩部对应的波长和反射率分别为 λ_1、λ_2 和 ρ_1、ρ_2，吸收谷点 M 与两个肩端组成的"非吸收基线"的距离可以表征为光谱吸收深度 (H)，吸收的对称性参数 (d) 可表达为 $d = (\lambda_m - \lambda_2)/(\lambda_m - \lambda_1)$，而吸收肩端的反射率差为 $\Delta\rho = \rho_1 - \rho_2$，则光谱吸收指数按式 (6.3) 进行计算：

$$\mathrm{SAI} = \frac{\rho}{\rho_m} = \frac{d\rho_1 + (1-d)\rho_2}{\rho_m} \tag{6.3}$$

也可直接用 DN 值代替反射率值进行 SAI 的提取。

为了增强光谱吸收特征量化值之间的差异，针对吸收特征的表达一般建立在光谱曲线归一化和包络线消除的基础之上。

4. 光谱吸收特征拟合

根据遥感物理学理论，光谱吸收特征的成因主要是在太阳电磁能量的激发下，物质内部的电子跃迁和分子振动过程对电磁能量的吸收作用。大量的理论和实验表明：物质表面的吸收能量与高斯分布的平方根成正比，即高斯分布作为物质表面能量的函数，与反射率具有一定的比例关系。因此，吸收能量和波长之间的关系能够用高斯分布函数来进行模拟。改进型高斯模型如式 (6.4) 所示：

$$G(\lambda) = S \cdot \exp[(-1)(\lambda^n - \lambda_0^n)^2 / 2\delta^2] \tag{6.4}$$

式中，S 为高斯分布强度 (光谱吸收峰强度)；δ 为吸收峰宽度值；λ 为波长值；λ_0 为吸收峰波长值 (高斯分布中心频率)。

指数 n 的变化相当于改变光谱吸收峰的对称性，即吸收峰两翼相对斜率的变化。因此该模型能够表达地物吸收谱带的非对称性吸收特征，实践证明，改进型高斯模型能够对光谱曲线的吸收特征进行很好的模拟， 模拟曲线与实测的光谱曲线非常接近。

5. 连续插值小组段算法

连续插值小组段算法 (CIBR) 是利用诊断性光谱吸收谷的中心辐射值，除以左右肩部的辐射值与吸收特征对称度因子之积的和，产生相应的熵图像以增强不同矿物的诊断性吸收深度，进行地物识别。

6.2 光谱相似性测度

光谱相似性测度是高光谱影像分类和信息提取的基础，光谱匹配模型即是通过将像元光谱与参考光谱的比较，求算光谱向量之间的相似性或差异性，以有效的提取光谱维信息，对地物性质进行详细的分析。结合模式分类的理论，目前已经形成了一些较为成熟的光谱相似性度量算法，可分为几何空间测度、概率空间测度、变换空间测度以及综合相似性测度，本节将分别加以介绍。

6.2.1 几何空间测度

几何空间匹配方法将光谱向量看成高维特征空间中的一个点，则两条光谱曲线之间的相似性可以用二者的空间距离来表示。目前常用的几何相似性测度主要有距离度量和角度度量以及它们二者的综合。无论距离度量或角度度量都是基于欧式空间，距离度量表示的是向量间的几何距离，角度度量则表示向量之间的广义夹角。

1. 最小距离测度

距离度量就是在分类的特征空间能够描述两个样本间差异的距离算法，是模式识别中最常用的测度指标，包括欧氏距离、兰氏距离、海明距离等。其中，欧氏距离 $DT_{ij} = \|X_j - Z_i\|$ 是最常用的一种。如图 6.6 所示，"多维球面" 上包括光谱向量 y 在内的所有点与光谱向量 x 的欧氏距离均相等。

2. 光谱角度测度

将高光谱影像上每个像素 N 个波段的光谱响应作为 N 维空间的矢量，其广义夹角可用反余弦方式表示为

$$\theta = \arccos \frac{\sum\limits_{i=1}^{n} \boldsymbol{t}_i \boldsymbol{r}_i}{\sqrt{\sum\limits_{i=1}^{n} \boldsymbol{t}_i^2}\sqrt{\sum\limits_{i=1}^{n} \boldsymbol{r}_i^2}}, \quad \theta \in \left[0, \frac{\pi}{2}\right] \tag{6.5}$$

其中，θ 是光谱向量之间的夹角即光谱角 (spectral angle, SA)；$\boldsymbol{t}_i$ 为测试光谱；$\boldsymbol{r}_i$ 为参考光谱；n 为光谱维数。

如果用光谱向量之间的模去归一化，则式 (6.5) 可以按照式 (6.6) 进行表达：

$$S_a = \boldsymbol{r} \cdot \boldsymbol{t} \tag{6.6}$$

其中，S_a 等于 $\cos\theta$，$\boldsymbol{r}$ 和 $\boldsymbol{t}$ 分别是归一化参考和测试向量，式 (6.6) 可以看成是一个标准的线性变换。S_a 是一个广义线性相似性度量方法，从几何的角度看，S_a 的结果是将测试光谱向量投影到参考光谱所诱导的单位球上，如图 6.7 所示。

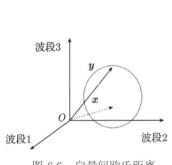
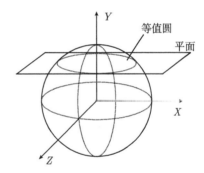

图 6.6　向量间欧氏距离　　　　图 6.7　光谱角度投影的几何模型

3. 光谱多边形相交测度

将光谱向量在二维空间上表达时，光谱曲线、过第一波段和最后波段波长且垂直于横轴的两条铅垂线和横轴即构成一个光谱多边形，不同的地物具有不同的光谱曲线，相应具有不同的光谱多边形，所以光谱曲线之间的相似性度量可以转换为两个多边形之间的相似性比较。

在图像检索理论中，Swain 和 Ballard 提出了采用直方图相交法进行图像检索的方法，即通过比较两幅图像直方图重叠部分的面积确定其相似度，参照直方图相交的匹配思想，也可通过比较参考光谱和测试光谱所构造的两个光谱多边形相交部分的面积以确定光谱相似性。设 n 为光谱维数，则在面积计算时需将光谱多边形分解为 $n-1$ 个小梯形，每一梯形的面积由相邻两波段的波长之差和反射率 (DN 值) 确定，所有小梯形的面积之和为光谱多边形的面积。设 t 为测试光谱，r 为参考光谱，则两者之间的匹配值 $P(t,r)$ 可按如下方式进行计算：利用 $\boldsymbol{t}$ 和 $\boldsymbol{r}$ 根据式 (6.7) 得到两个新的向量 $\boldsymbol{v}_{\min}$ 和 $\boldsymbol{v}_{\max}$，设

$\boldsymbol{v}_{\min}$ 构成的多边形面积为 s_1，$\boldsymbol{v}_{\max}$ 构成的多边形面积为 s_2，则 $P(t,r)$ 即为 S_1 和 S_2 的比值。

$$\begin{cases} \boldsymbol{v}_{\min}^i = \min[\boldsymbol{t}_i, \boldsymbol{r}_i] \\ \boldsymbol{v}_{\max}^i = \max[\boldsymbol{t}_i, \boldsymbol{r}_i] \end{cases} \tag{6.7}$$

由式 (6.7) 的定义可以看出 $P(t,r)$ 的值与光谱向量之间的相似度成正比，且取值范围在 0~1 之间。

6.2.2 概率空间测度

概率空间匹配方法将光谱向量看作统计学中的一个随机向量，相似性度量则是基于概率统计理论对两个随机向量之间的相似度进行分析，常用的如相关系数、信息散度等。

1. 光谱相关系数

相关系数描述的是两组向量之间的组构相似性，正如两个相似三角形的组构特征达到完全相似时，就认为两组数据相关系数为 1，否则用一个 0~1 的数描述其相似程度，向量间相关系数计算公式为

$$r_{ij} = \frac{\displaystyle\sum_{k=1}^{m}(x_{ik} - \overline{x_i})(x_{jk} - \overline{x_j})}{\sqrt{\displaystyle\sum_{k=1}^{m}(x_{ik} - \overline{x_i})^2 \cdot \sum_{k=1}^{m}(x_{jk} - \overline{x_j})^2}} \tag{6.8}$$

式中，x_{ik} 表示 i 光谱曲线中第 k 个波段的光谱值；x_{jk} 表示 j 光谱曲线中第 k 个波段的光谱值；m 表示波段个数；$\overline{x_i}$ 表示光谱曲线 i 的均值；$\overline{x_j}$ 表示光谱曲线 j 的均值；r_{ij} 表示光谱曲线 i 与光谱曲线 j 的相关系数。随着两条光谱曲线相似程度的增加，它们的相关系数逐渐趋近于 1。

2. 光谱信息散度

光谱信息测量 (spectral information measure，SIM) 是近年来发展十分迅速的随机度量方法，它将连续的光谱变量看做是具有不确定性的随机数。基于 SIM 的利用，越来越多的信息论的概念得以应用到光谱分类领域。例如，由 SIM 得到的自信息量能够表述一个像元矢量的特定光谱通道的信息，这种描述方法被称为信息散度 (spectral information divergence，SID)。它由曲线的形状出发，计算出各个信息点所包含的信息熵，并通过比较信息熵和的大小来判断曲线的相似性，具有较高的匹配精度。

假设高光谱影像两个像元 B 个波段的光谱分别为 $\boldsymbol{x} = (x_1, x_2, \cdots, x_B)$ 和 $\boldsymbol{y} = (y_1, y_2, \cdots, y_B)$，则光谱信息散度的计算公式为

$$\mathrm{SID}(\boldsymbol{x}, \boldsymbol{y}) = D(\boldsymbol{x}\|\boldsymbol{y}) + D(\boldsymbol{y}\|\boldsymbol{x}) \tag{6.9}$$

式中，

$$D(\boldsymbol{x}\|\boldsymbol{y}) = \sum_{i=1}^{B} p_i \log(p_i/q_i) \tag{6.10}$$

$$D(\boldsymbol{y} \| \boldsymbol{x}) = \sum_{i=1}^{B} q_i \log(q_i/p_i) \tag{6.11}$$

$$p_i = \boldsymbol{x}_i \bigg/ \sum_{i=1}^{B} \boldsymbol{x}_i, \quad q_i = \boldsymbol{y}_i \bigg/ \sum_{i=1}^{B} \boldsymbol{y}_i \tag{6.12}$$

对于一个像元光谱寻找最小的 SID, 将其判归为对应的最终成分光谱类型, 参考光谱可以是实验室光谱或野外测定的光谱数据。

6.2.3 变换空间测度

在对光谱曲线进行操作和度量时, 除了直接利用原始的光谱波段位置和反射率信息之外, 还可以先对原始的光谱数据进行变换, 然后利用变换后的向量进行度量分析, 并作为最终像元成分的评价指标。

1. 树状变换

高光谱数据的波段之间存在很强的相关性, 根据这种相关性可以将所有波段划分为若干组, 每一组分别进行主成分变换或取均值。按照这一思想, 可以采用规则树分解的方法直接对全波段光谱向量进行分组: 若要变换为 X 叉树, 即将原来 B 个节点 (每个波段对应一个节点) 的树变为 X 个节点的树, 则按照规则分组方法, 前 $X-1$ 组均有 $\mathrm{int}(B/X)$ 个节点, 最后一组则有 $B - (X - 1) \cdot \mathrm{int}(B/X)$ 个节点。每一组对应树中的一个节点, 取组均值或主成分变换值作为结点特征值后即可以光谱角度和最小距离作为距离测度确定光谱向量之间的相似性。

2. 导数光谱编码

导数光谱代表了光谱曲线反射率值的变化信息, 对于描述光谱曲线的形状具有重要意义。通过一阶微分计算求得导数光谱后, 即可利用各个波段处的导数光谱值的符号进行编码。如式 (6.13) 所示, 在导数值为正的波段处编码为 1, 为负的波段处编码为 −1, 为 0 的波段处编码为 0:

$$S(i) = \begin{cases} 1, & X_i > 0 \\ 0, & X_i = 0 \\ -1, & X_i < 0 \end{cases} \tag{6.13}$$

完成编码之后, 可以通过计算匹配波段数占总波段数的比例比较两条光谱曲线之间的相似性大小。

3. 光谱能级重排

当地物光谱在曲线形状、DN 值 (反射率值) 及变化趋势等指标上大致相同的时候, 从原始光谱上很难发现要提取地物的具有显著特征的信息, 这时可以采用光谱重排的方法, 打破光谱按波长顺序排列的次序。实验结果表明, 光谱重排之后不同地物的光谱一般都会有显著的特征出现而不仅仅是幅度上的差别, 并且不同地物的特征会出现在不同的位置。光谱曲线能级序列重排可以按如下两种方式来进行。

(1) 能级排序方式。将参考光谱和像元光谱全部根据谱带强度大小进行排序并记录新的波段位置，此时的光谱波形特征相似度可记录为相同波段位置的个数与总波段数的比值，在分别对参考光谱与像元光谱按反射率值从小到大进行排序过程中，同时将相应谱带强度的波段位置分别记录在数组中。

如按波长排列的原始光谱波段位置数组为 $Stp_1 = [b_1, b_2, \cdots, b_m]$，而按谱带强度排序后的新光谱的波段位置数组用 $Stp_2 = [b_1, b_2, \cdots, b_m]$ 来表示，则可将排序后参考光谱中的波段位置与排序后像元光谱的波段位置数组进行比较。记录两个数组中同一位置的两个元素 (波段位置) 是否相等，并记录相等的个数 n，用 n 除以 m(波段总数) 来计算光谱波形特征相似度 (ω)：

$$\omega = n/m \tag{6.14}$$

(2) 基谱排序方式。首先将参考光谱根据能量大小进行排序并记录新的波段位置，然后按照此波段顺序对测试光谱进行排序，重排后参考光谱表现为单调上升的趋势，相应的各差分值均为正数，其他的测试光谱曲线按照相应的波段排序方式进行重排之后，可通过计算测试光谱曲线与参考光谱曲线之间差分值的符号差异比较二者之间的相似性。

设光谱维数为 N，测试光谱经过重排之后为正的差分值个数为 $n\mathrm{Dif}$，则光谱波形的特征相似度为

$$\omega = n\mathrm{Dif}/N \tag{6.15}$$

这种算法由于受噪声的影响较大，因此在进行光谱重排前一般需要对原始光谱进行平滑处理。

6.2.4 综合相似性测度

1. SSS 综合光谱相似性测度

Granahan 和 Sweet (2001) 提出了一种将相关系数和欧氏距离进行综合的光谱相似性测度 (spectral similarity scale, SSS)：

$$\mathrm{SSS} = \sqrt{(1-\rho)^2 + Ed^2} \tag{6.16}$$

式中，ρ 表示向量的相关系数，$(1-\rho)^2$ 的值在 0~1 之间；E 是原始的欧氏距离，$Ed = (E-m)/M - m, M$ 和 m 分别是欧氏距离的最大值和最小值。因此 Ed 的值域也就换算到了 0~1 之间。SSS 的数值在 0~ $\sqrt{2}$ 之间，其值越小，表示两条光谱曲线越接近。

2. 基于曲线信息熵的光谱距离测度

在对多特征属性的数据进行分类时，每一个属性对分类的作用是不同的，因此必须结合不同属性的重要性，赋给不同的权重以便进行合理的决策。考虑到高光谱成像过程中太阳高度角、大气影响和成像区域地物类型等因素的影响，在将光谱向量之间的数值指数和形状指数进行综合时，应给二者赋以不同的权重，以提高距离测度对于类别描述的准确性。SSS 只是简单地将数值指数和形状指数设为相等的权重，针对 SSS 的这一不足，研究人员提出了一种基于曲线信息熵的光谱距离测度 (spectral distance based on curve entropy, SDE)。SDE 利用光谱差曲线和曲线信息熵的定义，是一种能够在分类计算过程

中根据像元光谱 (测试光谱) 和参考光谱动态调整数值指数和形状指数权重的相似性测度。

光谱曲线的数值指数和形状指数分别从两个方面刻画了光谱之间的差异，为了提高地物分类识别的精度就必须结合数据和类别的情况进行具体分析，选择最适于描述类别间差异的相似性测度，当两条曲线的形状相似而数值差异明显时，适合采用如欧氏距离这样的数值指数；而当两条曲线的形状存在明显的不同时，适合采用相关系数这样的形状指数进行相似性度量。SDE 利用光谱差曲线信息熵实现了这两类距离测度权重的自动调节。下面介绍光谱差曲线信息熵的计算和 SDE 距离测度的构造。

(1) 光谱差曲线信息熵。设 T 和 R 分别为一光谱曲线向量，n 为光谱维数，将 T 和 R 逐点进行相减运算，得到一维数为 n 的新向量 DS，为 T 和 R 的光谱差曲线。若两像元光谱响应之间的差别主要表现整体亮度的差异而光谱曲线形状相似时，DS 似于一条斜率为 0 的直线；而当两像元对应的光谱曲线波形存在明显差异时，DS 将是一条存在明显起伏的曲线。因此可以利用光谱差曲线 DS 的曲线信息熵 Ent 定量描述对应光谱曲线差异的性质。DS 对应的熵值越小，说明相应光谱曲线波形之间的差异越小，熵值等于 0 时，相应光谱曲线的波形完全一致。

计算曲线信息熵的方法是：将 DS 曲线的值域离散化为 n 个区间，统计每一区间的点数后计算相应的概率 P_i，按照式 (6.17) 进行计算。

$$\text{Ent} = \sum_{i=1}^{n} P_i \log P_i \tag{6.17}$$

(2) 相似性测度构造。基于曲线信息熵的光谱距离测度如式 (6.18) 所示。

$$\text{SDE} = \text{Ent}|1 - \rho| + \text{LD} \tag{6.18}$$

式中，Ent 为根据测试光谱和参考光谱计算得到的光谱差曲线的信息熵；ρ 为相关系数；LD 为兰氏距离。

兰氏距离的定义为

$$\text{LD} = \frac{1}{n} \sum_{i=1}^{n} \left(\frac{|T_i - R_i|}{T_i + R_i} \right) \tag{6.19}$$

式中，T_i 和 R_i 分别是测试光谱和参考光谱第 i 波段的光谱值；n 为波段数。

6.2.5 分类试验

为了验证不同的相似性测度的技术特点，分别采用兰氏距离 (LD)、相关系数 (SC) 和 SDE 三种相似性测度进行分类试验。试验数据采用 MISI(modular imaging spectrometer instrument) 成像光谱仪，如彩图 6.8 所示，影像大小为 400 像素 ×500 像素，光谱覆盖了 0.4~1.030μm 范围内共 70 个波段，光谱分辨率为 10nm；影像上的地物类型主要包括房屋、分布比较密集的树林、草地、水泥路以及裸土地等 6 类。

为进行试验结果的精度检验，根据相同覆盖区域的高空间分辨率影像通过目视判读采集了 2246 个样本，样本分布的情况如表 6.1 所示。

使用兰氏距离 (LD)、相关系数 (SC) 和 SDE 三种距离测度进行分类试验，利用误差矩阵对试验结果进行分析 (表 6.2、表 6.3 和表 6.4)，可以看出，使用单一距离进行分类时，部分类别的制图精度或生产精度较低，而使用 SDE 分类，对每种类别都达到了很高的精度，总体精度和 Kappa 系数与单一测度分类比较也有明显提高。

图 6.8　试验数据彩色影像

表 6.1　试验数据中各类样本数

类别	1	2	3	4	5
地物名	水泥路	草地	树木	裸土地	房屋
样本数	457	677	390	366	356

表 6.2　LD 分类结果精度评定

		分类结果图像上的地物类型						
		水泥路	草地	树木	裸土地	房屋	总数	生产精度/%
地面真实地物类型	水泥路	333	16	97	0	11	457	72.87
	草地	4	658	15	0	0	677	97.19
	树木	3	85	302	0	0	390	77.44
	裸土地	3	0	0	363	0	366	99.18
	房屋	0	0	0	0	356	356	100
	总数	343	759	414	363	367		
	制图精度/%	97.08	86.69	72.95	100	97		
总体精度/%		89.58						
Kappa 系数/%		86.69						

表 6.3　SC 分类结果精度评定

		分类结果图像上的地物类型						
		水泥路	草地	树木	裸土地	房屋	总数	生产精度/%
地面真实地物类型	水泥路	265	1	21	126	44	457	57.99
	草地	4	413	258	2	0	677	61.00
	树木	8	48	334	0	0	390	85.64
	裸土地	8	0	0	122	236	366	33.33
	房屋	13	0	0	0	343	356	96.35
	总数	298	462	613	250	623		
	制图精度/%	88.93	89.39	54.49	48.80	55.06		
总体精度/%		65.76						
Kappa 系数/%		57.28						

分类结果图分别如彩图 6.9、彩图 6.10 和彩图 6.11 所示，从中可以看出，兰氏距离只考虑影像光谱波段范围内的反射率值，对于水泥道路和树木两种类型的地物存在较为明显的错分，主要是由于覆盖或湿度的影响使得水泥路面的反射率发生了变化，这暴露了数值指数不能区分光谱曲线形状差异的不足；相关系数测度由于忽略了地物类型不同对光谱反射率的影响而使得分类结果中草地和树木混淆情况比较严重，这是因为二者同属植被这一大类，光谱曲线形状比较接近。

表 6.4   SDE 分类结果精度评定

		分类结果图像上的地物类型						
		水泥路	草地	树木	裸土地	房屋	总数	生产精度/%
地面真实地物类型	水泥路	428	11	11	1	6	457	93.65
	草地	6	638	33	0	0	677	94.24
	树木	6	25	359	0	0	390	92.05
	裸土地	3	0	0	363	0	366	99.18
	房屋	0	0	0	0	356	356	100
	总数	443	674	403	364	362		
	制图精度/%	96.61	94.66	89.08	99.73	98.34		
总体精度/%		95.46						
Kappa 系数/%		94.22						

图 6.9   兰氏距离 (LD) 分类结果

图 6.10   相关系数 (SC) 分类结果

图 6.11　SDE 分类结果

6.3　光谱匹配技术

光谱匹配技术借助于通过光谱数据库、外业采集或者从影像中提取等手段获得的参考光谱数据，利用某种相似性测度来表示参考光谱与不同待分类地物光谱之间的相似性程度，从而达到直接对高光谱影像数据进行分类识别的目的，本节对目前比较成熟的光谱匹配方法进行介绍。

6.3.1　编　码　匹　配

由于成像光谱数据的数据量极大，在光谱匹配和分类过程中，速度成为分类的"瓶颈"问题。所以人们提出了一系列对光谱进行二进制编码的建议，使得光谱可用简单的 $0\sim1$ 来表述，以提高匹配查找的效率。最简单的形式为二值编码：

$$\begin{cases} h(n) = 0, x(n) \leqslant T \\ h(n) = 1, x(n) > T \end{cases}, n = 1, 2, \cdots, N \tag{6.20}$$

式中，$x(n)$ 为像元第 n 通道的亮度值；$h(n)$ 为像元第 n 通道的编码；T 为选定的阈值，一般为光谱的平均亮度。

这样像元光谱就变为一个与波段数长度相同的编码序列，图 6.12 所示为蒙脱石光谱的二值编码结果。

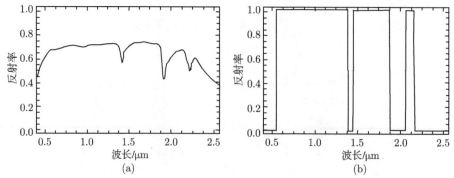

图 6.12　蒙脱石光谱曲线二值编码结果

这种编码方式有时不能提供合理的光谱可分性,也不能保证测量光谱与数据库里的光谱相匹配,所以需要更复杂的编码方式。主要包括分段编码、多门限编码、仅在一定波段进行编码、波段组合二值编码以及树状编码等。

一旦完成编码,即可利用基于最小距离的算法进行匹配识别。使用二值编码匹配算法有助于提高图像光谱数据的分析处理效率,但是这种技术在处理编码过程中会失去许多细节光谱信息,只适用于粗略的分类和识别。

6.3.2   光谱角度匹配

在高光谱影像分析中,Kruse 提出了一种称为光谱角度匹配 (spectral angle mapper, SAM) 的技术,其基本思想是通过计算测试光谱 (像元光谱) 与参考光谱之间的 "角度" 来确定两者之间的相似性。将某像元 N 个波段的光谱响应作为 N 维空间的矢量,则可通过计算它与最终光谱单元的光谱之间广义夹角余弦来表征其匹配程度:夹角余弦越小,说明越相似,按照给定的相似性阈值将未知光谱进行分类。两矢量广义夹角余弦的计算如式 (6.21) 所示。

$$\cos a = \frac{\boldsymbol{x} \cdot \boldsymbol{y}}{|\boldsymbol{x}||\boldsymbol{y}|} \tag{6.21}$$

这种方法最大的特点是夹角值与光谱向量的模无关,也就是与图像的增益系数无关,只比较光谱在形状上的相似性,这是 SAM 与最小距离分类方法的最大区别和优势。2000 年 De Carvalho 和 Meneses(2000) 对 SAM 模型进行了改进,提出了光谱相关系数方法 (spectral correlation mapper,SCM),2001 年 Osmar 等 (2001) 又在 SCM 的基础上提出了 SIM (spectral identification method,SIM) 模型。

6.3.3   交叉相关光谱匹配

交叉相关光谱匹配 (cross correlogram spectral matching, CCSM) 技术考虑了地物光谱曲线之间的相关系数、偏度、峰值以及相关显著性标准,通过计算测试光谱 (像元光谱) 和参考光谱 (实验室或像元光谱) 在不同的匹配位置的交叉相关系数,绘制交叉相关曲线图,来判断两光谱之间的相似程度。

测试光谱和参考光谱在每个匹配位置 m 处的交叉相关系数等于两光谱之间的协方差除以它们各自方差的积:

$$r_m = \frac{n \sum \boldsymbol{R}_r \boldsymbol{R}_t - \sum \boldsymbol{R}_r \sum \boldsymbol{R}_t}{\sqrt{[n \sum \boldsymbol{R}_r^2 - (\sum \boldsymbol{R}_r)^2][n \sum \boldsymbol{R}_t^2 - (\sum \boldsymbol{R}_t)^2]}} \tag{6.22}$$

式中,$\boldsymbol{R}_r$,$\boldsymbol{R}_t$ 分别为参考光谱和测试光谱;n 为两光谱重合的波段数;m 为光谱匹配位置。

利用不同位置处的交叉相关系数,可以使用如下两种方式度量测试光谱与参考光谱之间的相似性。

(1) 根据 t 统计量检验显著性

根据交叉相关系数按式 (6.23) 计算 t 统计量：

$$t = R_m \sqrt{\frac{n-2}{1-R_m^2}} \tag{6.23}$$

它可用自由度为 $(n-2)$ 查 t 分布表得 t_α 值。若 $t > t_\alpha$，则两光谱在匹配位置 m 处显著相关，否则无统计意义。为方便起见，现假定测试光谱轴不动，沿光谱轴方向移动参考光谱，并规定向短波方向移动为负，向长波方向移动为正。据此，向短波移动一个波段，即 $m = -1$，向长波移动一个波段，即 $m = 1$，以此类推。因此 $m = -10$ 表示参考光谱向测试光谱短波方向偏移了 10 个波段，而 $m = 10$ 则向长波方向偏移了 10 个波段，显然 $m = 0$ 说明两光谱向量没有任何波段相对错位，因此当 m 绝对值最大为 10 时，就有 21 个交叉相关系数点。将这 21 个 r_m 值依 m 值从小到大排列并连成曲线即为交叉相关曲线图。根据这种曲线图可按式 (6.24) 计算曲线峰值的调整偏度 (AS_{ke})，并以此描述曲线形状和绘制偏度图。

$$AS_{ke} = 1 - \frac{|r_{m+} - r_{m-}|}{2} \tag{6.24}$$

式中，r_{m+} 和 r_{m-} 分别代表向长波和短波方向移动 m 个波段时所得到的交叉相关系数。

当 $AS_{ke} = 1$ 时，说明曲线峰值无偏；AS_{ke} 越接近于 1，说明偏度越小；反之 AS_{ke} 值越接近于 0，说明 r_{m+} 和 r_{m-} 相差较大，峰值越偏。若两条光谱曲线形状能够达到完美匹配时，则相关系数图应表现为抛物线峰值为 1，并以 $m = 0$ 为中心左右对称，即描述相关曲线形状的偏度系数为 0，以及有较多的 R_m 值通过 t_α，即相关显著。

(2) 交叉相关系数均方根差测度

当两条光谱曲线达到完美匹配 (所代表的像元具有一致的光谱响应) 时，理论上的交叉相关曲线图应表现为抛物线峰值为 1，描述光曲线形状的偏度系数为 0 的特点，并且以 $m = 0$ 为中心向左右对称降低，此时的交叉相关曲线图可作为参考交叉相关曲线。实际交叉相关曲线与参考交叉相关曲线的差异大小刻画了两条光谱曲线间的差异强度，如果差异超过一定阈值 δ 时，则意味着两条光谱曲线所代表的像元不能归为同一类别。

基于这样的考虑，首先可计算参考光谱向量与自身进行比较时在每个匹配位置处的交叉相关系数 R_m 和目标光谱与参考光谱比较时在每个匹配位置处的交叉相关系数 r_m，然后得到参考交叉相关曲线图和实际交叉相关曲线图之间的差异大小，以此作为一种新的相似性测度来描述地物光谱形状之间的差异。这里差异大小用均方根差 RMS 表示，RMS 的计算如式 (6.25) 所示：

$$\text{RMS} = \sqrt{\frac{\sum_{-m}^{m}(R_m - r_m)^2}{k}} \tag{6.25}$$

式中，R_m、r_m 分别为匹配位置 m 处的参考交叉相关系数和实际交叉相关系数；k 为匹配位置数。

根据 CCSM 的基本原理，显然，不同地物类型的光谱曲线之间的差别必然导致实际交叉相关曲线与参考交叉相关曲线之间的差异，差别的大小决定于 RMS 值的大小。RMS 越小则光谱曲线之间就越相似，当 RMS 的差值在一定的阈值范围之内时，两条光谱曲线所代表的像元可归为一类。RMS 的计算取决于光谱曲线的形状而不是值的大小，由于大气以及传感器差异引起的干扰噪音不会改变光谱曲线的整体形状，所以 RMS 能够克服上述误差而只对由于地物类型和结构原因引起的光谱曲线形状变化敏感。

当光谱库中有丰富的目标光谱时，这种光谱匹配技术的用处很大。然而，当具体实施时应该考虑几何观测方向的影响和物体粒度大小的变异等因素，可以通过光谱归一化处理手段来减弱这种影响。

6.3.4 匹配滤波技术

匹配滤波 (matched filter，MF) 技术最初用于信号处理，作为突出目标、压制未知背景并快速获得特定目标信号的方法。该方法用于地物目标提取时，只需以参考光谱为标准，就可以获得未知成分像素对其的匹配结果。接近 1 的结果表示匹配程度高，匹配程度低的以接近 0 或负值表示，以突出与参考光谱相同或相似的目标，获得目标对象的提取信息。

匹配滤波技术能够快速获取某种特定目标的分布情况，但是也存在某些问题，比如当地物目标在某一像素中的比例很小时，匹配结果则不可靠。为此开发了某些改进方法如混合调制匹配滤波 (mixture-tuned matched filter，MTMF)，该方法在运用匹配滤波理论的同时，应用线性混合理论对混合像元情况进行约束并减小虚警率，其结果为两个图像集：一个是为匹配滤波值，提供对参考光谱的相对匹配程度；另一个是概率图像，较高的取值表示目标和背景的混合情况并不十分可信。那么最佳的匹配结果就是那些匹配程度高而且不可能概率低的像素。

6.4 尺度空间匹配技术

整体匹配利用了整个光谱的形状特性，受照度、光谱定标和光谱重建精度等的影响较小，但受像元光谱的不确定性影响较大，且对光谱在特征波段处的细微差异不够敏感；局部匹配方法对光谱的细微差异比较敏感，但仅利用了特定区域的一些特征，容易受图像的信噪比、光谱定标和光谱重建精度等因素的影响。基于尺度空间理论，在不同的尺度层次下提取光谱曲线特征信息，结合使用基于特征的定性匹配和光谱曲线整体相关性匹配方法，有效减少了传统匹配算法由于噪声、成像环境等因素引起的误判、错分问题，有利于提高了分类识别的精度。

6.4.1 尺度空间理论

多尺度理论认为事物的存在都是以尺度范围为前提的。某一尺度只对应事物的单一存在方式，用单 尺度观察物体，只能获得物体片面的信息。多尺度理论在多个尺度上研究物体，从而获得物体的全面可靠的信息。尺度空间理论正是在多尺度理论基础上发展起来的。利用尺度空间理论，可以从事物本身的多尺度特性出发，在一个连续尺度下检测事物或描述事物特性，进而对事物所属的类别进行区分。

1983 年，Witkin(1983) 首先提出了尺度空间 (scale space) 定义，开辟了多尺度边缘检测的广阔空间。高斯尺度空间是最常见的，由于高斯核函数随着尺度的增加，不会产生新的特征，因而基于高斯尺度空间提取光谱曲线的主要特征，能够保留光谱曲线原有的波形和反射率信息，再结合使用基于特征的定性匹配和光谱曲线整体相关性匹配方法，就可以有效减少传统匹配算法存在的误判、错分问题。其中光谱曲线的多个尺度通过高斯滤波得到。

尺度空间理论的目的是模拟图像数据的多尺度特征，信号的尺度空间定义如下：

给定一个连续函数 $f : R^D \to R$，该函数对应的尺度空间 $L : R^D R_+ \to R$ 可以表示为

$$L(\cdot, \sigma) = g(\cdot, \sigma) \otimes f(\cdot) \tag{6.26}$$

其中，σ 是高斯核函数中的尺度因子；$\otimes$ 代表卷积操作。

$g : R^D R_+ \to R$ 可以由如下所示的高斯函数得到：

$$g(x, \sigma) = \frac{1}{(2\pi\sigma^2)^{\frac{N}{2}}} \exp\left(-\frac{x_1^2 + x_2^2 + \cdots + x_D^2}{2\sigma^2} \right) \tag{6.27}$$

使用不同的高斯核与函数进行卷积，可产生对应此函数的尺度空间。

按照尺度空间的定义，光谱曲线的高斯平滑滤波即是将光谱曲线 $f(x)$ 与高斯核函数 $g(x, \sigma)$ 进行卷积运算：

$$f(x) \otimes g(x, \sigma) = \int f(x - t) g(t) \mathrm{d}t \tag{6.28}$$

光谱曲线实际上可以看做是一维离散数列，于是高斯函数可以变为

$$g(x, \sigma) = \frac{1}{\sqrt{2\pi}\sigma} e^{-\frac{x^2}{2\sigma^2}} \tag{6.29}$$

卷积运算是一个加权求和的过程。设 ρ_i 表示原光谱曲线波长为 i 处的反射率值，P_i 表示平滑后的光谱曲线中波长为 i 的反射率值，则此加权求和的过程可表示为

$$P_i = \sum_{k=0}^{n-1} \rho_k g(i - k) \tag{6.30}$$

从而可得到平滑后的反射率值的一维离散数列 P_i。

σ 表示高斯函数的方差，或称高斯分布的空间尺度因子。σ 越小，则函数越 "集中"，即平滑的范围越小；σ 越大，平滑的范围越大。因此，选择合适的尺度因子平滑光谱是建立尺度空间的关键。

尺度空间中，以极值点为特征能够保证尺度空间的单调性，即随着尺度的增加，极值点个数单调减少。具体说来，在尺度由精到粗的变化过程中，极值点有 "保持"、"消失" 等演化规律，这样就可以保证总的极值点数是随着尺度的增大而减少的。所以，存在一尺度，对所有大于该尺度的滤波器，极点数为零且减少速度也是零。因此，可从一较小的尺度开始，逐渐增大尺度因子，直到光谱曲线的峰点数减至一阈值为止。

6.4.2 波峰特征提取

高光谱数据的光谱分辨率高，地物属性不同，在光谱曲线中将表现为不同的反射特征，而这些反射特征的差异在特征点上表现得更为明显。所以光谱曲线波峰、波谷的位置、反射率等信息对于地物分类识别具有重要的指示意义；在光谱匹配过程中，可以首先从光谱曲线上提取峰值点特征，作为匹配首要的约束条件，只有两条光谱曲线的峰值点特征达到一致，二者才有可能被归为一类。

设 ρ_i 是第 i 波段处的光谱值，其邻域表示为

$$\{\rho_k|k=i-m,i-m+1,\cdots,i-1,i+1,\cdots,i+m\} \tag{6.31}$$

式中，参数 m 表示所取邻域的范围。

设 ρ_k 中的最大值为 $\rho_{\max}$，由此可得 i 处为峰值点的条件为

$$Z(i)=\begin{cases} 1, & \rho_i \geqslant \rho_{\max} \\ 0, & \rho_i < \rho_{\max} \end{cases} \tag{6.32}$$

考虑高光谱数据的光谱分辨率和光谱吸收性质，此处 m 一般取为 2。设光谱维数为 N，令 $i=0\sim(N-1)$，可按逐一计算峰点位置函数 $Z(i)$；当 $Z(i)=1$ 时，对应波段 i 处即为光谱吸收峰位置，该点处的光谱值可以认为是对区分地物类型具有重要意义的特征光谱值。

光谱曲线的波峰数组线结构特征定义为将曲线的峰值点按照光谱值从小到大排列时波段位置的排列次序。设在 σ 尺度层上提取的波峰个数为 n，波峰数组 P 是按照原始的波长值由小到人顺序排列时的波峰光谱值数组，则波峰数组线结构可以表示为按照光谱值由小到大排列时，数组 P 下标的排列次序。

6.4.3 匹 配 算 法

高光谱数据具有非常高的光谱分辨率，各种地物光谱的反射、吸收特征覆盖了整个可见光到红外光谱范围，因而针对光谱维特征进行分析并用于光谱匹配计算，能够有效地提高地物分类识别的精度和可靠性。基于尺度空间理论，可以首先提取不同尺度下的光谱曲线特征，包括波峰个数和波峰数组的线结构，然后利用这些特征进行光谱匹配。

从一个较小的尺度开始，光谱曲线的波峰数随着尺度的增加会逐步减少。越是对应曲线精细特征的波峰，其消失的速度会越快；反之，对应光谱曲线明显吸收位置的特征，其存在的时间也就越长。选定初始 σ，以一个较小的步长使其逐渐增大，直至从光谱曲线上提取的峰值点个数满足要求，在此尺度下首先利用波峰的个数和波峰数组的线结构作为"定性"特征进行匹配比较，若两光谱的波峰特征信息完全一致，再比较光谱相似性测度，确定最终的匹配结果。

基于尺度空间理论的特征匹配算法实现过程如下：

第一步，在不同的尺度因子下，对参考光谱和测试光谱分别进行高斯平滑滤波，确定峰值点匹配的尺度层 σ。

第二步，在 σ 尺度层上自动检测平滑后的光谱曲线的峰值点，并保存峰值点数组，记录峰值点个数。

第三步，比较光谱曲线的峰点个数和峰点数组线结构，将其作为进一步分类的约束条件。

第四步，在相应的尺度层下计算光谱曲线相关性，并作为最终的匹配度量。

6.5 决策树匹配分类

利用决策树方法进行光谱匹配分类时，可以在不同的类别等级与节点上采用不同的特征子集、甚至采取不同的匹配策略，同时由于可以仅选用对分类最有效的部分特征，能够避免高维数据带来的一系列问题，决策树的设计对分类性能的优劣有较大的影响，需要针对具体情况进行具体分析。因此本节在介绍决策树匹配分类方法的同时，为便于理解，还给出了它的一个应用实例。

6.5.1 决策树分类方法

决策树是多级分类器的一种，可以形成比较复杂的分类决策面，它是用样本的属性作为节点，用属性的取值作为分支的树结构，采用信息论原理对大量样本的属性进行分析和归纳，其根节点是所有样本中信息量最大的属性，中间节点是以该节点为根的子树所包含的样本子集中信息量最大的属性，叶节点则是样本的类别值。位于决策树上一个未知类别的像元可以通过一个或几个决策函数逐一分级分类成某个特定的类别。决策树分类模型要求各种类别之间具有内在的等级归属关系，可以按照其特性逐一细化成精细类别，通过加入决策函数一步一步地进行分类。

建立分类决策树必须具备以下基本条件：

(1) 所要表达的类别在各层次中均无遗漏。

(2) 各类别均必须具有信息价值，即必须与识别的目标对象有关联、有意义，在分类中能起到作用。

(3) 所列类别必须是通过遥感图像处理能加以识别、区分。也就是在图像上有明确的显示或可以通过图像数据来表达。

地物在遥感影像上的特征是极其复杂的，如果想用一种方法就将所有类别区分开来往往是非常困难的，特别是需要对地物类型进行精细划分时。基于决策树方法的逐级分层分类方法能够克服一次性分类的局限性：一方面，可以针对不同的分类目标选择出不同的最佳的波段组合，避免一次划分多种类别在选择特征参数时可能遇到的困难甚至参数之间的矛盾；另一方面，可以在不同的层次上根据分类对象的不同特点而采用不同的方法，把复杂的问题划分为相对简单的问题，并分别加以处理。

6.5.2 光谱匹配的层次分析模型

在高光谱遥感影像分类识别的过程中，如果能够根据具体的类别选择不同的参数和匹配模型，就可以更容易的对类别进行区分，达到很高的识别精度。而基于决策树的分层分类方法运用逐级逻辑判断的方式来增强信息提取能力、分类精度和计算效率，在数据分析和解译上表现出更大的灵活性。对于复杂的分类情况来说，通过将层次结构引入决策分析过程，就可以灵活使用对分类过程有效的属性和方法，具有更好的弹性和鲁棒性，能够获取更加理想的结果，这也就是采用决策树分级分层分类技术进行光谱匹配识别的出发点。

按照分级分层分类的原则，针对各种地物的不同特点，选择不同的度量方案和分类方法分别进行处理。当一种地物提取成功之后，通过图像处理的方法将其从原始图像中去除，以避免它对其他地物提取的影响，从而为以后的信息提取创造了更为简单的环境。这样在每一层进行处理时，目标明确，只针对两类进行相对的判断分析，问题相对简单，提高了每一类目标的提取精度，从而提高了最终结果的精度。图 6.13 解释了地物分层分类的概念。

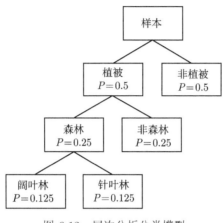

图 6.13　层次分析分类模型

6.5.3　应用实例

对于特定区域的高光谱遥感影像匹配分类而言，可建立许多不同类型的分类树，这些分类树不一定都适合于该区域或者并不能满足特定的要求，因此要达到理想的匹配精度，要根据具体的需求并结合必要的专家知识对分类树进行设计。下面介绍一种面向江南平原农村地区的决策树匹配分类应用实例。

图 6.10(a) 为由中国科学院上海技术物理所研制的 PHI 成像光谱仪于 1999 年 9 月获取的乡村影像，成像区域位于江苏省常州市附近，该数据的光谱覆盖范围为 0.42～0.85μm，共 80 个波段，图像大小为 512 像素 ×346 像素，已经过反射率转换。按照基于光谱特征分析的决策树构造思想，结合具体的高光谱影像覆盖范围和地区类别进行决策树设计，图 6.14(b) 所示是面向江南平原农村地区的影像分类树构造图。

根据设计好的影像分类决策树，各种地类的匹配提取过程如下。

第一步，提取水体。

通常水体光谱与影像上其他地物光谱的差异较大，因此水体的提取精度较高，适合于做层次分类的一级控制。采用最小距离匹配，以街区距离为相似性测度提取影像上的水体目标，提取结果如图 6.15 所示。

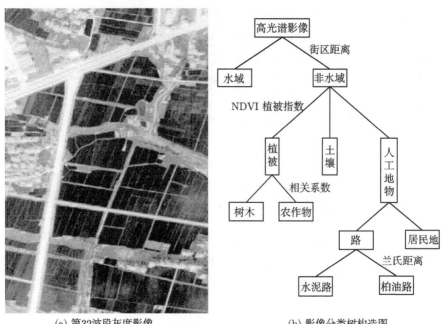

(a) 第32波段灰度影像　　　　　　　(b) 影像分类树构造图

图 6.14　特分类影像与分类树构造图

图 6.15　水体提取结果 (黑色)

第二步, NDVI 分离植被。

利用植被指数 (NDVI) 提取植被覆盖区域, 其计算公式为

$$\text{NDVI} = (b_1 - b_2)/(b_1 + b_2) \tag{6.33}$$

式中，$b_1 = 0.783\mu m$，对应原数据上的第 70 波段；$b_2 = 0.686\mu m$，对应原数据上的第 50 波段。植被覆盖区域的直接提取结果如图 6.16(a) 所示，可以看出部分水体被误分到植被区域中，可采用图像处理的方法，利用上一级水体提取的结果，去除植被区域提取结果中的水体部分，得到图 6.16(b) 所示的结果。以植被提取结果为基础，利用水稻和旱地植被的光谱曲线为参考光谱，采用光谱相关系数匹配方法对图像上的两种相应目标分别进行提取试验，提取结果分别如图 6.17(a)(b) 所示。

(a) NDVI直接提取结果　　　　　　　　(b) 无水非植被区

图 6.16　NDVI 分离植被结果

(a) 农作物提取结果　　　　　　　　(b) 旱地植被提取结果

图 6.17　水稻与旱地植被提取结果

第三步，道路提取。

在上面两个步骤的基础上进行道路提取，道路的铺面材料主要有水泥和柏油，两种路面的光谱曲线在形状上比较接近，但在反射率上相差较大，在此影像的光谱覆盖范围内，水泥的反射率明显高于柏油，因此首先采用光谱角度填图法对影像上的道路目标进行提取，提取结果如图 6.18(a) 所示，然后采用兰氏距离为相似性测度区分两种类型的道路，其中水泥路的提取结果如图 6.18(b) 所示。

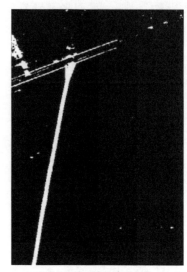

(a) 柏油路和水泥路提取结果   (b) 水泥路提取结果

图 6.18 道路提取结果

第7章 高光谱影像统计模式分类

前面的章节从光谱特征的获取、处理和应用入手，讨论了高光谱影像中地物的识别问题，这可以看作是基于光谱特征匹配的识别方法。高光谱影像分类还可以采取另一条途径，即模式识别的理论和技术来实现。事实上，在这方面传统的统计模式识别方法不仅仍发挥着重要作用，而且展现出极大的潜力。这一问题涉及两个方面：一是各种分类方法的原理、特点及其具体实现，二是用于分类的高光谱特征分析。本书第 7 章和第 8 章分别就这两方面展开讨论。

7.1 高光谱影像的模式分类原理

7.1.1 模式识别的概念和方法

模式识别是自 20 世纪 60 年代发展起来的一门学科，其理论和方法已广泛渗透到诸多应用领域。信息时代对高速数据分析处理和自动化、智能化控制系统需求的不断增长，导致了对模式识别技术更深入的研究和更多的专业化应用系统的出现。同时，计算机性能的成倍提高和新的数学方法与工具的应用，无疑也对这一过程起了显著的加速作用。

模式识别 (pattern recognition) 可以看作是对模式对象的认知，其实质上是对研究对象辨认和分析的过程。一般地，我们将模式识别理解为：对所研究的模式对象，根据其共同特征或属性进行自动分类或分析的技术过程。按照这一概念，模式识别包含两个不同的方面，即模式分类和模式分析。

在模式分类中，每一个模式都被视为一个整体，它不依赖于其他模式而被分到 M 个可能类别中的某一个类 ω_i $(i = 1, 2, \cdots, M)$，而且仅仅被分到一个类。例如，印刷体字符的分类，孤立语音的分类，正常和非正常细胞的分类，以及遥感图像中对各种土地覆盖类型 (植被、水域和土壤等) 的分类，都属于模式分类问题。相应地，在模式分析中，对应于每一输入模式都要求给出一个特别的符号描述。例如，关联语音的自动识别，电子线路中各元素及连接关系的判别，以及从遥感图像或地形图中自动提取各种道路网、水系网等，都属于典型的模式分析任务。

对应于上述两类识别问题，模式识别相应地发展出两大分支，即统计模式识别方法和结构模式识别方法。

7.1.2 统计模式识别一般过程

统计模式识别方法又称为决策理论识别方法。它以决策函数为基础，并要求待识模式以特征向量的形式表示。统计识别方法用于解决模式分类问题的过程，简单地说就是为输入特征向量贴上类别标记的过程。作为初步认识，让我们分析图 7.1 所示的遥感图像分类的例子。在图 7.1(a) 中绘出了植被、土壤和水域这三类典型地物的光谱特征曲线。为了进行分类，首先要获得表示模式的特征向量。图中挑选了三处光谱特征响应彼此相差较大的波长 λ_1、λ_2 和 λ_3 作为特征选取位置。对每一地物来说，由其相应的特征响应便构成一特征向量 $\boldsymbol{x} = (r_1, r_2, r_3)^{\mathrm{T}}$。为简化起见，我们仅选其中的 r_1 和 r_2 构成如图 7.1(b) 所示的二维特征空间，可见三种地物各占据着不同的位置。从几何上讲，对这三类目标的分类问题可以很方便地转换为解求图中所示的分割两类之间的边界方程。

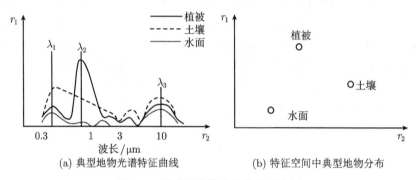

(a) 典型地物光谱特征曲线　　　　　(b) 特征空间中典型地物分布

图 7.1　遥感图像模式及其统计特征

一般而言，求每两类之间的边界方程问题可以转化为对每一类建立一个判别函数。假设有 M 个待分类别，我们可以建立具有下述性质的 M 个判别函数 $d_i(\boldsymbol{x})$ $(i = 1, 2, \cdots, M)$，即如果一个模式属于 ω_j 类，那么就有：

$$d_j(\boldsymbol{x}) > d_i(\boldsymbol{x}), i = 1, 2, \cdots, M, i \neq j \tag{7.1}$$

于是可以得到如下把 ω_i 类和 ω_j 类分割开的边界方程：

$$d_j(\boldsymbol{x}) - d_i(\boldsymbol{x}) = 0 \tag{7.2}$$

实际情况通常远比图 7.1 复杂。由于测量误差、物理环境变化等原因，同一类模式的特征向量在特征空间中不可能聚焦在一个点上，它们总是按一定的概率密度散布在某一空间范围内，不同类别之间甚至可能有相互重叠的情况，这样在统计识别中就要引入更复杂的数学方法。

根据解决分类问题的不同思路，统计模式识别算法又进一步地分成两大类。第一类为非参数法，也叫确定性方法，其思路是直接根据模式求解各判别函数。另一类为参数法，也称统计决策方法，它从对模式的统计特性分布的研究入手，完成对模式的统计分类。

针对高光谱遥感影像，如果撇开具体方法上的差异，我们可以将其统计模式分类过程一般化地抽象为图 7.2 所示的流程。将分类任务分解为两个相互联系的阶段，即分析阶段和实现阶段。其中，预处理是这两个阶段的共同环节，它主要包括高光谱数据几何校正、灰度标准化、去噪声和多波段数据配准等内容，目的旨在使待识别模式更易于被系统分析和识别。

分析阶段的特征选择部分和实现阶段的特征提取部分是相互联系的，也可将二者统称为特征选择与提取。一般认为，特征选择的目的是选取对识别要求来说最可能达到目的的特征集，特征提取是在特征选择基础上进行的，它一般通过特征空间的变换来完成。一方面，特征选择和提取是模式分类的关键问题，当已知一个特征集可以区分模式时，实际上分类的主要问题已接近于解决。另一方面，特征选择与提取也可以看作模式识别问题，因为特征本身就是一种模式，模式分类和分析的理论在这一阶段也是有用的。

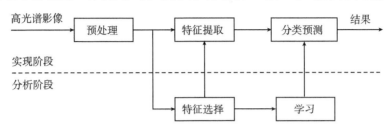

图 7.2 高光谱影像统计模式分类流程

分析阶段的学习环节是根据样本集找出有效的分类规律。在这一阶段，预处理、特征选择和学习实际上是三个带有反馈耦合的环节，当后面的环节得不到好结果时就要修改前面环节的做法，这正是分析阶段的特点。学习可以采取两种方式，即监督学习和非监督学习。监督学习中，系统设计者从外部规定训练样本模式的类成员资格，并利用这些已知类别的样本模式来确定系统的参数。当没有 (或仅有少量) 模式类的先验知识时，可采用非监督学习法，这时系统通过对样本集进行聚类分析找到有关规律。

分类或描述环节是实现阶段，也是整个模式分类过程的最终环节。它利用求得的有关算法或规则，对连续输入的大量模式取得分类结果，并视要求对分类结果作进一步的描述。

7.2 Bayes 统计决策分类

Bayes 统计决策分类的基础是 Bayes 定理，它是一种基于概率统计理论的参数分类方法，可从统计意义上确保获得最小的分类误差，因此由它给出的分类器又被称为最优分类器。Bayes 统计决策是模式识别技术的重要理论基础，采用该方法进行高光谱影像分类须具备两个先决条件，一是已知待分地物的类别数目，二是已知 (或可以解求出) 各类别的总体概率分布。

7.2.1 基本决策规则

将 Bayes 决策理论用于模式分类，需要构建出可用于执行的决策或判别规则。下面介绍两种常用规则。

1. 最小错误率的 Bayes 判别规则

为了将概率统计方法应用于分类，我们必须把待分模式 x 视作一个随机向量，并且假定：

(1) 各类别的先验概率 $P(\omega_i)$ 为已知，或者可以估算出来。

(2) 已知各类别的类条件概率密度函数 $p(x|\omega_i)$，或者可以利用训练样本数据解算。

下面先以两类问题为例进行讨论。为了确定 $\boldsymbol{x}$ 是属于 ω_1 类还是 ω_2 类，直观上应当根据其后验概率 $P(\omega_i|\boldsymbol{x})(i=1,2)$ 的取值大小加以判断，即应将 $\boldsymbol{x}$ 划归其后验概率较大的那一类。这样就可以定义如下判别规则：

$$\text{如果 } P\left(\omega_i|\boldsymbol{x}\right) = \max_{j=1,2} P\left(\omega_j|\boldsymbol{x}\right), \quad \text{则 } \boldsymbol{x} \in \omega_i \tag{7.3}$$

或写成

$$\text{如果 } P\left(\omega_1|\boldsymbol{x}\right) \begin{array}{c} > \\ < \end{array} P\left(\omega_2|\boldsymbol{x}\right), \quad \text{则 } \boldsymbol{x} \in \left\{ \begin{array}{l} \omega_1 \\ \omega_2 \end{array} \right. \tag{7.4}$$

根据 Bayes 定理，后验概率 $P\left(\omega_i|\boldsymbol{x}\right)$ 可由先验概率 $P\left(\omega_i\right)$ 和类条件概率密度 $p\left(\boldsymbol{x}|\omega_i\right)$ 来计算，即

$$P\left(\omega_i|\boldsymbol{x}\right) = \frac{p\left(\boldsymbol{x}|\omega_i\right) P\left(\omega_i\right)}{p\left(\boldsymbol{x}\right)} \tag{7.5}$$

将式 (7.5) 代入的不等式 (7.4) 两边，又可得到如下判别规则：

$$\text{如果 } p\left(\boldsymbol{x}|\omega_1\right) P\left(\omega_1\right) \begin{array}{c} > \\ < \end{array} p\left(\boldsymbol{x}|\omega_2\right) P\left(\omega_2\right), \quad \text{则 } \boldsymbol{x} \in \left\{ \begin{array}{l} \omega_1 \\ \omega_2 \end{array} \right. \tag{7.6}$$

若令

$$l_{12}\left(\boldsymbol{x}\right) = \frac{p\left(\boldsymbol{x}|\omega_1\right)}{p\left(\boldsymbol{x}|\omega_2\right)}$$

为似然比，则有

$$\text{如果 } l_{12}\left(\boldsymbol{x}\right) \begin{array}{c} > \\ < \end{array} \frac{P\left(\omega_2\right)}{P\left(\omega_1\right)}, \quad \text{则 } \boldsymbol{x} \in \left\{ \begin{array}{l} \omega_1 \\ \omega_2 \end{array} \right. \tag{7.7}$$

进一步地，为了便于计算，常取似然比自然对数的负值，于是判别规则又可写成：

$$\text{若 } h\left(\boldsymbol{x}\right) = -\ln\left[l_{12}\left(\boldsymbol{x}\right)\right] = -\ln p\left(\boldsymbol{x}|\omega_1\right) + \ln p\left(\boldsymbol{x}|\omega_2\right) \begin{array}{c} < \\ > \end{array} \ln\left[\frac{P\left(\omega_1\right)}{P\left(\omega_2\right)}\right], \quad \text{则 } \boldsymbol{x} \in \left\{ \begin{array}{l} \omega_1 \\ \omega_2 \end{array} \right. \tag{7.8}$$

式 (7.3)、式 (7.6)、式 (7.8) 都是最小错误率的 Bayes 判别规则，在实际分类中都可以采用。由于式 (7.7) 通过挑选似然比取值最大来进行分类，故最小错误率的 Bayes 判别规则又常称为最大似然比判别规则。

推广到多类情况 (假设有 M 类)，可以写出相应的最小错误率 Bayes 判别规则：

$$\text{如果 } P\left(\omega_i|\boldsymbol{x}\right) = \max_{j=1,\cdots,M} P\left(\omega_j|\boldsymbol{x}\right), \quad \text{则 } \boldsymbol{x} \in \omega_i \tag{7.9}$$

或者，

$$\text{如果 } p\left(\boldsymbol{x}|\omega_i\right) P\left(\omega_i\right) = \max_{j=1,\cdots,M} p\left(\boldsymbol{x}|\omega_j\right) P\left(\omega_j\right), \quad \text{则 } \boldsymbol{x} \in \omega_i \tag{7.10}$$

2. 最小风险的 Bayes 判别规则

一般而言，在高光谱影像分类中，确保各类地物的分类错误率达到最小是优先考虑的目标。但有时也需要对问题的另一方面予以关注，即具体区分不同类别之间如何错分及其带来的影响。实际上，对于某些分类问题来说，考虑错分的性质及其后果往往比得到最小错误率更为重要。为此，我们可以引入统计决策论中的风险概念，而风险又与损失相联系。

假设把属于 ω_i 类的模式 $\boldsymbol{x}$ 误判为 ω_j 类，这一误判就造成了一个损失，记为 L_{ij}。再从 ω_j 类的角度来考虑，所有其他类别的模式都有可能被误判到该类。这些所有可能的误判便形成了一个期望损失，我们称其为"风险"，记为 $r_j(\boldsymbol{x})$，并且有

$$r_j(\boldsymbol{x}) = \sum_{i=1}^{M} L_{ij} P(\omega_i | \boldsymbol{x}) \tag{7.11}$$

最小风险的 Bayes 判别就是以风险函数 $r_j(\boldsymbol{x})$ 取最小为依据，决定 $\boldsymbol{x}$ 的归属，即按下面的规则分类：

$$\text{如果 } r_i(\boldsymbol{x}) = \min_{k=1,\cdots,M} r_k(\boldsymbol{x}), \quad \text{则 } \boldsymbol{x} \in \omega_i \tag{7.12}$$

仍以两类问题为例，可以推导出如下最小风险的 Bayes 判别规则具体形式

$$\text{如果 } \frac{p(\boldsymbol{x}|\omega_1)}{p(\boldsymbol{x}|\omega_2)} \begin{array}{c} > \\ < \end{array} \frac{P(\omega_2)}{P(\omega_1)} \frac{L_{21} - L_{22}}{L_{12} - L_{11}}, \text{则} \boldsymbol{x} \in \left\{ \begin{array}{c} \omega_1 \\ \omega_2 \end{array} \right. \tag{7.13}$$

式中，不等式左边即为似然比 $l_{12}(\boldsymbol{x})$，又令

$$\theta_{12} = \frac{P(\omega_2)}{P(\omega_1)} \frac{L_{21} - L_{22}}{L_{12} - L_{11}}$$

便得到最终的判别规则为

$$\text{如果 } l_{12}(\boldsymbol{x}) \begin{array}{c} > \\ < \end{array} \theta_{12}, \text{则 } \boldsymbol{x} \in \left\{ \begin{array}{c} \omega_1 \\ \omega_2 \end{array} \right. \tag{7.14}$$

分析式 (7.13) 和式 (7.14)，可以看出最小错误率判别是最小风险判别的特例。

7.2.2　正态分布下的极大似然法分类

将上述两种 Bayes 判别规则用于高光谱影像分类，一个先决条件是必须已知各地物类别的先验概率 $P(\omega_i)$ 和类条件概率密度函数 $p(\boldsymbol{x}|\omega_i)$。在实际分类中，$P(\omega_i)$ 可由各类地物在影像中所占的相对比例经验地给出，而 $p(\boldsymbol{x}|\omega_i)$ 的求解则比较繁琐，通常要采用基于统计分析的方法，如各种参数估计法。在这里，不妨从物理上的合理性和数学上的便捷性考虑，假设 $p(\boldsymbol{x}|\omega_i)$ 服从多元正态分布，进而讨论在这一条件下的最优判别函数。在数学上，当随机变量的分布由大量相互独立的随机因素所造成，并且每一因素在影响中所起的作用均匀地小，这时就可用正态分布来逼近该随机变量的分布。这也是概率统计中最常用的一种处理方法。

在多元正态分布下，Bayes 最优判别函数具有特殊意义。此时，模式向量 $\boldsymbol{x}$ 的类条件概率密度函数可写为

$$p\left(\boldsymbol{x}|\omega_i\right) = \frac{1}{(2\pi)^{\frac{n}{2}} \left|\boldsymbol{\Sigma}_i\right|^{\frac{1}{2}}} \exp\left\{-\frac{1}{2}\left(\boldsymbol{x}-\boldsymbol{\mu}_i\right)^{\mathrm{T}} \boldsymbol{\Sigma}_i^{-1}\left(\boldsymbol{x}-\boldsymbol{\mu}_i\right)\right\}, \quad i=1,2,\cdots,M \qquad (7.15)$$

式中，$\boldsymbol{\mu}_i$ 和 $\boldsymbol{\Sigma}_i$ 分别为 ω_i 类的均值向量和协方差矩阵。另外，最小错误率的 Bayes 判别函数为

$$d_i\left(\boldsymbol{x}\right) = p\left(\boldsymbol{x}|\omega_i\right)P\left(\omega_i\right) \qquad (7.16)$$

相应的 ω_i 和 ω_j 类的决策面方程 (取自然对数形式) 为

$$\ln\left(d_i\left(\boldsymbol{x}\right)\right) - \ln\left(d_j\left(\boldsymbol{x}\right)\right) = 0 \qquad (7.17)$$

将式 (7.15) 代入式 (7.17)，便可得正态分布下多类决策的一般决策面方程：

$$-\frac{1}{2}\left[\left(\boldsymbol{x}-\boldsymbol{\mu}_i\right)^{\mathrm{T}}\boldsymbol{\Sigma}_i^{-1}\left(\boldsymbol{x}-\boldsymbol{\mu}_i\right) - \left(\boldsymbol{x}-\boldsymbol{\mu}_j\right)^{\mathrm{T}}\boldsymbol{\Sigma}_j^{-1}\left(\boldsymbol{x}-\boldsymbol{\mu}_j\right)\right] - \frac{1}{2}\ln\frac{\left|\boldsymbol{\Sigma}_i\right|}{\left|\boldsymbol{\Sigma}_j\right|} + \ln\frac{P\left(\omega_i\right)}{P\left(\omega_j\right)} = 0 \qquad (7.18)$$

可见，决策面是一个关于 $\boldsymbol{x}$ 的二次型。当 $\boldsymbol{x}$ 为一维变量时，它是一个点；当 $\boldsymbol{x}$ 分别为二维和三维向量时，它就成为曲线和曲面。一般地，决策面是一个超二次曲面。下面，我们讨论几种特殊情况下的决策面形式。

我们假设不同类别的协方差矩阵相等，即 $\boldsymbol{\Sigma}_i = \boldsymbol{\Sigma}$。

这时，从几何上看，不同类别虽然聚集于特征空间的不同位置 (即均值向量 $\boldsymbol{\mu}_i$)，但各自样本的分布范围和形态完全相同，将这一条件代入式 (7.18)，便得到决策面方程：

$$\boldsymbol{x}^{\mathrm{T}}\boldsymbol{\Sigma}^{-1}\left(\boldsymbol{\mu}_i-\boldsymbol{\mu}_j\right) - \frac{1}{2}\boldsymbol{\mu}_i^{\mathrm{T}}\boldsymbol{\Sigma}^{-1}\boldsymbol{\mu}_i + \frac{1}{2}\boldsymbol{\mu}_j^{\mathrm{T}}\boldsymbol{\Sigma}^{-1}\boldsymbol{\mu}_j + \ln\frac{P\left(\omega_i\right)}{P\left(\omega_j\right)} = 0 \qquad (7.19)$$

式中，$\boldsymbol{x}$ 的二次项被消去，方程中仅含一次项和常数项，因此决策面是模式空间中的超平面。

在等协方差矩阵的情况下，如果进一步地假设 $\boldsymbol{x}$ 的各特征分量统计上独立，且方差相等，即 $\boldsymbol{\Sigma}_i = \boldsymbol{\Sigma} = \sigma^2\boldsymbol{I}$ ($\boldsymbol{I}$ 为单位阵，σ 为方差)。由于 $\boldsymbol{\Sigma}^{-1} = \boldsymbol{I}/\sigma^2$，此时由式 (7.19) 得到经进一步简化的决策面方程：

$$\frac{1}{\sigma^2}\left[\boldsymbol{x}^{\mathrm{T}}\left(\boldsymbol{\mu}_i-\boldsymbol{\mu}_j\right) - \frac{1}{2}\boldsymbol{\mu}_i^{\mathrm{T}}\boldsymbol{\mu}_i + \frac{1}{2}\boldsymbol{\mu}_j^{\mathrm{T}}\boldsymbol{\mu}_j\right] + \ln\frac{P\left(\omega_i\right)}{P\left(\omega_j\right)} = 0 \qquad (7.20)$$

式 (7.20) 仍然是个超平面。但如果直接从式 (7.18) 推导，即将 $\boldsymbol{\Sigma} = \delta^2\boldsymbol{I}$ 代入其中，便有

$$\left(\boldsymbol{x}-\boldsymbol{\mu}_i\right)^{\mathrm{T}}\left(\boldsymbol{x}-\boldsymbol{\mu}_i\right) - \left(\boldsymbol{x}-\boldsymbol{\mu}_j\right)^{\mathrm{T}}\left(\boldsymbol{x}-\boldsymbol{\mu}_j\right) = 2\sigma^2\ln\frac{P\left(\omega_i\right)}{P\left(\omega_j\right)} \qquad (7.21)$$

式中，左侧的两项分别是 $\boldsymbol{x}$ 到 ω_i 和 ω_j 类的均值向量的欧氏距离，故又有

$$\left\|\boldsymbol{x}-\boldsymbol{\mu}_i\right\|^2 - \left\|\boldsymbol{x}-\boldsymbol{\mu}_j\right\|^2 = 2\sigma^2\ln\frac{P\left(\omega_i\right)}{P\left(\omega_j\right)} \qquad (7.22)$$

所以，此超平面垂直于两均值向量的连线，并且处在一个由 ω_i 和 ω_j 类的先验概率所决定的位置上。如果 $P(\omega_i) > P(\omega_j)$，则超平面更靠近 ω_j 类；反之，它就更靠近 ω_i 类。也就是说，超平面总是向着先验概率较小的那一类移动。

显而易见，如果此时进一步地有 $P(\omega_i) = P(\omega_j)$，因为上式等号右侧为零，则超平面就是由两均值向量连线的中垂面。所以，这时的最小错误率 Bayes 判别就成为最小距离判别。

类似地，在等协方差矩阵 $\boldsymbol{\Sigma}_i = \boldsymbol{\Sigma}$ 和等先验概率 $P(\omega_i) = P(\omega_j)$ 的前提下，还可以推导如下决策面方程：

$$\left(\boldsymbol{x} - \boldsymbol{\mu}_i\right)^{\mathrm{T}} \boldsymbol{\Sigma}^{-1} \left(\boldsymbol{x} - \boldsymbol{\mu}_i\right) = \left(\boldsymbol{x} - \boldsymbol{\mu}_j\right)^{\mathrm{T}} \boldsymbol{\Sigma}^{-1} \left(\boldsymbol{x} - \boldsymbol{\mu}_j\right) \tag{7.23}$$

其左右两端就是 $\boldsymbol{x}$ 到 $\boldsymbol{\mu}_i$ 和 $\boldsymbol{\mu}_j$ 的马氏距离 (Mahalanobis distance) 的平方。所以，决策面仍为超平面，且为连接两均值向量的等马氏距离面。

7.3 Bayes 非参数决策分类

7.2 节介绍的贝叶斯统计决策分类法也称为"参数法"，因为在作出分类决定之前须先建立对待分模式类的数学描述，这一描述通常采用由若干参数所确定的概率密度函数的形式。解决分类问题的另一种方法是不对待分模式类的分布作任何先验假设，而直接解求类别之间的边界方程即判别函数，这就是下面将要讨论的"非参数法"。虽然非参数法在理论上不是最优的，但却具有直观、简洁和高效的优点而得到广泛应用。

7.3.1 Fisher 线性判别法

非参数决策分类的一个基本假定是，落入模式空间中不同区域的待分模式可以通过建立决策面的方法进行分类，而决策面又可由判别函数予以确定。依据问题性质的不同，判别函数既可以是线性的，也可以是非线性的。基于充足的理由，我们优先考虑线性的解决方案。即使对于不能直接应用线性函数的场合，也常试图将非线性问题线性化。

线性判别函数的一般形式为

$$d_k\left(\boldsymbol{x}\right) = w_{k_1} x_1 + w_{k_2} x_2 + \cdots + w_{k_n} x_n + w_{k_{n+1}} x_{n+1} \tag{7.24}$$

其矩阵形式是

$$d_k\left(\boldsymbol{x}\right) = \boldsymbol{W}_k^{\mathrm{T}} \boldsymbol{x} \tag{7.25}$$

其中，

$$\boldsymbol{W}_k = \begin{bmatrix} w_1 \\ w_2 \\ \vdots \\ w_n \\ w_{n+1} \end{bmatrix}, \quad \boldsymbol{x} = \begin{bmatrix} x_1 \\ x_2 \\ \vdots \\ x_n \\ x_{n+1} \end{bmatrix}$$

可见，此处 $\boldsymbol{x}$ 为在原模式向量基础上增加了 $x_{n+1} = 1$ 的增广模式向量。对于两类问题 $(M = 2)$，下列方程

$$d\left(\boldsymbol{x}\right) = \boldsymbol{W}_1^{\mathrm{T}}\boldsymbol{x} - \boldsymbol{W}_2^{\mathrm{T}}\boldsymbol{x} = \left(\boldsymbol{W}_1^{\mathrm{T}} - \boldsymbol{W}_2^{\mathrm{T}}\right)\boldsymbol{x} = 0 \tag{7.26}$$

即为 $n+1$ 维增广模式空间中通过原点的超平面。

线性判别函数虽然易于分析，但当模式向量维数较高时同样会遇到困难，主要表现为在低维空间里解析上或计算上行得通的方法，在高维空间里往往行不通。因此，在处理实际问题时人们常常优先考虑如何降低维数。

如果能将 n 维空间的样本投影到一维空间 (即直线) 上，则实现了最大限度的维数压缩。这一想法显然具有诱惑力，在数学上也不难做到，但问题是这样做通常容易破坏模式的可分性。为此，在作由 n 维到一维的投影时，必须设法找到一个最佳的方向，以保证在该方向的直线上，样本的投影较其他方向能作最好的区分，如图 7.3 所示。

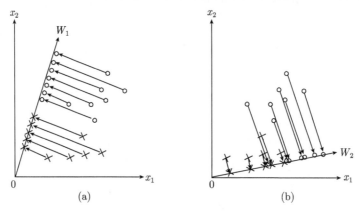

图 7.3 模式样本维数的压缩

为此，Fisher 提出了一个准则函数，将上述问题归结为解求由下式确定的投影变换的最佳变换矩阵 $\boldsymbol{W}$:

$$y = \boldsymbol{W}^{\mathrm{T}}\boldsymbol{x} \tag{7.27}$$

式中，$\boldsymbol{x}$, y 分别代表投影前后的 n 维和一维模式向量。

首先，分别在 n 维空间和一维空间定义了若干参量，用以描述样本投影前后的聚集或离散程度。以两类情况为例，在 n 维空间中，定义了以下参量:

(1) 各类样本均值向量 $\boldsymbol{M}_i$。

$$\boldsymbol{M}_i = \frac{1}{N_i}\sum_{\boldsymbol{x}\in\omega_i}\boldsymbol{x}, \quad i = 1,2 \tag{7.28}$$

式中，N_i 为第 i 类样本数。

(2) 同类样本的离散矩阵 $\boldsymbol{S}_i$ 和总离散矩阵 $\boldsymbol{S}_W$。

$$\boldsymbol{S}_i = \sum_{\boldsymbol{x}\in\omega_i}\left(\boldsymbol{x} - \boldsymbol{M}_i\right)\left(\boldsymbol{x} - \boldsymbol{M}_i\right)^{\mathrm{T}}, \quad i = 1,2 \tag{7.29}$$

$$\boldsymbol{S}_W = \boldsymbol{S}_1 + \boldsymbol{S}_2 \tag{7.30}$$

(3) 类间离散矩阵 $\boldsymbol{S}_b$。

$$\boldsymbol{S}_b = (\boldsymbol{M}_1 - \boldsymbol{M}_2)(\boldsymbol{M}_1 - \boldsymbol{M}_2)^{\mathrm{T}} \tag{7.31}$$

对应地，在一维空间中定义了以下参量：

(1) 各类样本均值 m_i。

$$m_i = \frac{1}{N_i} \sum_{y \in \omega_i} y, \quad i = 1, 2 \tag{7.32}$$

(2) 同类样本类内离散度 $\tilde{S}_i$ 和总离散度 $\tilde{S}_W$。

$$\tilde{S}_i = \sum_{y \in \omega_i} (y - m_i)^2, \quad i = 1, 2 \tag{7.33}$$

$$\tilde{S}_W = \tilde{S}_1^2 + \tilde{S}_2^2$$

现在可以从投影后的一维空间中定义的参量出发，提出一个寻找最佳投影矩阵 $\boldsymbol{W}$ 的量化条件。直观上，总希望投影后的不同类样本尽可能远离，即两类均值之差 $(m_1 - m_2)$ 尽可能大；同时还要求各类样本内部尽量聚集成团，即 $\tilde{S}_W$ 尽可能小。为此，Fisher 定义了如下准则函数：

$$J_F(\boldsymbol{W}) = \frac{(m_1 - m_2)^2}{\tilde{S}_1^2 + \tilde{S}_2^2} \tag{7.34}$$

利用 Lagrange 乘子法，可以求得使 $J_F(\boldsymbol{W})$ 取极大值的解：

$$\boldsymbol{W} = \boldsymbol{S}_W^{-1}(\boldsymbol{M}_1 - \boldsymbol{M}_2) \tag{7.35}$$

依式 (7.35) 求得的最佳变换矩阵 $\boldsymbol{W}$，使叫按式 (7.27) 将 n 维空间的样本投影到由 $\boldsymbol{W}$ 确定的直线上。这样，一个 n 维分类问题便转变为一维分类问题。也就是说，分类时已不必在 n 维空间中建立复杂的决策边界，而只需在特定直线上确定分界阈值点 y_0。对应的判决规则是

$$如果\ y \begin{array}{c} > \\ < \end{array} y_0, 则\ \boldsymbol{x} \in \left\{ \begin{array}{c} \omega_1 \\ \omega_2 \end{array} \right. \tag{7.36}$$

其中，y 由式 (7.27) 求出。阈值点 y_0 的确定方法有多种，简单情况下可由先验参数求出，如可取

$$y_0 = \frac{m_1 + m_2}{2} \tag{7.37}$$

或

$$y_0 = \frac{N_1 m_1 + N_2 m_2}{N_1 + N_2} \tag{7.38}$$

7.3.2 Fisher 判别函数的训练

用于分类的判别函数的确定包括两个步骤，即选择函数的表达形式和确定相应的系数。在选择线性判别函数的前提下，关键是如何确定系数。Fisher 线性判别法是线性判别函数的特例，对于维数、样本数及其分布不作任何假定的一般情况，需要利用贴有类别标记的已知样本，按有关数学准则或约束来训练判别函数。

1. 权空间

模式向量 x 可被视为模式空间 (又称 "特征空间") 中的一个点, 模式分类问题可理解为将模式空间分割成对应于不同模式类的区域。分割模式空间的决策面无论是线性的还是非线性的, 均可一般地表示为

$$d(x) = f(w, x) \tag{7.39}$$

式中, $x = (x_1, x_2, \cdots, x_n, 1)^{\mathrm{T}}$ 及 $w = (w_1, w_2, \cdots, w_n, w_{n+1})^{\mathrm{T}}$ 分别表示增广模式向量和增广权向量。特别地, 我们把由变量 $w_1, w_2, \cdots, w_n, w_{n+1}$ 所构成的 $(n+1)$ 维欧氏空间称为 "权空间"。这样, 对于 n 维模式 x 的分类问题便可转变为在 $(n+1)$ 维权空间中寻找适当的解区。

为了更清楚地说明权空间的概念, 设式 (7.39) 取线性函数形式, 并将来自第 k 类的第 m 个已知样本记为 Z_k^m, 其中 $k = 1, 2, \cdots, M$, $m = 1, 2, \cdots, N_k$(M 为类别数, N_k 为第 k 类样本数)。对于任一个 Z_k^m, 在权空间中存在着一个过原点的超平面, 必定满足下式:

$$w^{\mathrm{T}} Z_k^m = 0 \tag{7.40}$$

对位于该超平面正侧的任意向量 w, 都有 $w^{\mathrm{T}} Z > 0$, 也就是说, 假如样本 Z_k^m 属于 ω_1 类, 则这一侧的任意向量 w 都可正确地将 Z_k^m 分为 ω_1 类。同样, 对位于该超平面负侧的任意向量 w, 都应有 $w^{\mathrm{T}} Z < 0$。这样, 我们便可以根据各已知样本在权空间中所对应的满足式 (7.40) 超平面的相互关系来确定用于分类的权向量 w。

2. 权向量的增量修正求解法

在权空间中根据已知样本所对应的过原点的超平面来确定权向量的解区, 虽然在几何上显得直观和明确, 但由于这一方法的实质是求解不等式组, 故当特征维数较高、样本较多时无法直接求解, 因此需要采用间接的求解方案。

增量修正法建立在 "移动权向量" 的概念之上, 即在权空间中从给定的初始权向量出发, 通过分析各样本对于 $w^{\mathrm{T}} Z > 0$ 的满足情况, 逐次修正权向量的取值, 直至其落入正确的解区。这一方法可由如下步骤描述:

第一步, 对于来自 ω_1 和 ω_2 类的样本 Z_1^m 和 Z_2^m, 构造样本集:

$$S = \left\{ Z_1^1, Z_1^2, \cdots, Z_1^{N_1}, -Z_2^1, -Z_2^2, \cdots, -Z_2^{N_2} \right\} = \{ Z_1, Z_2, \cdots, Z_{N_1+N_2} \}$$

第二步, 适当地选取权向量 w 的初值 w_0。

第三步, 从 S 中取出样本 Z_i, 分析不等式 $w^{\mathrm{T}} Z_i > 0$ 的满足情况: 如果 $w^{\mathrm{T}} Z_i > 0$, 则 $i = i + 1$(即取下一个样本); 否则, 令 $w_{k+1} = w_k + c Z_i$ (其中 c 为一正常数)。这样, 经如上修正以后, 必有

$$w_{k+1}^{\mathrm{T}} Z_i > w_k^{\mathrm{T}} Z_i \tag{7.41}$$

也就是说, 对于不满足要求的样本 Z_i 而言, 权向量 w_{k+1} 向着其正确的取值方向靠近了。

第四步，对 S 中的样本继续重复第三步，直至 w_k 对全部样本都能正确分类，或 k 达到设定的迭代次数。此时求得最终解为

$$w_{k+1} = w_k \tag{7.42}$$

如果样本集 S 为线性可分，则上述过程一定收敛，并且与 w_0 和 c 的取值无关，二者只决定收敛的速度和最终权向量的取值。如果 S 不为线性可分，则迭代不收敛，这时，可以设定迭代次数，在每次迭代结束后检验不符合条件的样本数，如果不变就停止迭代。

在上面的迭代过程中，我们将 c 值取为一正常数，因此这种方法又叫"固定增量修正法"。为了使权向量更快地得到其正确解，还可以考虑其他的取值方法。下面是"绝对值修正法"中 c 值的确定方法。

在第三步迭代中，把不满足 $w^{\mathrm{T}}Z > 0$ 的样本集中在一起，并求得其平均值为 Z'。可以通过对 Z' 建立约束来求 c 值，令

$$w_{k+1}^{\mathrm{T}} Z' = \left(w_k + cZ'\right)^{\mathrm{T}} Z' > 0 \tag{7.43}$$

便可解得

$$c > -\frac{w_k^{\mathrm{T}} Z'}{Z'^{\mathrm{T}} Z'} = -\frac{w_k^{\mathrm{T}} Z'}{\left|Z'\right|^2} \tag{7.44}$$

由于 Z' 是由不满足条件的样本取均值求得，故应有 $w_k^{\mathrm{T}} Z' < 0$，于是上式可写为

$$c > \frac{\left|w_k^{\mathrm{T}} Z'\right|}{\left|Z'\right|^2} \tag{7.45}$$

对于给定的初值 w_0，绝对值修正法通常比固定增量法更快地使权向量 w 到达其解区。

3. 权向量的梯度下降求解法

训练判别函数的另一类方法是采用梯度下降技术。梯度下降法又称最速下降法，函数在某点的梯度为一向量，其方向是该函数增长最快的方向，而负梯度方向则是该函数减少最快的方向。在求解权向量时，如果建立某个极小化约束，根据梯度下降法的思想，便可以较快地求解出满足该约束的权向量。

一般地，基于梯度下降法的权向量校正过程可以表达为

$$w_{k+1} = w_k - \rho_k \nabla J\left(w\right)\big|_{w=w_k} \tag{7.46}$$

式中，$J(w)$ 为一准则函数，它通过校正 w 而取极小值；ρ_k 是一个正的标量，称为"步长"，它决定着每一次校正的幅度。

按准则函数 $J(w)$ 的不同，可以得到不同的权向量求解方法。下面介绍由 Rosenblatt 提出的著名的感知准则函数算法。

设 Z_i 为错分样本 $(i = 1, 2, \cdots, L)$，可按下式构造感知准则函数

$$J_p\left(w\right) = \sum_{i=1}^{L} \left(-w^{\mathrm{T}} Z_i\right) \tag{7.47}$$

由于 $\boldsymbol{Z}_i$ 是错分样本，故有 $\boldsymbol{w}^{\mathrm{T}}\boldsymbol{Z}_i$，因此式 (7.47) 中的 $J_p(\boldsymbol{w})$ 总是大于 0。只有当 $J_p(\boldsymbol{w})$ 无限趋近于 0 时，才不存在错分样本，这时的 $\boldsymbol{w}$ 就是我们要寻找的正确的解向量。由式 (7.47) 所确定的准则函数最初用于脑感知模型，故称其为感知准则函数。

有了准则函数 $J_p(\boldsymbol{w})$，我们便可按梯度下降法解求使 $J_p(\boldsymbol{w})$ 达到极小值的解向量 $\boldsymbol{w}$。将式 (7.47) 对 $\boldsymbol{w}$ 求梯度，有

$$\nabla J_p \boldsymbol{w} = \frac{\partial J_p(\boldsymbol{w})}{\partial (\boldsymbol{w})} = \sum_{i=1}^{L} (-\boldsymbol{Z}_i) \tag{7.48}$$

将其代入式 (7.46)，得

$$\boldsymbol{w}_{k+1} = \boldsymbol{w}_k + \rho_k \sum_{i=1}^{L} \boldsymbol{Z}_i \tag{7.49}$$

可以证明，对于线性可分的样本集，按式 (7.49) 求解权向量 $\boldsymbol{W}$ 时，算法将在有限步内收敛，而收敛速度取决于初始权向量 $\boldsymbol{W}_0$ 和步长 ρ_k。步长 ρ_k 有多种选择方式，既可选择为常量 (如 $\rho_k = 1$)，也可选择为变量。

4. 最小错分样本数准则

权向量的增量修正求解法和梯度下降求解法，在本质上都是通过逐次校正误差而求解权向量的。这两个方法的共同特点是只适用于样本集为线性可分的场合，如果样本集不为线性可分，则求解过程不收敛，并通常表现为振荡。在实际分类问题中，往往无法事先知道样本集是否线性可分，因此希望找到一种既适用于线性可分情况，又适用于线性不可分情况的算法。最小错分样本数准则可以解决这一问题。它直接以错分样本数为最小作为分类的目标和约束，从而实现使求解的权向量 $\boldsymbol{w}$ 对线性可分样本集的完全正确分类，对线性不可分的样本集达到错分样本数目为最小。

下面仍从线性判别函数出发，讨论最小错分样本数准则的建立。

对于样本集 $\boldsymbol{Z}_i(i = 1, 2, \cdots, N)$，如果存在权向量 $\boldsymbol{w}$，使得 $\boldsymbol{w}^{\mathrm{T}}\boldsymbol{Z}_i > 0 (i = 1, 2, \cdots, N)$，则我们说 $\boldsymbol{Z}_i$ 被正确分类。注意已经对来自 ω_1 类和 ω_2 类的样本做了集中处理，即将 ω_2 类的样本反号并与 ω_1 类样本合并。这样，权向量 $\boldsymbol{w}$ 的求解任务可以看成求一组不等式的解。若不等式组有解，即不等式组相一致，说明样本集是线性可分的，可以求出解向量 $\boldsymbol{w}$，若不等式组无解，即不等式组不一致，说明样本集是线性不可分的，对于任何权向量 $\boldsymbol{w}$，必定会错分某些样本。最小错分样本数准则就是要求，对后一种情况找到使最多数目的不等式得到满足的权向量。

用矩阵形式将不等式组 $\boldsymbol{w}^{\mathrm{T}}\boldsymbol{Z}_i > 0$ 重写为

$$\boldsymbol{Z}\boldsymbol{w} > 0 \tag{7.50}$$

其中，

$$\boldsymbol{Z} = \begin{bmatrix} \boldsymbol{Z}_1^{\mathrm{T}} \\ \boldsymbol{Z}_2^{\mathrm{T}} \\ \vdots \\ \boldsymbol{Z}_N^{\mathrm{T}} \end{bmatrix} = \begin{bmatrix} z_{11} & z_{12} & \cdots & z_{1n} \\ z_{21} & z_{22} & \cdots & z_{2n} \\ \vdots & \vdots & \ddots & \vdots \\ z_{N1} & z_{N2} & \cdots & z_{Nn} \end{bmatrix} \tag{7.51}$$

为了使求出的解更为可靠，引入一 N 维正常数向量 $\boldsymbol{B}$ 作为余量，于是式 (7.50) 又可写成

$$Zw \geqslant \boldsymbol{B} > 0 \tag{7.52}$$

从式 (7.52) 出发，可以定义一个准则函数：

$$J_q\left(\boldsymbol{w}\right) = \|\left(\boldsymbol{Zw} - \boldsymbol{B}\right) - |\boldsymbol{Zw} - \boldsymbol{B}|\|^2 \tag{7.53}$$

现在分析式 (7.53) 的取值情况。显然，对于线性可分问题，因为有 $\boldsymbol{Zw} > \boldsymbol{B}$，即 $(\boldsymbol{Zw} - \boldsymbol{B})$ 与 $|\boldsymbol{Zw} - \boldsymbol{B}|$ 同号，因此 $J_q\left(\boldsymbol{w}\right) = 0$。反之，如果问题为线性不可分，一定存在某些 $\boldsymbol{Z}_i$ 不满足 $\boldsymbol{w}^{\mathrm{T}}\boldsymbol{Z}_i > b_i$，此时 $(\boldsymbol{w}^{\mathrm{T}}\boldsymbol{Z}_i - b_i)$ 与 $|\boldsymbol{w}^{\mathrm{T}}\boldsymbol{Z}_i - b_i|$ 异号，即 $J_q\left(\boldsymbol{w} > 0\right)$。不满足条件的样本 $\boldsymbol{Z}_i$ 越多，$J_q\left(\boldsymbol{w}\right)$ 取值就越大。因此，如果能在 $J_q\left(\boldsymbol{w}\right)$ 取极小值的情况下求解 $\boldsymbol{w}$，则 $\boldsymbol{w}$ 必为最优解。因此我们称 $J_q\left(\boldsymbol{w}\right)$ 为最小错分样本数准则。

7.3.3 Fisher 分段线性判别函数

对于线性可分的分类问题，线性判别函数自然是最佳的选择，无论从分类精度、效率还是分类器的复杂程度上考虑都是如此。当样本集为线性不可分，或者事先无法知道其是否为线性可分时，可以采用某些优化准则 (如最小错分样本数准则)，对权向量的求解过程加以约束，从而得到建立在该准则意义上 "最优" 的线性判别函数。但这种处理方法有其局限性，当样本集在模式空间呈现复杂分布时，任何线性判别函数都可能带来较大的分类误差。

图 7.4 示意了两种复杂的样本分布。其中，图 7.4 (a) 为多峰分布的情况，在三个模式类中，第 1 类和第 2 类都分布在两个互不相连的区域；图 7.4(b) 中，两类的边界互相交错。显然，对这两种分布，无法找到一个单一的线性函数将两类分开。但是，鉴于线性判别函数所具有的优越性能，仍希望以适当的方式借用。正如图 7.4 中所示，我们仍可以在边界处建立一些折线以区分不同的类别，也就是说，可以逐个区域，或逐段地建立线性判别函数。这就是分段线性判别函数的由来。

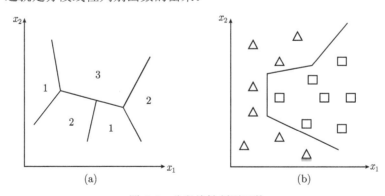

图 7.4 分段线性判别函数

一般地，为了求得分段性判别函数，首先需要分析各类样本的分布情况，并将每一类划分成若干子类，即令

$$\boldsymbol{\omega}_k = \left\{\omega_k^1, \omega_k^2, \cdots, \omega_k^{N_k}\right\}$$

式中，N_k 为对 ω_k 所分的子类数目。然后，对每一子类定义一个线性判别函数：

$$d_k^m(\boldsymbol{x}) = (\boldsymbol{w}_k^m)^{\mathrm{T}} \boldsymbol{x} \tag{7.54}$$

并进一步地，将 ω_k 类的判别函数定义为

$$d_k(\boldsymbol{x}) = \max_{k=1,\cdots,N_k} [d_k^m(\boldsymbol{x})], k = 1, 2, \cdots, M \tag{7.55}$$

这样，对于 M 个类别，我们就按式 (7.55) 建立了各自的分段线性判别函数，并可按处理线性判别函数类似的方法得到如下判别规则：

$$\text{如果 } d_j(\boldsymbol{x}) = \max_k d_k(\boldsymbol{x}) (k = 1, 2, \cdots, M), \text{则 } \boldsymbol{x} \in \omega_j. \tag{7.56}$$

按对已知样本子类的了解情况，可以将分段线性判别函数的训练方法分为两大类，即已知子类信息的训练方法和未知子类信息的训练方法。如果已知子类的数目，或者更有利些，还知道各子类的划分或分布情况，则训练过程相对简单些，最简单的情况下可以把各个子类看成是独立的类，按线性判别函数算法将它们分开，然后再合并相关的子类，分类即可完成。如果仅仅知道子类的数目，可以利用与前面介绍的固定增量法类似的迭代求解算法，在有限步内求出对应于各子类的线性判别函数，也就是分段线性判别函数。

子类仅仅是为了讨论和描述分段线性判别函数而提出的概念。在一般情况下只知道样本来自哪一类，而不知道子类的任何信息。这时可以利用其他途径建立判别函数，如设计树状分段线性分类器进行分类。

7.4 聚类分析法与非监督分类

前面讨论 Bayes 统计决策分类和非参数决策分类都属于监督分类法或有教师的分类法，其特点是首先利用贴有类别标签的已知样本训练判别函数，即教会系统如何对这些样本正确分类，然后再将设计好的判别函数用于对未知模式的分类。在高光谱影像分类问题中，有时难以获得地物类已知样本数据，或者为了得到这些样本必须付出较大的代价，这时就必须考虑在没有已知样本的条件下如何分类。又如，为了使监督分类的结果更为准确和可靠，需要事先确定分类对象的大致类别数目及其分布情况，此时也只能在没有关于待分地物类任何先验知识的条件下进行。处理诸如此类的问题便导致了本节讨论的聚类分析。目前已有多种聚类算法。依据是否在聚类过程中使用准则函数，可以将它们分为直接法和间接法两大类。直接法又称为启发式算法，它对模式进行直接划分，并不采用任何准则函数；间接法则需借助于准则函数对分类进行优化，在高光谱影像分类中主要采用这类方法。

聚类分析得到的结果通常是不贴标签的，即我们只知道哪些地物模式可聚集成一类，而不知道该类究竟代表什么。这时，如果能按其他的后验方法 (如人工判读) 去确定这些类别的实际意义，那么就实现了一种分类。这种分类方法一般称之为非监督分类。

7.4.1 聚类准则

贯穿于聚类的两类基本操作是归并相似的模式和分开不相似的模式，为此必须首先建立相似性度量。可用作相似性度量的函数很多，既可以有各种距离函数，如常用的欧氏距离、马氏 (Mahalanobis) 距离等，也可以借用或定义某些非距离函数，如各种角度、系数 (如 Tanimoto 系数) 等。另一方面，相似性度量仅为聚类提供模式划分的数值标准，而对聚类结果的好坏还必须作出客观的评判。同时，某些聚类方法 (如迭代聚类法) 本身也需要通过对聚类结果的分析来决定下一步的策略。因此必须定义一个准则函数，将聚类问题变成对该准则函数求极值的问题。下面介绍三种聚类准则：

1. 误差平方和准则

误差平方和准则是聚类分析中较简单和较常使用的准则，其定义为

$$J = \sum_{j=1}^{M} \sum_{\boldsymbol{x} \in \boldsymbol{S}_j} ||\boldsymbol{x} - \boldsymbol{m}_j||^2 \tag{7.57}$$

式中，M 为聚类数，$\boldsymbol{S}_j$ 表示第 j 类的样本集，而

$$\boldsymbol{m}_j = \frac{1}{N_j} \sum_{\boldsymbol{x} \in \boldsymbol{S}_j} \boldsymbol{x} \tag{7.58}$$

为第 j 个聚类中心，N_j 是 $\boldsymbol{S}_j$ 中的样本数。

按照这一准则，使 J 最小化的聚类就是最合理的聚类。一般地，当各地物类样本较密集，而各类之间又可彼此明确区分时，使用误差平方和准则效果最好。否则，若各类中的样本数目相差很大而类间距离较小，这一准则容易导致错分。

2. 与最小方差有关的准则

经过简单的数学运算，可以将式 (7.57) 中的均值向量 $\boldsymbol{m}_j$ 消去，得到另一种准则函数表示形式：

$$J = \sum_{j=1}^{M} N_j \boldsymbol{S}_j \tag{7.59}$$

式中，M 为类别数，N_j 是第 j 类的样本数，S_j 是相似性算子：

$$\boldsymbol{S}_j = \frac{1}{N_j^2} \sum_{\boldsymbol{x} \in \boldsymbol{S}_j} \sum_{\boldsymbol{x}' \in \boldsymbol{S}_j} ||\boldsymbol{x} - \boldsymbol{x}'||^2 \tag{7.60}$$

它是第 j 类点间距离平方的平均值，即采用欧氏距离。实际上，$\boldsymbol{S}_j$ 还可是其他相似性度量，例如各种角度和系数。

3. 散布准则

在 7.3.1 节 Fisher 线性判别的讨论中定义了若干表示样本聚集或离散程度的参数。推广到一般的多类情况，可以得到基于离散矩阵的新的准则函数。首先做如下定义。

1) 第 j 类的均值向量

$$m_j = \frac{1}{N_j} \sum_{x \in S_j} x \qquad (7.61)$$

2) 总平均向量

$$m = \frac{1}{N} \sum_{j=1}^{M} N_j m_j \qquad (7.62)$$

3) 第 j 类的离散矩阵

$$S_j = \sum_{x \in S_j} (x - m_j)(x - m_j)^{\mathrm{T}} \qquad (7.63)$$

4) 类内离散矩阵

$$S_w = \sum_{j=1}^{M} S_j \qquad (7.64)$$

5) 类间离散矩阵

$$S_B = \sum_{j=1}^{M} N_j (m_j - m)(m_j - m)^{\mathrm{T}} \qquad (7.65)$$

6) 总离散矩阵

$$S_T = \sum_{M} (x - m)(x - m)^{\mathrm{T}} \qquad (7.66)$$

由以上定义可以推出，总离散矩阵等于类内离散矩阵与类间离散矩阵之和，即

$$S_T = S_w + S_B \qquad (7.67)$$

式中，S_w 和 S_B 与类别划分有关，但 S_T 仅与 S_T 全部样本有关，而与如何划分类别无关。因此，我们通常由 S_w 和 S_B 出发寻找准则函数，虽然它们属不同概念，但却存在着互补关系，也就是 S_w 取最小必定使得 S_B 取最大。于是，可以用矩阵的迹分别对 S_w 和 S_B 建立迹准则函数：

$$J = \mathrm{tr} S_w = \sum_{j=1}^{M} \mathrm{tr} S_j = \sum_{j=1}^{M} \sum_{x \in S_j} ||x - m_j||^2 \qquad (7.68)$$

以及

$$J = \mathrm{tr} S_B = \sum_{j=1}^{M} N_j ||m_j - m||^2 \qquad (7.69)$$

对式 (7.69) 以 J 的极小化作为最优准则，而式 (7.69) 以 J 的极大化作为最优准则。

7.4.2　K-均值聚类法

K-均值聚类属动态聚类方法，其特点是要求确定某个评价聚类结果质量的准则函数，并给定某个初始分类，然后用迭代算法找出使准则函数取极值的最好聚类结果。K-均值聚类以距离平方和最小作为准则函数，故又称为"距离平方和极小化聚类法"。

下面以给出 K–均值聚类算法步骤：

第一步，任意选取 M 个初始聚类中心 $\boldsymbol{Z}_1(1), \boldsymbol{Z}_2(1), \cdots, \boldsymbol{Z}_M(1)$。一般地，为了方便可以选取给定样本集的前 M 个样本作为初始聚类中心。

第二步，在第 k 次迭代中，按下述规则把全部样本分配到 M 个类别中去：

对所有 $i = 1, 2, \cdots, M$ 且 $i \neq j$，如果

$$\|\boldsymbol{x} - \boldsymbol{Z}_j(k)\| < \|\boldsymbol{x} - \boldsymbol{Z}_i(k)\| \tag{7.70}$$

则

$$\boldsymbol{x} \in \boldsymbol{S}_j(k) \tag{7.71}$$

其中，$\boldsymbol{S}_j(k)$ 为以 $\boldsymbol{Z}_j(k)$ 为中心的类的样本集合。

第三步，由第二步的结果，计算新的聚类中心：

$$\boldsymbol{Z}_j(k+1) = \frac{1}{N_j} \sum_{\boldsymbol{x} \in \boldsymbol{S}_j(k)} \boldsymbol{x}, \quad j = 1, 2, \cdots, M \tag{7.72}$$

式中，N_j 为第 j 类的样本数。

按上式计算的结果将使 $\boldsymbol{S}_j(k)$ 中的所有点到新的聚类中心的距离平方和最小，也就是使误差平方和准则函数最小，即

$$J_j = \sum_{\boldsymbol{x} \in \boldsymbol{S}_j(k)} \|\boldsymbol{x} - \boldsymbol{Z}_j(k+1)\|^2, j = 1, 2, \cdots, M \tag{7.73}$$

第四步，如果 $\boldsymbol{Z}_j(k+1) = \boldsymbol{Z}_j(k)(j = 1, 2, \cdots, M)$，则说明类中心不发生变化，算法收敛，程序结束。否则转向第 2 步。

K–均值聚类法是一种满足最小二乘误差约束的迭代算法，它通过移动类中心而逐次优化聚类结果。但该方法受到选定的聚类数和给定的初始类中心位置的影响。此外，模式样本的几何分布及其聚类时的读入次序都影响到聚类。

7.4.3 ISODATA 聚类法

ISODATA 是 iterative self-organizing data analysis techniques a 的缩写，意为迭代自组织数据分析技术，其中最后的字母 "a" 是为了发音的方便而加入的。

从样本平均迭代以确定聚类中心的意义上讲，ISODATA 算法与 K–均值聚类法具有相似性。所不同的是该算法在迭代过程中引入产生和消除某些类别的方法，可以将两类合并成一类，也可以将一类分成不同的两类。每一次迭代时，首先在不改变类别数目的前提下来改变分类，然后将样本的平均矢量之差小于某一预定阈值的每一类别对合并起来，或根据样本的协方差矩阵来决定其分裂与否。一次又一次地迭代，并不断地进行合并和分裂，这种算法体现出人机交互和启发式的特点。

ISODATA 算法要求预先给定如下参数：

M—— 期望聚成的类别数；

θ_N—— 一类中被允许的最小样本数；

θ_S—— 关于类的分散程度的参数 (如允许的最大标准差);

θ_L—— 关于类间距离的参数 (如聚类中心间的最小距离阈值);

L—— 每次迭代允许合并的最大聚类对数;

I—— 允许迭代的次数。

此外，还应先指定 K 个初始聚类中心，表示为 $\boldsymbol{Z}_1, \boldsymbol{Z}_2, \cdots, \boldsymbol{Z}_K$，可为给定模式中的任意样本。这里 K 不一定等于所要求的聚类中心数 M。

ISODATA 算法分为如下主要步骤:

第一步，规定算法的参数 M，θ_N，θ_S，θ_L，L 和 I。

第二步，分配全部 N 个样本到 K 个聚类中心。按如下规则: 对所有 $i = 1, 2, \cdots, K$ 且 $i \neq j$，如果

$$||\boldsymbol{x} - \boldsymbol{Z}_j|| < ||\boldsymbol{x} - \boldsymbol{Z}_i||, 则 \boldsymbol{x} \in \boldsymbol{S}_j \tag{7.74}$$

式中，$\boldsymbol{S}_j$ 为分到 $\boldsymbol{Z}_j$ 的样本集合，其所含样本数记为 N_j。

第三步，对任意类别 j，如果 $N_j < \theta_N$，则去除 $\boldsymbol{S}_j$，并使 $K = K - 1$。即将样本数比 θ_N 少的子集消去。

第四步，更新各聚类中心 $\boldsymbol{Z}_j$。

$$\boldsymbol{Z}_j = \frac{1}{N_j} \sum_{\boldsymbol{x} \in \boldsymbol{S}_j} \boldsymbol{x}, j = 1, 2, \cdots, K \tag{7.75}$$

第五步，计算聚类域 $\boldsymbol{S}_j$ 中的各样本与它们相应的聚类中心的平均距离 $\overline{D_j}$。

$$\overline{D_j} = \frac{1}{N_j} \sum_{\boldsymbol{x} \in \boldsymbol{S}_j} ||\boldsymbol{x} - \boldsymbol{Z}_j||, j = 1, 2, \cdots, C \tag{7.76}$$

第六步，计算总的平均距离 $\overline{D}$。

$$\overline{D} = \frac{1}{N} \sum_{j=1}^{K} N_j \overline{D_j} \tag{7.77}$$

第七步，分三种情况处理:

(1) 如果这是最后一次迭代，置 $\theta_L = 0$，转到第十一步。

(2) 如果 $K \leqslant M/2$，则转到第八步。

(3) 如果 $K \geqslant 2M$，或这是偶数次迭代，则转到第十一步，否则继续。

第八步，计算标准差 σ_{ij}。

$$\sigma_{ij} = \sqrt{\frac{1}{N} \sum_{\boldsymbol{x} \in \boldsymbol{S}_j} (\boldsymbol{x}_{il} - \boldsymbol{Z}_{ij})^2}, i = 1, 2, \cdots, n, j = 1, 2, \cdots, K \tag{7.78}$$

式中，n 为样本维数; $\boldsymbol{x}_{il}$ 是 $\boldsymbol{S}_j$ 中第 1 个样本的第 i 分量; $\boldsymbol{Z}_{ij}$ 是 $\boldsymbol{Z}_j$ 的第 i 分量。σ_j 的各分量 σ_{ij} 表示 $\boldsymbol{S}_j$ 中样本沿主要坐标轴的标准差。

第九步，找 σ_j 中的最大分量，并记为 $\sigma_{j\max}$。

第十步，如果对任意的 $\sigma_{j\max} > \theta_s$ $(j = 1, 2, \cdots, K)$，存在有

$$\overline{D_j} > \overline{D} \ 及 \ N_j > 2(\theta_N + 1), 或 \ K < M/2$$

则将 Z_j 分裂成两个新的聚类中心 Z_j^+ 和 Z_j^-，删去 Z_j，并使 $K = K + 1$。对应 $\sigma_{j\max}$ 的 Z_j 的分量上加上一定量 r_j，而其他的分量不变来构成 Z_j^+；对应于 $\sigma_{j\max}$ 的 Z_j 的分量上减去 r_j，而其他的分量不变再构成 Z_j^-。这里 $r_j = c\sigma_{j\max}(0 \leqslant c \leqslant 1)$。

如果发生分裂则转第二步，否则继续。

第十一步，计算所有聚类中心的两两距离 D_{ij}。

$$D_{ij} = \|Z_i - Z_j\|, i = 1, 2, \cdots, K-1, j = 1, 2, \cdots, K \tag{7.79}$$

第十二步，比较距离 D_{ij} 与参数 θ_L，取出 L 个 $D_{ij} < \theta_L$ 的聚类中心 $(D_{i1j1}, D_{i2j2}, \cdots, D_{iLjL})$，其中，

$$D_{i1j1} < D_{i2j2} < \cdots < D_{iLjL} \tag{7.80}$$

第十三步，从 D_{i1j1} 着手，开始逐对归并，算出新的聚类中心。

$$Z_1^* = \frac{1}{N_{il} + N_{jl}} \left(N_{il}Z_{il} + N_{jl}Z_{jl} \right), l = 1, 2, \cdots, L \tag{7.81}$$

删去 Z_{i1} 和 Z_{j1}，并使 $K = K - 1$。注意，仅允许一对对合并，并且一个聚类中心只能归并一次。

第十四步，如果是最后一次迭代，则算法结束，否则：

(1) 如果用户判断应更改算法中的参数，则转第一步。

(2) 如果对下次迭代参数不需修改，则转第二步。

每次返回到第一步或第二步，就计为一次迭代，$I = I + 1$。

ISODATA 算法具有启发性和较少的干预。虽然从理论上讲它并不完美，但却很实用。在迭代过程中，算法虽然可以自行调节某些参数，但第一步所给的有关初值仍影响到聚类结果。如果能对聚类对象有所了解，便可以利用参数有效地控制聚类；反之，当对聚类对象一无所知时，就会带来不利影响。因此，在实际应用中，常常是通过试探性地多次给出初值，逐渐得到理想的结果。

7.4.4　基于核构造的动态聚类法

上面介绍的聚类方法中都是以单个点作为一个类的代表点，该点可以是某个模式样本，也可以是若干样本的均值。这种表示方法只有当类的自然分布为球状或接近于球状时，即每类中各分量的方差接近相等时，才可能有取得较好的效果，而对于呈复杂分布的模式，它显然具有较大的局限性。下面介绍一种以核作为某类代表的聚类方法，其基础是为某个聚类 i 定义一个核 E_i。这里，核 E_i 可以是一个点集、一个函数或其他适当的分类模型。我们主要讨论以点集作为核的情况。

如图 7.5 所示，我们可以在每一类中挑选出若干样本点作为该类的核。图中分别挑选了三个和两个样本点作为第一类和第二类的代表。问题的关键是：如何使组成的核与该类样本集的整体分布尽可能相似，以及如何建立基于核的聚类方法和评价准则。

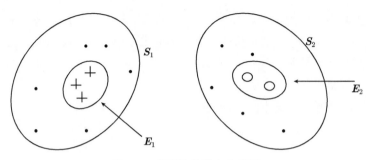

图 7.5 基于核的类中心表示

假设将全部样本聚成 M 个类，即 $\boldsymbol{S} = \{\boldsymbol{S}_1, \boldsymbol{S}_2, \cdots, \boldsymbol{S}_M\}$，各类中的样本数分别为 $N_1, N_2, \cdots, N_M$。又假定，对于每一类，可以用某种方法确定各自的核，记为 $\boldsymbol{E} = \{\boldsymbol{E}_1, \boldsymbol{E}_2, \cdots, \boldsymbol{E}_M\}$，每个核内的样本数分别为 $N_{E_1}, N_{E_2}, \cdots, N_{E_M}$。作如下定义。

1. 样本 $\boldsymbol{x}$ 到核 $\boldsymbol{E}_i$ 的距离

$$D(\boldsymbol{x}, \boldsymbol{E}_i) = \sum_{\boldsymbol{Z} \in \boldsymbol{E}_i} d(\boldsymbol{x}, \boldsymbol{Z}) \tag{7.82}$$

式中，$\boldsymbol{Z}$ 为核 $\boldsymbol{E}_i$ 中的某点；$d(\cdot)$ 为任意距离测度。

2. 某类的类内距离和

$$D(\boldsymbol{E}_i, \boldsymbol{S}_i) = \sum_{\boldsymbol{x} \in \boldsymbol{S}_i} \sum_{\boldsymbol{Z} \in \boldsymbol{E}_i} d(\boldsymbol{X}, \boldsymbol{Z}) \tag{7.83}$$

其值表示核 $\boldsymbol{E}_i$ 与样本集合 $\boldsymbol{S}_i$ 之间的相似性。

3. 整体类内距离总和

$$\Delta(\boldsymbol{E}, \boldsymbol{S}) = \sum_{i=1}^{M} D(\boldsymbol{E}_i, \boldsymbol{S}_i) \tag{7.84}$$

以其取最小值作为聚类的评价。

相应地，可以给出如下算法步骤：

第一步，选择初始划分，即将样本集划分为 M 类，并确定每类的初始核 $\boldsymbol{E}_i$ ($i = 1, 2, \cdots, M$)。

第二步，按下述规则将每个样本划分到相应的聚类中去。

如果 $D(\boldsymbol{x}, \boldsymbol{E}_i) = \min_k D(\boldsymbol{x}, \boldsymbol{E}_k)(k = 1, 2, \cdots, M)$，则 $\boldsymbol{X} \in \boldsymbol{S}_i$。

第三步，重新修正 $\boldsymbol{E}_i$ ($i = 1, 2, \cdots, M$)。若 $\boldsymbol{E}_i$ 保持不变，则算法终止，否则转第一步。

算法的关键之处在于核 $\boldsymbol{E}_i$ 的修正。对各类而言，修正的原则应当是使该类的类内距离和 $D(\boldsymbol{E}_i, \boldsymbol{S}_i)$ 取最小。如果采用遍历法，那么计算量就相当大，故一般还是采用以原先核为基础的局部调整法。

可以看到，K-均值聚类法实际上就是基于核构造聚类算法的特例，它只不过是利用样本均值 $\boldsymbol{\mu}_i$ 代替核 $\boldsymbol{E}_i$，即有

$$\boldsymbol{E} = \{\boldsymbol{\mu}_1, \boldsymbol{\mu}_2, \cdots, \boldsymbol{\mu}_M\} \tag{7.85}$$

除了用若干样本点构造各类的核，还可以选择某些形式的函数作为核。例如，在假定各类样本集服从正态分布的前提下，我们可以得到所谓的正态核函数，记为

$$E_i(\boldsymbol{x}, \boldsymbol{V}_i) = \frac{1}{(2\pi)^{n/2}|\boldsymbol{\Sigma}_i|^{1/2}} \exp\left\{ -\frac{1}{2}(\boldsymbol{x}-\boldsymbol{\mu}_i)^{\mathrm{T}} \boldsymbol{\Sigma}_i^{-1}(\boldsymbol{x}-\boldsymbol{\mu}_i) \right\} \tag{7.86}$$

这里的参数集 $\boldsymbol{V}_i$ 为

$$\boldsymbol{V}_i = \{\boldsymbol{\mu}_i, \boldsymbol{E}_i\}$$

式中，$\boldsymbol{\mu}_i$ 为样本均值向量；$\boldsymbol{\Sigma}_i$ 为协方差矩阵。

$$\boldsymbol{\Sigma}_i = \frac{1}{N_i} \sum_{\boldsymbol{x} \in \boldsymbol{S}_i} (\boldsymbol{x}-\boldsymbol{\mu}_i)(\boldsymbol{x}-\boldsymbol{\mu}_i)^{\mathrm{T}} \tag{7.87}$$

于是，可定义如下的马氏距离作为相似性度量：

$$D(\boldsymbol{x}, \boldsymbol{E}_i) = \frac{1}{2}(\boldsymbol{x}-\boldsymbol{\mu}_i)^{\mathrm{T}} \boldsymbol{\Sigma}^{-1}(\boldsymbol{x}-\boldsymbol{\mu}_i) + \frac{1}{2}\ln|\boldsymbol{\Sigma}_i| \tag{7.88}$$

并根据 $D(\boldsymbol{x}, \boldsymbol{E}_i)$ 对各类重新分配样本，进行迭代运算。

7.5 人工神经网络分类

神经网络是指由生物神经细胞 (即神经元) 构成的网络，具有思考、感知、学习和记忆功能。人工神经网络 (artifical neural network，ANN) 是人们受到大脑所具有的上述功能的启发，以对信息的分布存储和并行处理为基础，模拟人的形象思维的能力，反映了人脑功能的若干基本特性，是人脑的某种抽象、简化和模拟。

高光谱影像分类中最常用的是多层感知器 (MLP) 网络，包含输入层、输出层及一个或多个隐含层。输入层节点数与参加分类的特征数相同，输出层节点数与最终类别数相同，而中间隐含层节点数则由实验来确定；采用误差后向传播 (BP) 算法进行训练。不少学者也利用其他神经网络模型，如径向基函数 (RBF) 网络、Kohonen 自组织网络等进行高光谱影像分类研究。

7.5.1 多层感知器

多层感知器 (MLP) 实际上就是前向网络的一般化模型，如图 7.6 所示。它在输入与输出结节之间设置了一层或多层结点，这些附加的结点层称为隐含层。虽然多层感知器弥补了单层感知器的许多不足，但过去因为一直没有获得有效的训练算法而未能普遍应用。然而现在已获得了这种算法，虽然尚未得到收敛性的证明，但不少在应用上都是成功的。

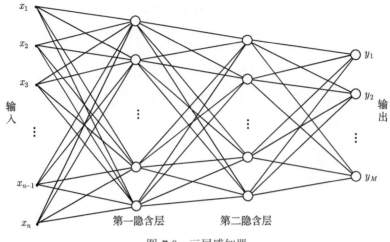

图 7.6　三层感知器

图 7.6 所示为三层感知器，它包含 n 个输入结点和代表 M 个类别的输出。设 $y_j(j = 1, 2, \cdots, M)$ 为感知器的输出值，$x'_j(j = 1, 2, \cdots, n_1)$ 和 $x_j''(j = 1, 2, \cdots, n_2)$ 分别为第一和第二隐含层的输出值，θ'_k 和 θ'_l 为相应的内部阈值。另外，设 w_{ij}、w'_{jk} 和 w''_{ikl} 分别代表从输入层到第一隐含层、从第一隐含层到第二隐含层以及从第二隐含层到输出层的权值。于是，按下述三式就可分别求得第一、第二隐含层以及输出层的相应输出值：

$$x'_j = f\left(\sum_{i=1}^{n} w_{ij} x_i - \theta_j\right), j = 1, 2, \cdots, n_1 \tag{7.89}$$

$$x''_k = f\left(\sum_{j=1}^{n_1} w_{jk}' x'_j - \theta'_k\right), k = 1, 2, \cdots, n_1 \tag{7.90}$$

以及

$$y_l = f\left(\sum_{i=1}^{n_2} w_{ikl}'' x''_k - \theta''_l\right), l = 1, 2, \cdots, n_1 \tag{7.91}$$

类似地，判别规则仍然定义为从 M 个输出值中选择最大者所对应的类别为分类结果。以上三式中，激励函数 $f(\cdot)$ 可选择为多种形式。

为了形象地说明多层感知器的性能优势，图 7.7 列出了用强限制非线性结点所建立的单层、双层和多层感知器网的处理能力。该图的第二列表明用不同网络所能形成的判别区域，其后两列给出判别区域的例子，最后一列是它们可能形成的最一般的判别区域的图示。

从图 7.7 可以看出，单层感知器形成半平面的判别区，因而它不能处理异或问题，也不能实现对复杂模式样本的分类。双层感知器可以在由输入构成的样本空间中形成任何凸的判别区，如图中第 2 行第 3 列和第 4 列所示。凸区域是由半平面区域的交集所形成的，反映在网络上，它可以由双层感知器网的第一层结点形成。由于可以得到这样的判别边界，双层感知器对复杂模式样本的分类能力显然比单层感知器强得多，但是它仍然无法解决不同类样本间有啮合区域的分类问题。三层感知器网则可以形成任意复杂的判别区域，这是因为它可构造出凹的判别区。事实上，Kolmogorov 已经证明了，三层前向式人工神经网络能够以任意精度逼近给定的任意函数 $f(x_1, x_2, \cdots, x_n)$，这也正是它可以构造任意复杂判别边界的理论根据。显然，由于三层感知器的这一优越性能，在前向式网络中，也就没有必要再讨论多于三层的感知器了。

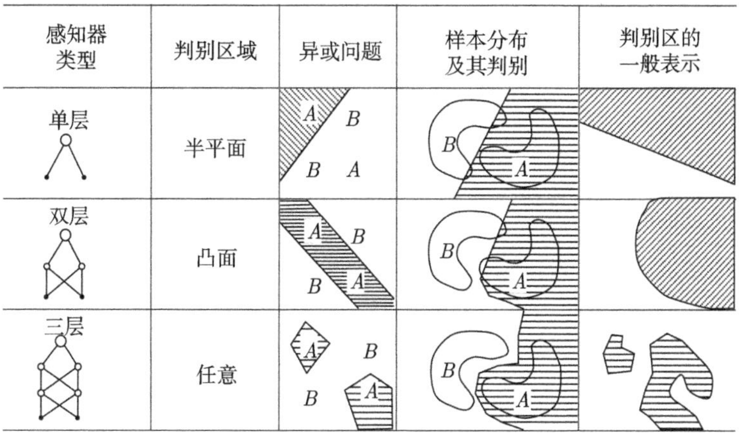

图 7.7　单层及多层感知器的性能比较

上面的讨论主要是针对仅有一个输出结点的多层感知器网，而且是采用强限制非线性处理单元的情况。后面将讨论有多个输出结点且采用 S 型非线性单元的多层感知器网。这时类别的判决是根据具有最大输出的结点。这种网络的行为将更复杂，因为这时凸判决区的凸多边形已被平滑曲线所代替，从而分析就更困难，但这类网络可用反向传播训练算法予以训练。

7.5.2　BP　算　法

多层感知器的训练算法，采用误差反向传播 (back–propagation, BP) 算法。BP 算法正是前面介绍的最小均方算法 (即 LMS 算法) 的一般化，它用梯度搜索技术，使等于均方误差的代价函数最小化，除对应于当前输入类的结点输出为 "高"(1.0 或 > 0.9) 以外，其余结点的输出均为 "低"(0 或 < 0.1)。网络开始训练时选用较小的随机互联权值与内部阈值，然后重复地加载所有训练数据并调整权值，直到代价函数下降到可以接受的数值。BP 算法的实现过程如下：

第一步，将全部权值与结点的阈值予置为一个小的随机值。

第二步，加载输入与输出。

在 n 个输入结点上加载一维输入向量 $\boldsymbol{x}$，并指定每一输出结点的期望值 t_i。若该网络用于实现 M 种模式的分类器，则除了表征与输入相对应模式类的输出结点期望值为 1 外，其余输出结点的期望值均应指定为 0，每次训练可以从样本集中选取新的同类或异类样本，查到权值对各类样本均达到稳定。实际上，为保证好的分类效果，准备足够数量的各类样本，常常是必要的。

第三步，计算实际输出 $y_1, y_2, \cdots, y_M$。

现在是假设欲将 M 类模式分类，故应按式 (7.89)～ 式 (7.91) 计算各输出结点 ($i = 1, 2, \cdots, M$) 的实际输出 y_i。

第四步，修正权值。

权值修正采用了 LMS 算法的思想，其过程是从输出结点开始，反向地向第一隐含层 (亦即存在多层隐含时最接近输入层的隐含层) 传播由总误差诱发的权值修正，这也正是 "反向传播"(back-propagation) 这一称谓的由来。下一时刻的互联权值 $W_{ij}(t+1)$ 由式 (7.92) 给出：

$$W_{ij}(t+1) = W_{ij}(t) + \eta \delta_j x_i' \tag{7.92}$$

式中，j 为本结点的序号，i 则是隐含层或输入层结点的序号；x_i' 或者是结点 i 的输出，或者是外部输入；η 为增益项；δ_j 为误差项，其取值有以下两种情况。

(1) 若 j 为输出结点，则

$$\delta_j = y_j(1 - y_i)(t_j - y_j) \tag{7.93}$$

式中，t_j 为输出结点 j 的期望值；y_j 为该结点的实际输出值。

(2) 若 j 为内部隐含结点，则

$$\delta_j = x_j'(1 - x_j') \sum_k \delta_k W_{jk} \tag{7.94}$$

式中，k 为 j 结点所在层之上各层的全部结点。

内部结点的阈值以相似的方式修正，即把它们设想为从辅助的恒定值输入所得到的互联权。

另外，若加入动量项，则往往能使收敛加快，并使权值的变化平滑。这时 $W_{ij}(t+1)$ 由式 (7.95) 给出：

$$W_{ij}(t+1) = W_{ij}(t) + \eta \delta_j x_i' + a(W_{ij}(t) - W_{ij}(t-1)), \quad 0 < a < 1 \tag{7.95}$$

第五步，在达到预定误差精度或循环次数后退出，否则转第二步重复。

7.5.3 径向基函数网络

径向基函数 (radial basis function，RBF) 神经网络是一种新型的神经网络，它是一种将输入矢量扩展或者预处理到高维空间中的神经网络学习方法。它不仅具有良好的推广能力，而且避免了像 BID 算法那样繁琐的计算，从而可以实现神经网络的快速学习。

径向基函数神经网络如图 7.8 所示，网络共分为三层，每层结点数分别为 M、H、N。

第 I 层为输入层，完成将特征向量 $\{x_1, x_2, \cdots, x_m\}$ 引入网络。第 II 层为隐层，它与输入层完全连接 (权值 =1)，其作用相当于对输入模式进行一次变换，将低维的模式输入数据变换到高维空间内，以利于输出层进行分类识别。隐层结点选取基函数作为转移函数，一般采用高斯函数：

$$\Phi(x, \rho) = \exp(-(x - C_h)^2/\rho^2) \tag{7.96}$$

式中，C_h 表示基函数的中心；ρ 表示宽度。结点计算输入向量与中心的欧氏距离，然后通过转移函数进行变换。第 III 层为输出层，第 j 个输出结点的输出为

$$y_j = \sum_{i=1}^{H} W_{ij} \Phi_i(\|x - C_h\| \rho) \tag{7.97}$$

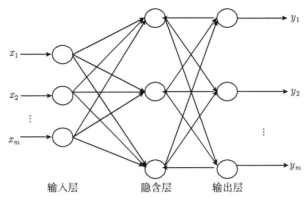

图 7.8　径向基函数神经网络示意图

式中，W 表示权值；$i=1,2,\cdots,H$；$\|\cdot\|$ 表示欧式泛数。

径向基函数神经网络有两个可调参数 —— 中心 C_h 和 W_{ij}。网络学习过程分为两个阶段：第一阶段为中心调整阶段，根据给定的训练样本决定隐层各结点的高斯函数的中心 C_h；第二阶段为网络权值调整阶段，在确定隐层的参数后，根据给定的训练样本，利用最小二乘原则，得到输出层的网络连接权值 W_{ij}。

1. 中心调整算法

中心调整算法以聚类最小距离为指标，将输入数据集分解为 H 类，给出 H 个中心。步骤如下：

第一步，随机选择初始中心 $C_h(0)$，$1\leqslant h\leqslant H$，给出初始学习率 $\alpha(0)$。

第二步，计算第 k 步的最小距离：

$$l_h(k)=\|x(k)-C_h(k-1)\|,1\leqslant h\leqslant H,h\neq q \tag{7.98}$$

第三步，求最小距离的结点 q：

$$q=\arg[\min l_h(k),1\leqslant h\leqslant H] \tag{7.99}$$

式中，$\arg[\cdot]$ 表示取结点号。

第四步，更新中心：

$$C_h(k)=C_h(k-1),1\leqslant h\leqslant H,h\neq q$$

$$C_q(k)=C_q(k-1)+a(k)[x(k)-C_q(k-1)] \tag{7.100}$$

第五步，重新计算第 q 结点的距离：

第六步，修正学习率：

$$\alpha(k+1)=\frac{\alpha(k)}{1+\mathrm{int}[k/H]^{\frac{1}{2}}} \tag{7.101}$$

式中，$\mathrm{int}[\cdot]$ 表示取整。

第七步，令 $k=k+1$ 返回第二步。

2. 网络权值调整算法

可将权值看做一个向量 $\boldsymbol{W}_j(k) = [W_{1j}(k), W_{2j}(k), \cdots, W_{Hj}(k)]^{\mathrm{T}}$，$1 \leqslant j \leqslant N$。设在第 k 步时中间层输出向量为

$$\boldsymbol{\Phi}(k) = [\boldsymbol{\Phi}_1, \boldsymbol{\Phi}_2, \cdots, \boldsymbol{\Phi}_H(k)]^{\mathrm{T}} = [\boldsymbol{\Phi}_1(l_1(k), \rho), \boldsymbol{\Phi}_2(l_2(k), \rho), \cdots, \boldsymbol{\Phi}_H(l_H(k), \rho)]^{\mathrm{T}} \quad (7.102)$$

第 k 步第 j 个估计输出为

$$\hat{y}(k) = \sum W_{ij} \boldsymbol{\Phi}(l_i(k), \rho) \quad (7.103)$$

如实际输出为 $y_j(k)$，则误差为

$$\varepsilon_j(k) = y_j(k) - \hat{y}_j(k) \quad (7.104)$$

根据递推最小二乘法，网络权值的调整算法如下：

$$W_j(k+1) = W_j(k) + P(k)\boldsymbol{\Phi}(k) \cdot \varepsilon_j(k)$$

$$P(k) = \frac{1}{\lambda(k)} \left(P(k-1) - \frac{P(k-1) \cdot \boldsymbol{\Phi}(k) \cdot \boldsymbol{\Phi}^{\mathrm{T}}(k) \cdot P(k-1)}{\lambda(k) + \boldsymbol{\Phi}^{\mathrm{T}}(k) \cdot P(k-1) \cdot \boldsymbol{\Phi}(k)} \right) \quad (7.105)$$

式中，P 为误差方差阵；λ 为遗忘因子。

7.5.4 Kohonen 网络

Kohonen 网络也称为自组织映射 (self-organizing map，SOM) 网络，它是一种具有侧向联想能力的网络，如图 7.9(a) 所示。其输出结点呈二维阵列分布，每个输入结点与输出结点之间由可变权值连接，其邻近结点和邻域由图 7.9(b) 定义。自适应特征映射是一种非监督学习的聚类方法。与传统的模式聚类方法相比，它所形成的聚类中心能映射到一个曲面或平面上，从而保持拓扑结构不变。

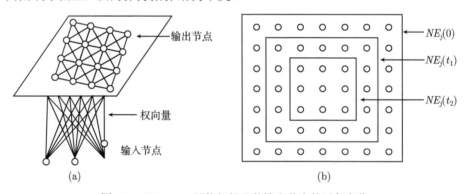

图 7.9　Kohonen 网络组织及其输出节点的近邻变化

Kohonen 算法通过调整从公共输入结点到组成二维网格状的 M 个输出结点的权值，建立一向量量化器。部分输出结点间还有互联。连续取值且未指定预期输出的输入向量依次加载到网络上。加入足够的输入向量后，拥有最大权值的区域就对应着样品空间的聚类中心或向量簇中心，此中心的点密度函数大致就是输入向量的概率密度函数。此外，

权值将被组织得使拓扑上接近的结点对物理上相似的输入敏感，即输出结点是以这种自然的形态被组织起来的。这对于需经多层处理的复杂系统而言很重要，因为这将降低内部层互联的长度。

Kohonen 算法是一种逐步形成特征映射的算法，它要求每一输出结点按图 7.9(b) 那样组织邻结点，随着时间的迁移，其邻结点的范围将按图中所描绘的那样逐渐缩小。下面将给出具体算法：

第一步，将 n 个输入结点到 M 个输出结点间的权值置以一个小的随机数；如图 7.9(b) 那样设置一个较大的邻域范围。

第二步，加载输入。

第三步，用如下公式计算输入 x_i 到每一输出结点 j 之间的距离 d_j：

$$d_j = \sum_{i=1}^{n} [x_i(t) - W_{ij}(t)]^2 \tag{7.106}$$

第四步，选择具有最小距离 d_j 的结点 j 为输出结点。

第五步，修改 j 与邻结点 $NE_j(t)$ 之间的权值 (邻域的范围参见图 7.9(b))。

$$W_{ij}(t+1) = W_{ij}(t) + \eta(t)[x_i(t) - W_{ij}(t)] \tag{7.107}$$

式中，$j \in NE_j(t), 1 \leqslant i \leqslant n$；$\eta(t)$ 为按时间缩小的增益项，$0 < \eta(t) < 1$。

第六步，转第二步。

在该算法中，输入与输出结点间的权值最初被置一小的随机数，然后加载一个输入样本并计算输入与所有输出结点间的距离。若权向量被规范化为恒定的长度 (从全部输入结点到每一输出结点间的权值均方和皆相同) 时，用该网络就能找到具有最小欧氏距离的结点，以形成输入与权值的点积。第四步所要求的选择就变为寻找具有最大值的结点，一旦找到这种结点，则到此结点的权值以及到其邻结点的权值将被修正得使这些结点对当前的输入有更大的响应。对以后的样本输入均重复该过程，在第五步中的增益项下降到 0 后，权值最终收敛，并固定在此值。

第8章 光谱特征选择与提取

光谱特征选择与提取是降低高光谱影像冗余度，提高分类识别精度和效率的关键步骤。按照所面向任务的不同，特征选择和提取方法可分为两大类，即基于分类的方法和基于表示的方法。前者直接服务于模式分类，它要求在减少特征维数的同时保持类别间的可分离性不变；后者也可称为"基于变换的特征提取"，它要求在减少维数的过程中尽量保持数据的结构关系，这种方法在数据压缩和传输等领域也得到应用。虽然出发点不同，在实现过程中也须按照不同的优化条件进行，但二者之间并没有严格的界限。本章将首先介绍高维特征空间中样本的分布特征，然后建立用于特征分析的类别可分性准则，接下来介绍几类典型的特征选择与提取方法。

8.1 高维光谱特征分析基础

高光谱影像的样本数据 (即像元对应的光谱矢量)，可以看作分布在高维特征空间中的点，而样本在高维空间的分布与低维空间中有着明显的不同。因此，本节将通过介绍高维特征空间样本分布、"维数灾难" 现象以及波段间的相关性，来说明高光谱影像分析中光谱特征选择和提取的必要性。

8.1.1 高维特征空间样本分布

大量的研究表明，高光谱影像在高维空间呈现的结构、统计、分布等特征体现出与低维数据的众多不同，这些不同点主要体现在以下几个方面。

1. 随着维数的增加，超立方体的体积集中在拐角

在 $[-r, r]^d$ 内的超立方体的容积 $V_c(r)$ 为

$$V_c(r) = (2r)^d \tag{8.1}$$

内切于这个超立方体中的半径为 r、空间维数为 d 的超球体的体积 $V_s(r)$ 为

$$V_s(r) = \frac{2r^d}{d} \cdot \frac{\pi^{d/2}}{\Gamma(d/2)} \tag{8.2}$$

那么，两者体积的比值 f_d 为

$$f_d = \frac{V_s(r)}{V_c(r)} = \frac{\pi^{d/2}}{d2^{d-1}\Gamma(d/2)} \tag{8.3}$$

式 (8.3) 表明，比值 f_d 随维数 d 的增加而降低，并且趋近于 0，即当维数增加时，超立方体的体积逐渐集中于内切超球体之外的角上，所以超立方体的体积多分布在顶点附近。

2. 随着维数的增加, 超球体的体积集中于表壳

由一个半径为 r 的超球体以及内接于其中半径为 $r-\varepsilon$ 的超球体所定义的表壳与整个球的体积之比为

$$f_d = \frac{V_s(r) - V_s(r-\varepsilon)}{V_s(r)} = \frac{r^d - (r-\varepsilon)^d}{r^d} = 1 - (1-\frac{\varepsilon}{r})^d \tag{8.4}$$

式 (8.4) 表明, 对于任意的 ε, 比值 f_d 随维数 d 的增加而增加, 并且逐渐趋近于 1, 即超球体的体积远离球体中心而集中于表壳。因此, 高维数据空间几乎是空的, 这使得大多数多元密度估计方法无法得到准确的结果, 而一般的非参数方法的问题将更严重, 因为密度相对低的区域占了分布的主要部分, 而密度高的区域却缺乏足够的观测值。

3. 随着维数增加, 对角线几乎与所有坐标轴正交

任意对角线矢量与欧氏坐标轴间夹角的余弦为

$$\cos(\theta_d) = \pm\frac{1}{\sqrt{d}} \tag{8.5}$$

式 (8.5) 表明, 随着维数的增加, 对角线与坐标轴之间的夹角 θ_d 接近于 90°, 即在高维空间中, 对角线有与坐标轴正交的趋势。如果将样本集投影至任一对角线上, 例如对特征矢量求平均, 都会损失数据中的信息, 对波段影像求平均的运算也会破坏高光谱影像所包含的信息。

4. 高维空间中正态分布的 "胖尾" 现象

众所周知, 高斯密度函数具有钟形形状并且关于它的平均值对称, 而在高维空间中不同的是数据会集中到密度的尾部。这是因为, 随着维数的增加体积密度的改变。体积 V 的不同层与半径 r 的函数关系为

$$\frac{\mathrm{d}V}{\mathrm{d}r} = \frac{2\pi^{d/2}}{\Gamma(d/2)}r^{(d-1)} \tag{8.6}$$

密度函数与半径 r 的函数关系为

$$f_r(r) = \frac{r^{d-1}e^{-(r^2/2)}}{2^{(d/2)-1}\Gamma(d/2)} \tag{8.7}$$

随着 r 和 d 的增加, 半径为 r 时, 层的体积迅速增加。而随着半径 r 的增加, 不同层体积的增加比密度函数下降的速度要快。因此, 可以看出随着维数的增加, 最大可能性的峰值逐渐远离了平均值, 这就表明大部分数据集中到了密度的尾部。

在高特征维空间中, 样本类的密度很难精确估计, 参数分类方法存在困难。由于训练样本的分布非常稀疏, 待分类样本周围可能不存在训练样本, 非参数分类法也可能无法进行。高维特征数据投影到较低维的子空间而不会丢失重要信息, 而且低维的线性投影有一种正态化、或者多个正态的组合的趋势, 进行合适的高光谱影像降维处理有利于影像分类识别。

8.1.2 "维数灾难" 现象

已有研究表明，分类问题中特征维数、训练样本数量和分类精度三者之间的关系如图 8.1 所示，m 为训练样本的数量，分类精度为能够达到的平均精度。从图 8.1 可见，只有当 $m \to \infty$ 时，分类精度才随着特征维数的增加而提高。当 m 有限时，每一条分类精度曲线都有一个最大值，即存在一个最优的特征维数，可以使分类精度达到最优。如果数据维数很高，会导致分类精度下降，这就是 "维数灾难" 现象。

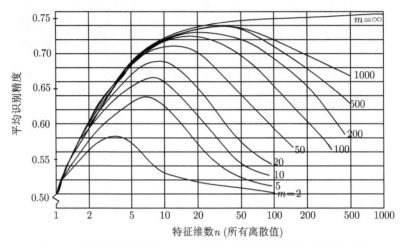

图 8.1　有限训练样本情况下，分类精度与特征维数之间的关系图

"维数灾难" 现象产生的原因可以用图 8.2 来表示，如图 8.2(a) 所示，随着维数 d 的增加，潜在的类别之间的可分离性增大；而另一方面，图 8.2(b) 表明，随着维数 d 的增加，分类器待估计的参数数量会急剧增大，训练样本数量一定时会导致参数估计精度的下降。综合考虑这两种因素，可以形成一个图 8.2(c) 所示的最终分类精度的曲线，即在给定的条件时，有一个最优特征维数能够到达最好的分类结果。

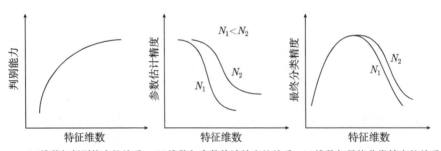

图 8.2　"维数灾难" 现象产生原因

分类器需要的样本数目与所采用的分类器复杂性之间存在着一定的联系。Fukunaga 和 Hayes(1989) 证明了在样本数目一定的情况下，若要得到比较满意的结果，线性分类器

需要的样本数与空间维数呈线性关系。对于基于二阶统计量的分类器，所需的样本数与空间的维数呈平方关系，而对于非参数估计分类器，所需的样本数量与空间维数呈指数关系。如图 8.1 所示，随着训练样本数目的增加，曲线的峰值向右上方移动，这说明在高光谱影像分类时，要获得好的分类精度就需要更多的训练样本。

统计模式识别与神经网络方法基于大数定理，由于高光谱影像包含的地面细节信息极其丰富，往往无法获得足够数量的训练样本点，高光谱影像特征维数很高，也影响到各类别先验知识的估计。因此，有必要通过特征选择或提取进行光谱维数压缩，以避免 "维数灾难" 现象。

8.1.3　波段间相关性分析

模式分类要求输入特征相互独立，然而高光谱数据波段间相关性很强，在视觉上和数值上都很相似，光谱特征高度冗余。这种波段间相关性的产生是由于：①相邻波段地物反射率相近性产生的自然谱间相关；②地形坡度和景观的影响，它们产生的地形阴影在太阳的全部反射谱段影像中都是相同的；③由于不同波段的影像所涉及的地面目标具有相同的空间拓扑结构；④传感器相邻谱段间光谱灵敏度的重叠。

相关系数用于度量高光谱影像不同波段影像之间的相似性。对于输入波段 a 影像 I_a 和波段 b 影像 I_b，i、j 表示像素行、列位置，则波段 a 和 b 的相关系数的定义如下：

$$r_{ab} = \frac{\sum_{i=1}^{m}\sum_{j=1}^{n}(I_a(i,j) - \mu_a)(I_b(i,j) - \mu_b)}{\left(\left(\sum_{i=1}^{m}\sum_{j=1}^{n}(I_a(i,j) - \mu_a)^2\right)\left(\sum_{i=1}^{m}\sum_{j=1}^{n}(I_b(i,j) - \mu_b)^2\right)\right)^{\frac{1}{2}}} \tag{8.8}$$

式中，μ_a、μ_b 分别为影像 I_a 和 I_b 的均值。

高光谱影像计算各波段间的相关系数可以生成相关系数矩阵。例如，某 AVIRIS 数据 224 个波段间的相关系数矩阵如图 8.3 所示，如果用黑色表示相关系数为 0，白色表示相关系数为 1，从黑到白相关系数依次增大。

数据的协方差阵以及均值向量均可以反映数据的二阶统计特性，其中均值向量定义了一个分布在特征空间中的位置，而协方差阵提供了分布的形状信息。协方差阵非对角线元素较大表示波段间的相关性较强，在欧氏空间中分布呈现长而窄的特性；协方差阵的非对角线元较小表示波段间的相关性较弱，几何分布更接近球形 (圆形)。

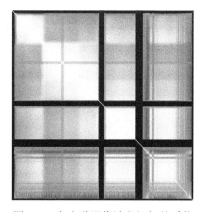

图 8.3　高光谱影像波段间相关系数

通过分析表明，连续波段之间强线性相关性是普遍存在的现象。因此，直接应用原始波段进行分析是极其低效的，即太多的波段、太高维的特征空间类似于波段不足情况，都不能进行有效的分析。

8.2 类别可分性准则

为了选择和提取对分类最有效的特征，需要建立有关的准则来衡量特征对分类的有效性。在面向分类的前提下，特征选择和提取问题可以归结为如何得到对于表示类别可分离性而言最有效的那些特征。

8.2.1 基本特性

类别可分离性不仅取决于各类的分布，而且取决于所采用的分类手段。对一个线性分类器为最佳的特征集，对其他分类器可能不是最佳的。因此，不失一般性，我们假定是为最小错误率的 Bayes 分类器来求最佳特征集的。

从理论上讲，分类错误率是特征有效性的最佳度量。在实际应用中，用实验方法估计的错误率是衡量分类结果的最普遍的指标。如果我们能够求得使分类错误率为最小的一组特征，它就应当是一组最好的特征。但是，分类错误率却存在着一个明显的缺陷，就是除了少数几种特殊情况外，一般无法得到其明显的数学表达式。即使对于正态分布，错误率的计算一般也要求数值积分。

为此我们考虑引入几种实用的、具有明显数学表达式的度量类别可分离性的准则，并尽可能地将它们与分类错误率相联系。这些准则应满足如下要求：

(1) 与分类错误率有单调关系，以使得当准则函数取极大值时错误率较小。但这一条件通常难以满足，因此有时可以考虑满足条件 (2)。

(2) 与错误率的上界或下界有单调关系。此时准则的性能可以由这两个界限如何接近错误率来计算。

(3) 具有加性独立特征，即当各特征相互独立时，满足

$$C(\omega_i, \omega_j : X_n) = \sum_{k=1}^{n} C(\omega_i, \omega_j : x_k) \tag{8.9}$$

式中，$C(\omega_i, \omega_j : X_n)$ 是类别 ω_i 和 ω_j 的可分性准则函数，其值越大，两类分离程度就越大。

(4) 度量特性，应同时满足以下条件：

$$C(\omega_i, \omega_j : X_n) > 0 (\text{当 } i \neq j) \tag{8.10}$$

$$C(\omega_i, \omega_j : X_n) = 0 (\text{当 } i = j) \tag{8.11}$$

$$C(\omega_i, \omega_j : X_n) = C(\omega_j, \omega_i : X_n) \tag{8.12}$$

$$C(\omega_i, \omega_j : X_n) \leqslant C(\omega_i, \omega_j : X_{n+1}) \tag{8.13}$$

其中，式 (8.13) 意味着，当加入新的特征时，准则函数取值不减。

8.2.2 类内类间距离准则

类内类间距离是最直观的特征选择准则。通常情况下我们都假定，每一类的模式向量都在特征空间中占据不同的区域，显然这些区域之间的距离越大类别可分性就越大。在这里，距离应当是集合中模式对之间的平均距离。对于 M 个类别，如果用 $\delta(\boldsymbol{x}_{ik}, \boldsymbol{x}_{jl})$ 表示第 i 类中第 k 个模式与第 j 类中第 l 个模式间的距离度量值，则平均距离可定义为

$$J_\delta = \frac{1}{2}\sum_{i=1}^{M} P(\omega_i)\sum_{j=1}^{M} P(\omega_j)\frac{1}{N_i N_j}\sum_{k=1}^{N_i}\sum_{l=1}^{N_j}\delta(\boldsymbol{x}_{ik}, \boldsymbol{x}_{jl}) \tag{8.14}$$

式中，N_i、N_j 分别为属于类 ω_i、ω_j 的模式向量的个数；而距离测度 δ 可有如下取法：

(1) 市街距离。

$$\delta_C(\boldsymbol{x}_k, \boldsymbol{x}_l) = \sum_{j=1}^{n} |\boldsymbol{x}_k^{(j)} - \boldsymbol{x}_l^{(j)}|$$

(2) 欧氏距离。

$$\delta_E(\boldsymbol{x}_k, \boldsymbol{x}_l) = \left(\sum_{j=1}^{n} (\boldsymbol{x}_k^{(i)} - \boldsymbol{x}_l^{(i)})^2\right)^{1/2}$$

(3) 切比雪夫距离。

$$\delta_T(\boldsymbol{x}_k, \boldsymbol{x}_l) = \max_{j} |\boldsymbol{x}_k^{(i)} - \boldsymbol{x}_l^{(i)}|$$

(4) 二次型。

$$\delta_Q(\boldsymbol{x}_k, \boldsymbol{x}_l) = (\boldsymbol{x}_k, \boldsymbol{x}_l)^{\mathrm{T}} Q(\boldsymbol{x}_k - \boldsymbol{x}_l)$$

式中，Q 为对称正定矩阵。

(5) 非线性距离。

$$\delta_N(\boldsymbol{x}_k, \boldsymbol{x}_l) = \begin{cases} \text{const}, & \delta(\boldsymbol{x}_k - \boldsymbol{x}_l) > T \\ 0, & \delta(\boldsymbol{x}_k - \boldsymbol{x}_l) \leqslant T \end{cases}$$

式中，T 为所选阈值。

以上距离测度的选择中，要考虑到诸如计算复杂度、易于分析处理和可靠性等因素。一般而言，市街距离和切比雪夫距离易于计算，欧氏距离和二次型则能简化平均距离准则的分析，而非线性距离更能可靠地反映类别可分离性。

在选择欧氏距离的情况下，对于 M 类问题，定义第 i 类样本集的均值向量：

$$\boldsymbol{\mu}_i = \frac{1}{N_i}\sum_{k=1}^{N_i} \boldsymbol{x}_{ik} \tag{8.15}$$

以及所有各类的样本集总均值向量：

$$\boldsymbol{\mu} = \sum_{i=1}^{M} P(\omega_i)\boldsymbol{\mu}_i \tag{8.16}$$

并将式 (8.15)、式 (8.16) 代入式 (8.14) 中，可得

$$J_\delta = \sum_{i=1}^{M} \left[\frac{1}{N_i} \sum_{k=1}^{N_i} (\boldsymbol{x}_{ik} - \boldsymbol{\mu}_i)^{\mathrm{T}} (\boldsymbol{x}_{ik} - \boldsymbol{\mu}_i) + (\boldsymbol{\mu}_i - \boldsymbol{\mu})^{\mathrm{T}} (\boldsymbol{\mu}_i - \boldsymbol{\mu}) \right] \tag{8.17}$$

在多类情况下，类内离散矩阵 $\boldsymbol{S}_w$、类间离散矩阵 $\boldsymbol{S}_b$ 分别可以表示为

$$\boldsymbol{S}_w = \sum_{i=1}^{M} P(\omega_i) \boldsymbol{S}_i = \sum_{i=1}^{M} P(\omega_i)(\boldsymbol{x}_{ik} - \boldsymbol{\mu}_i)(\boldsymbol{x}_{ik} - \boldsymbol{\mu}_i)^{\mathrm{T}} \tag{8.18}$$

$$\boldsymbol{S}_b = \sum_{i=1}^{M} P(\omega_i)(\boldsymbol{\mu}_i - \boldsymbol{\mu})(\boldsymbol{\mu}_i - \boldsymbol{\mu})^{\mathrm{T}} \tag{8.19}$$

这样，就可以用矩阵之迹表示 J_δ，即将式 (8.14) 写为

$$J_\delta = \mathrm{tr}(\boldsymbol{S}_w + \boldsymbol{S}_b) \tag{8.20}$$

从直观上看，我们希望提取特征后类间离散度尽量大，类内离散度尽量小，可以导出如下多种准则：

$$J_1 = \mathrm{tr}(\boldsymbol{S}_w + \boldsymbol{S}_b) \tag{8.21}$$

$$J_2 = \mathrm{tr}(\boldsymbol{S}_w^{-1} \boldsymbol{S}_b) \tag{8.22}$$

$$J_3 = \ln \left[|\boldsymbol{S}_b| / |\boldsymbol{S}_w| \right] \tag{8.23}$$

$$J_4 = \mathrm{tr}\boldsymbol{S}_b / \mathrm{tr}\boldsymbol{S}_w \tag{8.24}$$

$$J_5 = \mathrm{tr}\boldsymbol{S}_b - \lambda(\mathrm{tr}\boldsymbol{S}_w - c) \tag{8.25}$$

其中，对于 J_5，我们在 $\mathrm{tr}\boldsymbol{S}_w = c$ 的限制下使 $\mathrm{tr}\boldsymbol{S}_b$ 最大，这里 λ 为 Lagrange 乘子，c 为一常数。

8.2.3　概率距离准则

类内类间距离准则是直接从模式样本间的距离推导出来的，其优点是比较直观，计算过程比较简单。但是，由于它并未考虑到各类别的概率分布，不能确切地表达特征空间中各类别的交叠情况，因而不能直接与错误概率相联系。下面讨论基于概率距离的可分性准则。

为了说明概率距离的概念，我们讨论图 8.4 所示的两种极端情况。图 8.4 (a) 所示的两个类条件概率密度函数互不重叠，即对所有使 $p(\boldsymbol{x}/\omega_1) \neq 0$ 的点都有 $p(\boldsymbol{x}/\omega_2) = 0$，此时两类是完全可分的。在图 8.4(b) 中，两个类条件概率密度函数完全相等，即对于所有的 $\boldsymbol{x}$ 都有 $p(\boldsymbol{x}/\omega_1) = p(\boldsymbol{x}/\omega_2)$，这时两类为完全不可分。

因此，为了表示分布密度的交叠程度，可以设计一个概率距离准则 J_p，并使其与类条件概率密度函数之间的距离发生联系。显然，J_p 应满足如下条件：

(1)J_p 为非负，即 $J_p \geqslant 0$。

(2) 当两类完全不交叠时 J_p 取极大值。

(3) 当两个类条件概率密度函数相同时，$J_p = 0$。

事实上，可以设计出多种概率距离准则，使其满足这些条件。下面讨论常用的几种。

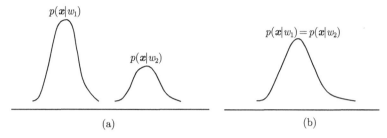

图 8.4　不同特征维数与统计量的分类精度图

1. Bhattacharyya 距离和 Chernoff 界限

Bhattacharyya 距离又称 Bhattacharyya 系数，其定义为

$$J_B = -\ln \int (p(\boldsymbol{x}/\omega_1)p(\boldsymbol{x}/\omega_2))^{\frac{1}{2}} \, \mathrm{d}\boldsymbol{x} \tag{8.26}$$

它与分类错误率 P_{error} 的上界有直接关系，可以证明：

$$P_{\text{error}} \leqslant (P(\omega_1)P(\omega_2))^{\frac{1}{2}} \exp\{-J_B\} \tag{8.27}$$

另一个与此类似的准则称为 Chernoff 界限 J_C：

$$J_C = -\ln \int p^s(\boldsymbol{x}/\omega_1)p^{1-s}(\boldsymbol{x}/\omega_2)\mathrm{d}\boldsymbol{x} \tag{8.28}$$

式中，s 为取值于 $[0,1]$ 区间的一个常数。因此，准则 J_B 实际上是 J_C 在 $s = 0.5$ 时的特例。

为了避免在计算 J_B 和 J_C 时进行复杂的数值积分运算，通常可以对类条件概率密度函数 $p(\boldsymbol{x}/\omega_i)$ 的形式作某些假定，例如在假设其为多元正态分布的条件下，经推导可分别得到

$$J_B = \frac{1}{4}(\boldsymbol{\mu}_2 - \boldsymbol{\mu}_1)^{\mathrm{T}}(\boldsymbol{\Sigma}_1 + \boldsymbol{\Sigma}_2)^{-1}(\boldsymbol{\mu}_2 - \boldsymbol{\mu}_1) + \frac{1}{2}\ln\frac{|(\boldsymbol{\Sigma}_1 + \boldsymbol{\Sigma}_2)/2|}{|\boldsymbol{\Sigma}_1|^{\frac{1}{2}}|\boldsymbol{\Sigma}_2|^{\frac{1}{2}}} \tag{8.29}$$

$$J_C = \frac{1}{2}s(1-s)(\boldsymbol{\mu}_2 - \boldsymbol{\mu}_1)^{\mathrm{T}}[(1-s)\boldsymbol{\Sigma}_1 + s\boldsymbol{\Sigma}_2]^{-1}(\boldsymbol{\mu}_2 - \boldsymbol{\mu}_1) + \frac{1}{2}\ln\frac{|(1-s)\boldsymbol{\Sigma}_1 + s\boldsymbol{\Sigma}_2|}{|\boldsymbol{\Sigma}_1|^{1-s}|\boldsymbol{\Sigma}_2|^s} \tag{8.30}$$

式中，$\boldsymbol{\mu}_i$ 为均值向量；$\boldsymbol{\Sigma}_i$ 为协方差矩阵。

对于式 (8.29)，如进一步地假定两类的协方差矩阵相等，又有

$$J_B = \frac{1}{8}(\boldsymbol{\mu}_1 - \boldsymbol{\mu}_2)^{\mathrm{T}}\boldsymbol{\Sigma}^{-1}(\boldsymbol{\mu}_1 - \boldsymbol{\mu}_2) = \frac{1}{8}J_M \tag{8.31}$$

式中，J_M 即为熟知的马氏 (Mahalanobis) 距离。

2. 离散度

离散度也是一种距离的概念，它可用于度量两类概率分布的模式之间的不一致性。得到最大的离散度也可成为使两类样本彼此很好地区别开来而选取特征的准则。

对于两类 ω_i 和 ω_j 而言，在已知其类条件密度函数 $p(\boldsymbol{x}/\omega_i)$ 和 $p(\boldsymbol{x}/\omega_j)$ 时，可以求出二者的对数似然比：

$$l_{ij}(\boldsymbol{x}) = \ln \frac{p(\boldsymbol{x}/\omega_i)}{p(\boldsymbol{x}/\omega_j)} \tag{8.32}$$

依据极大似然比判别，$l_{ij}(\boldsymbol{x})$ 的取值大小可以作为对 $\boldsymbol{x}$ 进行分类的依据。也就是说，$l_{ij}(\boldsymbol{x})$ 提供了把 ω_i 对 ω_j 区分开来的信息，当然这是对某个样本 $\boldsymbol{x}$ 而言的。由于 ω_i 类中有很多样本，把它们对 ω_j 分开的一个平均度量应当是

$$I_{ij} = E\left(l_{ij}(\boldsymbol{x})\right) = \int_{\boldsymbol{x}} p(\boldsymbol{x}/\omega_i) \ln \frac{p(\boldsymbol{x}/\omega_i)}{p(\boldsymbol{x}/\omega_j)} \mathrm{d}\boldsymbol{x} \tag{8.33}$$

同样的，对 ω_j 类来说，将其与 ω_i 分开的平均度量为

$$I_{ji} = E\left(l_{ji}(\boldsymbol{x})\right) = \int_{\boldsymbol{x}} p(\boldsymbol{x}/\omega_j) \ln \frac{p(\boldsymbol{x}/\omega_j)}{p(\boldsymbol{x}/\omega_i)} \mathrm{d}\boldsymbol{x} \tag{8.34}$$

因此，可以把离散度 J_D 定义为一个将 ω_i 和 ω_j 两类样本全部区分开来的度量，它等于两类平均可分性信息之和，即

$$J_D = I_{ij} + I_{ji} = \int_{\boldsymbol{x}} \left[p(\boldsymbol{x}/\omega_i) - p(\boldsymbol{x}/\omega_j)\right] \ln \frac{p(\boldsymbol{x}/\omega_i)}{p(\boldsymbol{x}/\omega_j)} \mathrm{d}\boldsymbol{x} \tag{8.35}$$

在多元正态分布的条件下，经上式出发同样可推得

$$J_D = \frac{1}{2}\mathrm{tr}\left[\boldsymbol{\Sigma}_i^{-1}\boldsymbol{\Sigma}_j + \boldsymbol{\Sigma}_j^{-1}\boldsymbol{\Sigma}_i - 2\boldsymbol{I}\right] + \frac{1}{2}(\boldsymbol{\mu}_i - \boldsymbol{\mu}_j)^{\mathrm{T}}(\boldsymbol{\Sigma}_i^{-1} + \boldsymbol{\Sigma}_j^{-1})(\boldsymbol{\mu}_i - \boldsymbol{\mu}_j) \tag{8.36}$$

对于进一步的等协方差矩阵的假定，上式成为

$$J_D = (\boldsymbol{\mu}_i - \boldsymbol{\mu}_j)^{\mathrm{T}}\boldsymbol{\Sigma}^{-1}(\boldsymbol{\mu}_i - \boldsymbol{\mu}_j) \tag{8.37}$$

上面是针对两类情况所定义和推导的离散度表达式。当对象为多类时，假设由上述方法求出了任意两类 ω_i 和 ω_j 的离散度为 J_{ij}，则平均离散度可定义为

$$J_D = \sum_{i=1}^{M} \sum_{j=1}^{M} P(\omega_i)P(\omega_j)J_{ij} \tag{8.38}$$

式中，$P(\omega_i)$ 和 $P(\omega_j)$ 为 ω_i 和 ω_j 的先验概率。

8.2.4 信息熵准则

在信息论中，熵是对不确定性的一种统计度量。从特征提取的角度看，显然用具有最小不确定性的那些特征进行分类是有利的，为此可以考虑引入熵准则。

由于 Bayes 分类器本质上由后验概率所决定，所以可由特征的后验概率分布来衡量它对分类的有效性。粗略地讲，后验概率分布越集中，分类错误率就越小；后验概率分布

愈平缓 (即愈接近均匀分布), 分类错误率就愈大。这可以从两种极端分布情况得到说明。例如, 如果能有一组特征使得

$$P(\omega_i/\boldsymbol{x}) = 1 \quad \text{且} \quad P(\omega_j/\boldsymbol{x}) = 0 \quad (i, j = 1, 2, \cdots, M, i \neq j) \tag{8.39}$$

这时可以肯定地将 $\boldsymbol{x}$ 划归 ω_i, 而错误率为 0。另一方面, 如果对某组特征, 各类的后验概率相等, 即

$$P(\omega_i/\boldsymbol{x}) = 1/M, \quad i = 1, 2, \cdots, M \tag{8.40}$$

那么我们将无从确定样本所属类别, 或者只能任意指定 $\boldsymbol{x}$ 属于某类, 这时错误率为

$$P_{\text{error}} = 1 - 1/M = (M - 1)/M \tag{8.41}$$

这样, 我们就可以根据 α 度广义熵的定义, 给出模式特征 $\boldsymbol{x}$ 的熵准则:

$$J_E^\alpha (P(\omega_1/\boldsymbol{x}), P(\omega_2/\boldsymbol{x}), \cdots, P(\omega_M/\boldsymbol{x})) = (2^{1-\alpha} - 1)^{-1} \left(\sum_{i=1}^M P^\alpha(\omega_i/\boldsymbol{x}) - 1 \right) \tag{8.42}$$

式中, α 为正实数, 且 $\alpha \neq 1$。

α 的取值不同, 就会得到不同的熵分离度量。例如, 当 $\alpha = 2$ 时可以得到平方熵。

$$J_E^2 \left(P(\omega_1/\boldsymbol{x}), \cdots, P(\omega_M/\boldsymbol{x}) \right) = 2 \left(1 - \sum_{i=1}^M P^2(\omega_i/\boldsymbol{x}) \right) \tag{8.43}$$

如果让 α 趋近于 1(但不等于 1), 又可以得到杳农 (Shannon) 熵:

$$J_E^1 \left(P(\omega_1/\boldsymbol{x}), \cdots, P(\omega_M/\boldsymbol{x}) \right) = - \sum_{i=1}^M P(\omega_i/\boldsymbol{x}) \log_2 P(\omega_i/\boldsymbol{x}) \tag{8.44}$$

熵函数取值越小, 则说明不确定性越小, 也就是可分性越好; 反之, 不确定性就大, 可分性也就差。但是, 为了评价所提取的特征, 必须计算特征空间中每一点的熵函数。这样, 可用下式给出的熵函数期望值作为分类性能的评价指标。

$$J_E^\alpha = E \left(J_E^\alpha \left(P(\omega_1/\boldsymbol{x}), \cdots, P(\omega_M/\boldsymbol{x}) \right) \right) = \int (2^{1-\alpha} - 1)^{-1} \left(\sum_{i=1}^M P^\alpha(\omega_i/\boldsymbol{x}) - 1 \right) P(\boldsymbol{x}) \mathrm{d}\boldsymbol{x} \tag{8.45}$$

8.3 基于类别可分性的特征提取

上节讨论类别可分性准则时主要是基于如何对可分离性进行直观和明确的描述, 并未充分考虑将其与分类错误率联系起来。以这些准则的最优化为目标对特征变换后所设计的分类器的错误率未必就最小, 但由于它们的实用性和计算上的相对容易, 在实际作特征提取时往往优先采用。

8.3.1 依类内类间距离准则的特征提取

在取欧氏距离的假定之下，从使变换后类间离散度尽量大、类内离散度尽量小的直观概念入手，提出了准则 $J_1 \sim J_5$（即式 (8.21)～ 式 (8.25)）。假定我们要从 n 个特征 $\boldsymbol{x} = [\boldsymbol{x}_1, \boldsymbol{x}_2, \cdots, \boldsymbol{x}_n]^{\mathrm{T}}$ 中选择 $m(m < n)$ 个特征 $\boldsymbol{y} = [\boldsymbol{y}_1, \boldsymbol{y}_2, \cdots, \boldsymbol{y}_m]^{\mathrm{T}}$，那么 $\boldsymbol{y}$ 可从对 $\boldsymbol{x}$ 施以如下 $m \times n$ 变换矩阵而得到

$$\boldsymbol{y} = \boldsymbol{A}\boldsymbol{x} \tag{8.46}$$

现在的问题是如何在使得 $J_i(i = 1, 2, \cdots, 5)$ 取最大的前提下求出变换矩阵 $\boldsymbol{A}$。这里，首先要理解 J_i 取最大的意义。显然，依据所定义的准则，我们可通过计算类内和类间离散度矩阵 $\boldsymbol{S}_w$ 和 $\boldsymbol{S}_b$，进而分别按式 (8.21)～ 式 (8.25) 求得 J_i，但这时所求的 J_i 是变换前对 n 维空间中的样本求得的，因此可记为 $J_i(n)$。为了提取最佳的 m 维特征，需要在 m 维空间中求得 $J_i(m)$，但从 n 维空间映射到 m 维子空间存在着众多的映射，这时最佳的选择就应当是在所求得的 m 维子空间中，$J_i(m)$ 值比在其他的任何 m 维子空间中都大。由于涉及到线性变换，另一个需要考虑的问题就是准则 J_i 的变换不变性。在这些准则中，J_1、J_2 和 J_3 的取值在任何非奇异线性变换下都保持不变，J_4 和 J_5 则与坐标系有关。

为了求出式 (8.46) 中的 $m \times n$ 维变换矩阵 $\boldsymbol{A}$，使得变换后的 m 维子空间中 $J_i(m)$ 取值最大，首先需要写出 $J_i(n)$ 和 $J_i(m)$ 的表达式，并以使 $J_i(m)$ 最大为约束条件，反过来构造矩阵 $\boldsymbol{A}$。实际上，对于准则 $J_1 \sim J_5$，特征变换矩阵 $\boldsymbol{A}$ 的构造最终都归结为求解矩阵 $\boldsymbol{S}_w^{-1}\boldsymbol{S}_b$ 的特征值。有关的详细证明不在这里给出，下面主要以准则 J_2 为例予以说明。

设 λ_i, $\boldsymbol{\varphi}_i$ $(i = 1, 2, \cdots, m)$ 和 γ_i, $\boldsymbol{\psi}_i$ $(i = 1, 2, \cdots, m)$ 分别为 $\boldsymbol{S}_w^{-1}\boldsymbol{S}_b$ 和 $\boldsymbol{S}_w^{*-1}\boldsymbol{S}_b^*$ 的特征值和特征向量。这里，$\boldsymbol{S}_w^*$ 和 $\boldsymbol{S}_b^*$ 分别为变换后 m 空间的类内和类间离散度矩阵。尽管 $\boldsymbol{S}_w^{-1}\boldsymbol{S}_b$ 及 $\boldsymbol{S}_w^{*-1}\boldsymbol{S}_{b^*}$ 都不是对称矩阵，但它们的特征值和特征向量可以用矩阵论中同时对角化方法计算出来，即按式 (8.47) 和式 (8.48)

$$\boldsymbol{A}\boldsymbol{S}_1\boldsymbol{A}^{\mathrm{T}} = \boldsymbol{\Lambda} \tag{8.47}$$

$$\boldsymbol{A}\boldsymbol{S}_2\boldsymbol{A}^{\mathrm{T}} = \boldsymbol{I} \tag{8.48}$$

式中，$\boldsymbol{S}_1$ 为 $\boldsymbol{S}_b$ 或 $\boldsymbol{S}_b^*$；$\boldsymbol{S}_2$ 为 $\boldsymbol{S}_w$ 或 $\boldsymbol{S}_w^*$；$\boldsymbol{\Lambda}$ 和 $\boldsymbol{I}$ 分别为对角阵和单位阵。这样，就可以分别写出在 n 个和 m 个特征情况下 J_2 的表达式：

$$J_2(n) = \mathrm{tr}\boldsymbol{S}_w^{-1}\boldsymbol{S}_b = \sum_{i=1}^{n} \lambda_i \tag{8.49}$$

$$J_2(m) = \mathrm{tr}\boldsymbol{S}_w^{*-1}\boldsymbol{S}_b = \sum_{i=1}^{m} \gamma_i \tag{8.50}$$

设矩阵 $\boldsymbol{S}_w^{-1}\boldsymbol{S}_b$ 的特征值按大小排列顺序为 $\lambda_1 \geqslant \lambda_2 \geqslant \cdots \geqslant \lambda_n$。可以证明，在通过变换矩阵 $\boldsymbol{A}$ 得到的 m 维子空间中，只有当 $\boldsymbol{S}_w^{*-1}\boldsymbol{S}_b^*$ 的特征值满足 $\gamma_i = \lambda_i(i = 1, 2, \cdots, m)$ 时，才能使 $J_2(m)$ 达到最大。为了满足这一条件，可以通过选择 $\boldsymbol{S}_w^{-1}\boldsymbol{S}_b$ 的前 m 个特征向量 $\boldsymbol{\varphi}_i(i = 1, 2, \cdots, m)$ 构造矩阵 $\boldsymbol{A}$ 的办法完成，即 $\boldsymbol{A}^{\mathrm{T}} = [\boldsymbol{\varphi}_1, \boldsymbol{\varphi}_2, \cdots, \boldsymbol{\varphi}_m]$。

实际上，由此构造的 $\boldsymbol{A}$ 并非唯一，对于任何 $m \times m$ 非奇异矩阵 $\boldsymbol{B}$，$\boldsymbol{A}^{\mathrm{T}} = [\boldsymbol{\varphi}_1, \boldsymbol{\varphi}_2, \cdots, \boldsymbol{\varphi}_m] \boldsymbol{B}$ 均可作为式 (8.46) 的变换矩阵，且求出的 $J_2(m)$ 值均为

$$J_2(m) = \sum_{i=1}^{m} \lambda_i \tag{8.51}$$

上述结论对于其他准则也成立，即只要取 $\boldsymbol{S}_w^{-1} \boldsymbol{S}_b$ 最大的 m 个特征根所对应的特征向量，并用它们构造矩阵 $\boldsymbol{A}$，那么得到的对应准则取值总是最大的。这时，对于 $J_3 \sim J_5$，各自的取值分别为

$$J_3(m) = \sum_{i=1}^{m} \ln \lambda_i \tag{8.52}$$

$$J_4(m) = \frac{1}{m} \sum_{i=1}^{m} \lambda_i \tag{8.53}$$

$$J_5(m) = \lambda_1 c \tag{8.54}$$

式 (8.54) 说明，依准则 J_5 作特征提取时，只需取最大特征值 λ_1 所对应的 $\boldsymbol{\varphi}_1$ 组成一个奇异阵作为变换矩阵，即

$$\boldsymbol{A} = [\overbrace{\boldsymbol{\varphi}_1, \boldsymbol{\varphi}_1, \cdots, \boldsymbol{\varphi}_1}^{m \text{个}}] \tag{8.55}$$

8.3.2 依概率距离准则的特征提取

上节中我们给出的概率距离准则分别是 Bhattacharyya 距离 J_B、Chernoff 界限 J_C 和离散度 J_D，它们的优点是与度量分类器的最重要指标，即分类错误率 (或其上界) 建立了联系。但是，在不知类条件概率密度函数形式的时候，就无法根据各自的定义式计算它们。为此我们以两类问题为例，对类条件概率密度作了多元正态分布的假设，从而得出较简洁的计算式 (8.29)、式 (8.30) 和式 (8.36)，接着又进一步讨论了等协方差矩阵的特殊情况。

首先讨论 J_B 和 J_C 的特征提取问题。由于 J_B 是 J_C 的特殊情况，我们仅以多元正态分布为例，讨论使 J_C 取最大时变换矩阵 $\boldsymbol{A}$ 的构造方法。仍然假设按式 (8.43) 的线性变换提取特征。依正态分布的线性变换性质，如果 n 维特征 $\boldsymbol{x}$ 服从均值为 $\boldsymbol{\mu}$，协方差矩阵为 $\boldsymbol{\Sigma}$ 的正态分布，则按式 (8.43) 作线性变换后，新的 m 维特征 $\boldsymbol{y}$ 服从正态分布，即

$$p(\boldsymbol{y}) \sim N(\boldsymbol{A}\boldsymbol{\mu}, \boldsymbol{A}\boldsymbol{\Sigma}\boldsymbol{A}^{\mathrm{T}}) \tag{8.56}$$

于是，按式 (8.29) 式可得变换后的准则 $J_C(m)$ 取值为

$$\begin{aligned}
J_C(m) = {} & \frac{1}{2} s(1-s) \left(\boldsymbol{A}(\boldsymbol{\mu}_1 - \boldsymbol{\mu}_2) \right)^{\mathrm{T}} \cdot \left((1-s)\boldsymbol{A}\boldsymbol{\Sigma}_1\boldsymbol{A}^{\mathrm{T}} + s\boldsymbol{A}\boldsymbol{\Sigma}_2\boldsymbol{A}^{\mathrm{T}} \right)^{-1} \\
& \cdot \boldsymbol{A}(\boldsymbol{\mu}_1 - \boldsymbol{\mu}_2) + \frac{1}{2} \ln \frac{|(1-s)\boldsymbol{A}\boldsymbol{\Sigma}_1\boldsymbol{A}^{\mathrm{T}} + s\boldsymbol{A}\boldsymbol{\Sigma}_2\boldsymbol{A}^{\mathrm{T}}|}{|\boldsymbol{A}\boldsymbol{\Sigma}_1\boldsymbol{A}^{\mathrm{T}}|^{1-s}|\boldsymbol{A}\boldsymbol{\Sigma}_2\boldsymbol{A}^{\mathrm{T}}|^s}
\end{aligned} \tag{8.57}$$

从式 (8.57) 中并不能直接求出使 $J_C(m)$ 取最大的矩阵 $\boldsymbol{A}$ 的显式解，通常需要采用搜索技术，用数值方法求解最佳的 $\boldsymbol{A}$。进一步地，假设两类呈等协方差分布，即有

$\Sigma_1 = \Sigma_2 = \Sigma$，于是又可将 (8.57) 式写为

$$
\begin{aligned}
J_C(m) &= \frac{1}{2}s(1-s)\left(A(\mu_1 - \mu_2)\right)^{\mathrm{T}}\left(A\Sigma A^{\mathrm{T}}\right)^{-1}\left(A(\mu_1 - \mu_2)\right) \\
&= \frac{1}{2}s(1-s)\mathrm{tr}\left\{(A\Sigma A^{\mathrm{T}})^{-1}\left(A(\mu_1 - \mu_2)(\mu_1 - \mu_2)^{\mathrm{T}}A^{\mathrm{T}}\right)\right\}
\end{aligned}
\tag{8.58}
$$

不难发现，式 (8.58) 类似于前面讨论的类内类间距离准则 J_2，不过此时有

$$
S_b = (\mu_1 - \mu_2)(\mu_1 - \mu_2)^{\mathrm{T}} \ \text{及} \ S_w = \Sigma
$$

因此，最佳的变换矩阵 A 应当由 $S_w^{-1}S_b$ 的特征向量所构成。又因为在这里 S_b 的秩为 1，故只有一个非零特征值，所以

$$
\lambda_1 = \mathrm{tr}(S_w^{-1}S_b) = (\mu_1 - \mu_2)^{\mathrm{T}}\Sigma^{-1}(\mu_1 - \mu_2)
\tag{8.59}
$$

$$
\lambda_2 = \lambda_3 = \cdots = \lambda_n = 0
\tag{8.60}
$$

也就是说，λ_1 所对应的特征向量携带了类别可分离性的全部信息，其他特征则全可以舍去。从而使 $J_C(m)$ 最大的变换矩阵 A 即为与 λ_1 相应的单个特征向量 φ_1，并且

$$
\varphi_1 = \Sigma^{-1}(\mu_1 - \mu_2)/\left[(\mu_1 - \mu_2)^{\mathrm{T}}\Sigma^{-1}(\mu_1 - \mu_2)\right]^{\frac{1}{2}}
\tag{8.61}
$$

下面讨论依离散度准则 J_D 的特征提取。在一般情况下也得不到变换矩阵 A 的最优解析解，但对于正态分布及等协方差阵的情况，J_D 与 J_B 只差一个常数因子，故此时求出的矩阵 A 与上面所求一致。

当 $\Sigma_1 \neq \Sigma_2$ 时，J_D 可以写成式 (8.33)，它由两部分组成，分别为

$$
J_D^{(1)} = \frac{1}{2}(\mu_1 - \mu_2)^{\mathrm{T}}(\Sigma_1^{-1} + \Sigma_2^{-1})(\mu_1 - \mu_2)
\tag{8.62}
$$

$$
J_D^{(2)} = \frac{1}{2}\mathrm{tr}(\Sigma_1^{-1}\Sigma_2 + \Sigma_2^{-1}\Sigma_1 - 2I)
\tag{8.63}
$$

当两个协方差矩阵相等时 $(J_D = J_D^{(1)})$，因此可将 $J_D^{(1)}$ 看做是两类的均值向量之差而产生的类别可分离性；当两类均值向量相等时 $(J_D = J_D^{(2)})$，故 $J_D^{(2)}$ 可视为由协方差矩阵的差别而产生的类别可分离性。于是，可分别针对每一部分进行最佳特征选择，以下给出有关结论而不做详细证明。

(1) 对于 $J_D^{(1)}$，最佳特征由

$$
\lambda_1 = (\mu_1 - \mu_2)^{\mathrm{T}}(\Sigma_1^{-1} + \Sigma_2^{-1})(\mu_1 - \mu_2)
\tag{8.64}
$$

$$
\lambda_2 = \lambda_3 = \cdots = \lambda_n = 0
\tag{8.65}
$$

$$
\varphi_1^{(1)} = (\Sigma_1^{-1} + \Sigma_2^{-1})(\mu_1 - \mu_2)/\left[(\mu_1 - \mu_2)^{\mathrm{T}}(\Sigma_1^{-1} + \Sigma_2^{-1})(\mu_1 - \mu_2)\right]^{\frac{1}{2}}
\tag{8.66}
$$

给出，即只要一个特征就足够。

(2) 对于 $J_D^{(2)}$，经推导可得：

$$
J_D^{(2)} = \frac{1}{2}\mathrm{tr}(\Lambda + \Lambda^{-1} - 2I) = \frac{1}{2}\sum_{i=1}^{n}\left(\lambda_i + \frac{1}{\lambda_i} - 2\right)
\tag{8.67}
$$

式中，$\boldsymbol{\varLambda}$ 是 $\boldsymbol{\varSigma}_1^{-1}\boldsymbol{\varSigma}_2$ 的特征值矩阵。这时可通过计算如下排序的特征值来选择 m 个最重要的特征

$$\lambda_1 + \frac{1}{\lambda_1} > \lambda_2 + \frac{1}{\lambda_2} > \cdots > \lambda_n + \frac{1}{\lambda_n} \tag{8.68}$$

如果将 $J_D^{(1)}$ 和 $J_D^{(2)}$ 的组合作特征提取，这时就难以找到解析方法，而必须采用搜索技术以数值方法求解 $\boldsymbol{A}$。

8.3.3 依信息熵准则的特征提取

从聚类的角度来看，熵越小代表越明确的类别概念。但在作特征提取时，一般并不直接从平方熵 J_E^2 或 Shannon 熵 J_E^1 出发，因为那样必须事先得知各模式类的后验概率函数 $P(\omega_i/\boldsymbol{x})$。为了便于对模式的可分性作整体讨论，并充分利用某些特殊的分布函数，这里引入一个用来计量类内异样性的总体熵的概念。其定义为

$$H = -E\{\ln p(\boldsymbol{x})\} \tag{8.69}$$

当 $\boldsymbol{x}$ 的各分量 x_i 独立时，H 可以表达为各变量的熵之和

$$H = -\sum_{i=1}^{n} E\{\ln p(x_i)\} \tag{8.70}$$

当 $\boldsymbol{x}$ 的分布为正态时，式 (8.69) 的 H 可写为

$$H = \frac{1}{2}n + \frac{1}{2}\ln|\boldsymbol{\varSigma}| + \frac{1}{2}n\ln(2\pi) \tag{8.71}$$

可见熵 H 实际上仅与样本的协方差矩阵 $\boldsymbol{\varSigma}$ 有关，而行列式 $|\boldsymbol{\varSigma}|$ 之值由 $\boldsymbol{\varSigma}$ 中各方差值所决定，可用 $\boldsymbol{\varSigma}$ 的各特征值 λ_i 来表达 H，它们也就是 $\boldsymbol{\varSigma}$ 经对角化后处在矩阵对角线上的值。又因为

$$\ln \lambda_1\lambda_2\cdots\lambda_n = \ln \lambda_1 + \ln \lambda_2 + \cdots + \ln \lambda_n \tag{8.72}$$

故式 (8.71) 可改写为

$$H = \frac{1}{2}\sum_{i=1}^{n}\{1 + \ln \lambda_i + \ln(2\pi)\} \tag{8.73}$$

即 H 仅决定于协方差矩阵 $\boldsymbol{\varSigma}$ 的各特征值 λ_i。

这样，依熵准则进行特征提取的基本要求就是在使式 (8.73) 取最小值的条件下，构造 $m \times n (m < n)$ 矩阵 $\boldsymbol{A}$，进而按 $\boldsymbol{y} = \boldsymbol{Ax}$ 求出新的 m 维特征 $\boldsymbol{y}$。

显然，对于变换后的特征 $\boldsymbol{y}$，其总体熵仍为与式 (8.73) 相同的形式，即

$$H_y = \frac{1}{2}\sum_{i=1}^{m}\{1 + \ln \lambda_i + \ln(2\pi)\} \tag{8.74}$$

为使 H_y 取最小值，我们只需将 $\boldsymbol{\varSigma}$ 的各特征值由小到大排序，并取其中的前 m 个所对应的特征向量来构造变换矩阵 $\boldsymbol{A}$ 即可。

8.4 基于信息压缩的特征提取

基于信息压缩的特征提取方法是利用特定的数学变换手段从原始特征中提炼新特征的过程。与基于分类的特征提取不同，它并不从类别的可分离性入手，而是直接考虑如何以一组新特征来表示各个模式样本。当然这种表示方法也可能带有近似性，有必要满足某些数学约束条件，或称优化准则。如果发现一个小的特征集，能精确地代表各个样本，则可以说这些特征是有效的。虽然基于变换的特征提取方法并不直接与模式分类有关，但它却提供了简化数据表示和分析的有效手段，所以在各种分类问题中广泛应用。

8.4.1 主成分分析

主成分分析 (principal component analysis，PCA) 按 Karhunen-Loeve 展开式 (简称为 K-L 展开式) 作特征变换，故又称 K-L 变换。它并不简单地采用某个固定的变换矩阵，而是通过统计分析、了解变换对象所包含的信息状况，然后通过统计特性确定一个与之相匹配的变换矩阵。由于满足最小均方误差准则，这种变换具有理论上的最佳性质，是适用于多种模式识别问题的常用特征提取方法。

K-L 变换首先出自对随机过程作展开式分析的研究。对于一个非周期性随机过程 $x(t)$，它不能用具有互不相关的随机 Fourier 系数的 Fourier 级数来表示，但却可以用具有互不相关系数的正交函数 $\varphi_i(t)$ 的级数展开，即写成如下 K-L 展开式：

$$x(t) = \sum_{i=1}^{\infty} \gamma_i x_i \varphi_i(t), \quad a \leqslant t \leqslant b \tag{8.75}$$

$\varphi_i(t)$ 的正交性可表达为

$$\int_a^b \varphi_i(t)\varphi_j^*(t)\mathrm{d}t = \begin{cases} 1, & i = j \\ 0, & i \neq j \end{cases} \tag{8.76}$$

$$E\left\{x_i, x_j^*\right\} = \begin{cases} 1, & i = j \\ 0, & i \neq j \end{cases} \tag{8.77}$$

式中，$\varphi_i^*(t)$ 为 $\varphi_i(t)$ 的复共轭，系数 γ_i 可以是实数或复数。式 (8.79) 即为一个非周期随机过程在固定区间 $[a, b]$ 内的正交展开形式。

对于 $[a, b]$ 区间的时间瞬时 t 和 s 来说，依上述三式可求得该随机过程的自相关函数为

$$R(t, s) = E\left\{x(t)x^*(s)\right\} = E\left\{\sum_i \gamma_i x_i \varphi_i(t) \sum_j \gamma_j^* x_j^* \varphi_j^*(t)\right\} = \sum_i |\gamma_i|^2 \varphi_i(t)\varphi_i^*(s) \tag{8.78}$$

据此式又可得

$$\int_a^b R(t, s)\varphi_j(s) = \sum_i |\gamma_i|^2 \varphi_i(t) \int_a^b \varphi_j(s)\varphi_i^*(s)\mathrm{d}s \tag{8.79}$$

代入正交关系后便有

$$\int_a^b R(t, s)\varphi_j(s)\mathrm{d}s = |\gamma_j|^2 \varphi_i(t) \tag{8.80}$$

可见，$|\gamma_j|^2$ 就是积分方程式 (8.80) 的特征值，$\varphi_i(t)$ 是相应的特征函数，它们可以通过解该积分方程求得。

显然，作连续 K-L 展开的困难是求解积分方程式 (8.80)。除了极特殊的情况，一般难以得到特征值和特征函数的显式解。因此，为了得到数值解，我们必须讨论离散的 K-L 展开式。在离散情况下，通过对 $x(t)$ 在 $[a,b]$ 区间的均匀采样，我们可以得到如下观察矢量

$$\boldsymbol{x} = [x_1 \quad x_2 \quad \cdots \quad x_n] \tag{8.81}$$

注意，在此我们采用了与模式向量相同的表示方法。相应地，$\boldsymbol{x}$ 的相关函数是一个 $n \times n$ 矩阵，它只有 n 个线性无关的特征向量，因此 $\boldsymbol{x}$ 的展开式可写为

$$\boldsymbol{x} = \sum_{i=1}^{n} y_i \boldsymbol{\varphi}_i = \boldsymbol{\Phi} \boldsymbol{y} \tag{8.82}$$

式中，

$$\boldsymbol{\Phi} = [\boldsymbol{\varphi}_1 \quad \boldsymbol{\varphi}_2 \quad \cdots \quad \boldsymbol{\varphi}_n] \tag{8.83}$$

$$\boldsymbol{y} = [y_1 \quad y_2 \quad \cdots \quad y_n] \tag{8.84}$$

矩阵 $\boldsymbol{\Phi}$ 由 n 个线性无关的列向量 $\boldsymbol{\varphi}_i \ (i = 1, 2, \cdots, n)$ 组成，它们构成了包含 $\boldsymbol{x}$ 的 n 维空间，称为基向量。同时，$\{\boldsymbol{\varphi}_i\}$ 还是一个完备的正交向量集，即有

$$\boldsymbol{\varphi}_i^{\mathrm{T}} \boldsymbol{\varphi}_j = \begin{cases} 1, & i = j \\ 0, & i \neq j \end{cases} \tag{8.85}$$

这样，由于满足了正交归一条件，从式 (8.83) 可得

$$\boldsymbol{y} = \boldsymbol{\Phi}^{\mathrm{T}} \boldsymbol{x} \tag{8.86}$$

或者

$$y_i = \boldsymbol{\varphi}_i^{\mathrm{T}} \boldsymbol{x} \quad (i = 1, 2, \cdots, n) \tag{8.87}$$

因此，$\boldsymbol{y}$ 就是 $\boldsymbol{x}$ 的一个正交变换，它本身也是一个随机向量，其每一分量都是一个特征。

现在考虑特征提取问题。我们可以从 $\boldsymbol{y}$ 中挑选 $m(m < n)$ 个分量，而将其他的 $n-m$ 个分量用预先选定的常数 $b_i(i = m+1, \cdots, n)$ 来代替。这样，依式 (8.85) 就可得到如下估计量.

$$\hat{\boldsymbol{x}}(m) = \sum_{i=1}^{m} y_i \boldsymbol{\varphi}_i + \sum_{i=m+1}^{n} b_i \boldsymbol{\varphi}_i \tag{8.88}$$

由此而产生的误差为

$$\Delta \boldsymbol{x}(m) = \boldsymbol{x} - \hat{\boldsymbol{x}}(m) = \boldsymbol{x} - \sum_{i=1}^{m} y_i \boldsymbol{\varphi}_i - \sum_{i=m+1}^{n} b_i \boldsymbol{\varphi}_i = \sum_{i=m+1}^{n} (y_i - b_i) \boldsymbol{\varphi}_i \tag{8.89}$$

式中，$\hat{x}$ 和 Δx 都是随机向量。以如下均方误差作为度量 m 个特征子集的有效性准则：

$$\varepsilon^2(m) = E\{||\Delta x(m)||^2\} = E\{\sum_{i=m+1}^{n}\sum_{j=m+1}^{n}(y_i - b_i)(y_i - b_i)\varphi_i^{\mathrm{T}}\varphi_j\} = \sum_{i=m+1}^{n}E\{(y_i - b_i)^2\}$$

$$(8.90)$$

当使上式取最小值，需要分别考虑 b_i 和 y_i 的选择。对于 b_i，使均方误差最小的条件为

$$\frac{\partial \varepsilon^2(m)}{\partial b_i} = 0 \tag{8.91}$$

因为

$$\frac{\partial \varepsilon^2(m)}{\partial b_i} = -2(E(y_i) - b_i) \tag{8.92}$$

故求得 b_i 的最佳选择为

$$b_i = E(y_i) = \varphi_i^{\mathrm{T}}E\{x\} = \varphi_i^{\mathrm{T}}\mu \tag{8.93}$$

式中，μ 为 x 的均值向量。现在，均方误差可以写成

$$\varepsilon^2(m) = \sum_{i=m+1}^{n}E\{[y_i - E(y_i)^2]\} = \sum_{i=m+1}^{n}\varphi_i^{\mathrm{T}}\Sigma\varphi_i \tag{8.94}$$

即求 y_i 的问题变为求 φ_i，式中 Σ 为 x 的协方差矩阵。依式 (8.88) 的正交化条件，按 Lagrange 乘子法，令

$$\overset{\wedge}{\varepsilon^2}(m) = \varepsilon^2(m) - \sum_{i=m+1}^{n}\lambda_i(\varphi_i^{\mathrm{T}}\varphi_i - 1) = \sum_{i=m+1}^{n}[\varphi_i^{\mathrm{T}}\Sigma\varphi_i - \lambda_i(\varphi_i^{\mathrm{T}}\varphi_i - 1)] \tag{8.95}$$

此处 λ_i 为 Lagrange 乘子。将上式对 φ_i 求偏导，并令

$$\frac{\partial \varepsilon^2(m)}{\partial \varphi_i} = 0 \tag{8.96}$$

可得

$$\Sigma\varphi_i = \lambda_i\varphi_i \tag{8.97}$$

从矩阵论可知，式 (8.97) 表明 λ_i 是协方差矩阵 Σ 的特征值，而 φ_i 是相应的特征向量。由于 Σ 是一对称正定矩阵，所以一定存在 n 个特征值以及 n 个线性无关的正交特征向量。将上式代入式 (8.94) 得到

$$\varepsilon^2(m) = \sum_{i=m+1}^{n}\lambda_i \tag{8.98}$$

由此我们得出结论：各特征 y_i ($i = 1, 2, \cdots, n$) 的重要程度取决于其相应的特征值。如果某个特征 (如 y_i) 被去掉，则均方误差增加了 λ_i。因此，应当把具有最小特征值的特征首先去掉，依次类推。实际上，只要把特征值由大到小排序，即

$$\lambda_1 \geqslant \lambda_2 \geqslant \cdots \lambda_n \geqslant 0 \tag{8.99}$$

并将各特征 y_i 以相同次序排列。我们总能保证选取的特征使均方误差式 (8.100) 取最小值。按 K-L 变换作特征提取具有突出的优点。除了满足均方误差最小，它还使得求出的新特征互不相关，这是因为 $\boldsymbol{y}$ 的协方差矩阵是对角阵，即

$$\boldsymbol{\Sigma}_y = \boldsymbol{\Phi}^{\mathrm{T}} \boldsymbol{\Sigma} \boldsymbol{\Phi} = \begin{pmatrix} \lambda_1 & & & 0 \\ & \lambda_2 & & \\ & & \ddots & \\ 0 & & & \lambda_n \end{pmatrix} = \boldsymbol{\Lambda} \tag{8.100}$$

此外，变换后新特征维数 m 的截取也很方便，只要简单按下式给出的比率大小来确定

$$\sigma = \sum_{i=1}^{m} \lambda_i \Big/ \sum_{i=1}^{n} \lambda_i \tag{8.101}$$

可接受的 σ 值依实际需要而定。

由于高光谱各波段，特别是相邻波段之间相关性比较大，Jia 和 Richards(1999) 提出分段主成分变换 (segment principal components analysis, SPCA)，通过计算波段之间的相关性，然后将相关系数比较大的波段合并成若干组，再在各组中选取对分类最有影响的成分，作为分类的特征。该算法充分考虑到了波段之间的相关性，因而执行效率比较高，并且与直接应用主成分变换方法提取特征得到的分类精度类似。

8.4.2 噪声分离变换

Green 等 (1998) 利用信噪比作为指标，得到了理论上比较完备的成分分解方法 —— 最小噪声分离 (minimum noise fraction, MNF) 变换。该变换考虑了噪声和区域对影像的影响，以信噪比为度量，对高光谱影像进行成分分解和排列。通常用于确定影像数据内在维数、分离数据中的噪声、光谱端元提取及影像融合等方面。

为了实现 MNF 变换，重要的一步就是必须正确估计影像数据协方差矩阵 $\boldsymbol{\Sigma}$ 和噪声协方差矩阵 $\boldsymbol{\Sigma}_N$。在许多实际情况中，这些协方差矩阵为未知，通常可用影像的样本协方差矩阵来估计。

Green 提出了 $\boldsymbol{\Sigma}_N$ 的估计方法，对每一波段影像 Z 的每一像元与其临近的像元相减，即 $\Delta\boldsymbol{Z} = \boldsymbol{Z}(x) - \boldsymbol{Z}(x + \Delta)$ 这里 x 为图像像素坐标。当 $\Delta = (0,1)$ 时，与其垂直临近像元相减；当 $\Delta = (1,0)$ 时，与其水平临近像元相减。一般地，$\Delta = (0,1)$ 适于检测水平条纹噪声。对得到的噪声的协方差矩阵：

$$\boldsymbol{\Sigma}_N = \mathrm{cov}(\boldsymbol{Z}(x) - \boldsymbol{Z}(x + \Delta)) \tag{8.102}$$

以下是 MNF 变换的具体实施步骤，它本质上是含有两次叠置处理的主成分分析。

第一步，利用高通滤波器模板对整幅影像或具有同一性质的影像数据块进行滤波处理，得到噪声协方差矩阵 $\boldsymbol{\Sigma}_N$，将其对角化得到

$$\boldsymbol{D}_N = \boldsymbol{U}^{\mathrm{T}} \boldsymbol{C}_N \boldsymbol{U} \tag{8.103}$$

式中，$\boldsymbol{D}_N$ 是 $\boldsymbol{\Sigma}_N$ 的特征值按照降序排列的对角矩阵；$\boldsymbol{U}$ 为由特征向量组成的正交矩阵。

进一步变换式 (8.103) 可得:

$$I = P^T \Sigma_N P \tag{8.104}$$

式中, I 为单位矩阵; P 为变换矩阵, $P = ND_N^{-\frac{1}{2}}$。

当 P 应用于影像数据 x 时, 通过 $y = Px$ 变换, 将原始影像投影到新的空间, 产生的变换数据中的噪声具有单位方差, 且波段间不相关。

第二步, 对噪声数据进行标准主成分变换。公式为

$$C_{D-\mathrm{adj}} = P^T \Sigma P \tag{8.105}$$

式中, Σ 为影像的协方差矩阵; $C_{D-\mathrm{adj}}$ 为经过 P 变换后的矩阵。

进一步将其对角化为

$$D_{D-\mathrm{adj}} = V^T C_{D-\mathrm{adj}} V \tag{8.106}$$

式中, $D_{D-\mathrm{adj}}$ 为 $C_{D-\mathrm{adj}}$ 的特征值按照降序排列的对角矩阵; V 为由特征向量组成的正交矩阵。

通过以上两步骤得到 MNF 的变换矩阵:

$$T_{\mathrm{MNF}} = PV \tag{8.107}$$

由此可知, MNF 变换是一种正交变换, 且具有 PCA 变换的性质。变换后得到的向量中的各元素互不相关, 第一分量集中了大量的信息, 随着维数的增加, 影像质量逐渐下降, 按照信噪比从大到小排列, 而不像 PCA 变换按照方差由大到小排列, 从而克服了噪声对影像质量的影响。

8.5　独立成分分析特征提取

独立成分分析 (independent component analysis, ICA) 也称为 H-J 算法, 是由法国学者 Herault 等 (1985) 年提出的一种有效的盲源分离技术。与 PCA 方法相比, ICA 在信号分解方面有更好的性能, 由其分离出的信号各分量之间具有统计独立性 (PCA 仅具有去相关性)。因此, 该方法一经提出便广泛应用于通信、生物医学、语音信号分析、图像处理等领域。

为了严格定义 ICA, 需要使用一个隐藏的统计变量模型:

$$x = As \tag{8.108}$$

式 (8.108) 中的统计模型称为独立成分分析模型。它表示被观察到的数据如何由独立成分混合而成, 其中的独立成分 s 是隐藏的变量, 意味着它不能直接被观察到, 而且混合矩阵 A 也被假设为未知, 能观察到的仅仅只是随机向量 x。ICA 的出发点非常简单, 它假设各成分统计独立。求解上式就是在尽量少的假设条件下估计出 A 和 s, 如果能计算出上式中 A 的逆矩阵 W, 则独立成分可由式 (8.109) 得到:

$$s = Wx \tag{8.109}$$

式 (8.108) 中的 ICA 模型存在如下的两个不确定性因素: 一是不能确定独立成分的方差; 二是不能确定独立成分的顺序。

8.5.1　模型估计方法

估计 ICA 模型的主要方法有非高斯最大化、互信息最小化和最大似然函数估计。

1. 非高斯最大化估计

该方法基于概率论里的中心极限定理，即互相独立随机变量的和趋于正态分布，独立随机变量的和比原始随机变量中的任何一个更接近于正态分布。

为简单起见，假设所有独立成分都有相同的分布。为了估计其中的一个独立成分，考虑 x_i 是如下线性组合的元素。

$$y = \boldsymbol{w}^{\mathrm{T}} \boldsymbol{x} = \sum_i w_i x_i \tag{8.110}$$

式中，$\boldsymbol{w}$ 是待定的向量。如果 $\boldsymbol{w}$ 是式 (8.109) 中 $\boldsymbol{W}$ 的一行，这个线性组合实际上将等于一个独立成分。剩下的问题是怎样利用中心极限定理来确定 $\boldsymbol{w}$。实际上 $\boldsymbol{w}$ 并不能被确切确定，因为并不知道混合矩阵 $\boldsymbol{A}$，但是可以找到一个很接近的估计，这也就是这种 ICA 估计的基本原理。

将变量进行一下变换，定义为

$$z = \boldsymbol{A}^{\mathrm{T}} \boldsymbol{w} \tag{8.111}$$

则有

$$y = \boldsymbol{w}^{\mathrm{T}} \boldsymbol{x} = \boldsymbol{w}^{\mathrm{T}} \boldsymbol{A} s = \boldsymbol{z}^{\mathrm{T}} \boldsymbol{s} \tag{8.112}$$

y 是 s_i 的一个线性组合，其权重由 z_i 给出。因为两个独立随机变量的和比原始的变量更接近正态分布，所以 $\boldsymbol{z}^{\mathrm{T}} \boldsymbol{s}$ 比任何一个 s_i 更接近高斯分布。因此可以把 $\boldsymbol{w}$ 看做是最大化非高斯 $\boldsymbol{w}^{\mathrm{T}} \boldsymbol{x}$ 的一个向量，这样的一个向量对应于 $\boldsymbol{z}$，则有 $\boldsymbol{w}^{\mathrm{T}} \boldsymbol{x} = \boldsymbol{z}^{\mathrm{T}} \boldsymbol{s}$ 等于其中的一个独立成分。

由上可知，最大化式 (8.112) 的非高斯性，即可得到一个独立成分。实际上，在多维空间最优化非高斯向量 $\boldsymbol{w}$ 有两个局部最大点，相应的每个独立成分有两个即 $\boldsymbol{S}_i$ 和 $-\boldsymbol{S}_i$，为了寻找独立成分，需要找到所有的局部最大点，这一点并不困难，因为不同的独立成分是不相关的。

估计 ICA 模型的关键是非高斯量，因此对随机变量的非高斯性必须有一个定量的衡量标准。目前非高斯性度量标准主要有以下两种。

1) 峰度 (kurtosis) 最大法

峰度 (kurtosis) 最大法是比较传统的非高斯性度量方法。峰度为四阶统计量：

$$\mathrm{Kurt}(y) = E(y^4) - 3 \left\{ E(y^2) \right\}^2 \tag{8.113}$$

当 y 为单位方差时，则式 (8.114) 可简化为

$$\mathrm{Kurt}(y) = E(y^4) - 3 \tag{8.114}$$

如果变量 y 满足高斯分布，则 y 的峰度等于零，但对大多数非高斯随机变而言，其峰度不为零。

非高斯分布变量的峰度有正有负。非高斯性的测量可以用峰度的绝对值或峰度的平方，值为零的是高斯变量，大于零的为非高斯变量。峰度或其绝对值具有计算简洁，理论分析简单的优点，但容易受噪声干扰。

2) 负熵 (negentropy) 最大化估计

另一个重要的非高斯测量方法是负熵 (negentropy)，离散的随机变量 y 的负熵 H 被定义为

$$H(y) = -\sum_i P(y=a_i) \log P(y=a_i) \tag{8.115}$$

式中，a_i 指 y 的可能值。

信息理论一个基本结论是，在所有具有等方差的随机变量中，高斯变量的熵最大，这意味着熵能用来作为非高斯性的测量。由于非高斯性测量中，高斯变量应该为零，因此有人对熵的定义作了修改，称为负熵，其定义如下：

$$J(\boldsymbol{y}) = H(\boldsymbol{y}_{\mathrm{gauss}}) - H(\boldsymbol{y}) \tag{8.116}$$

式中，$\boldsymbol{y}_{\mathrm{gauss}}$ 是一个高斯随机向量，与 $\boldsymbol{y}$ 有相同的协方差。可以看出，负熵总是非负的，它为零的条件是当且仅当 $\boldsymbol{y}$ 是高斯分布。使用负熵的问题计算起来非常困难，因此需对负熵进行近似。在实际中，只需要近似估计一维负熵，故仅考虑标量情况。目前，负熵的近似主要有高阶距法和非线性逼近法。

高阶距近似法是传统的负熵近似法，其计算式为

$$J(y) \approx \frac{1}{12} E(y^3)^2 + \frac{1}{48} \mathrm{Kurt}\,(y)^2 \tag{8.117}$$

式中，y 是均值为零、单位方差的随机变量。这种方法计算简单，但其对大数据量和高维数据进行优化时收敛较慢。

为此，Hyvärine 提出了另外一种负熵近似方法，这种近似是基于非线性函数逼近的原理。即负熵可以表示为

$$J(y) \approx [E\{G(y)\} - E\{G(y_{\mathrm{gauss}})\}]^2 \tag{8.118}$$

式中，$G(y)$ 为非线性函数，通常有两种形式：

$$G_1(y) = \frac{1}{a} \log \cos(ay), \quad 1 \leqslant a \leqslant 2 \tag{8.119}$$

$$G_2(y) = -\exp(-y^2/2) \tag{8.120}$$

当令 $G(y) = y^4$ 时，式 (8.118) 便退化为式 (8.117) 的形式。式 (8.118) 实际上是式 (8.117) 和式 (8.116) 的一种很好的折中。这种方法概念上简单，计算速度也较快，而且有很好的抗噪声性能，并且是快速 ICA 计算的基础。

2. 互信息最小化估计

ICA 估计的另一种方法是基于信息理论的最小化互信息。根据信息熵的概念，可以定义 m 个随机变量 $y_i(i = 1, 2, \cdots, m)$ 的互信息 I 为

$$I(y_1, y_2, \cdots, y_m) = \sum_{i=1}^{m} H(y_i) - H(\boldsymbol{y}) \tag{8.121}$$

随机变量间的互信息是对相关性的一种自然测量，它总是非负的，当且仅当变量是统计独立时其才为零。因此，互信息考虑了变量的整个相关性结构，而不像 PCA 方法仅利用协方差去相关。

根据熵理论，对线性变换 $\boldsymbol{y} = \boldsymbol{W} \boldsymbol{x}$ 而言，其互信息可以进行如下转换：

$$I(y_1, y_2, \cdots, y_m) = \sum_{i=1}^{m} H(y_i) - H(\boldsymbol{x}) - \log |\det \boldsymbol{W}| \tag{8.122}$$

如果限制 $y_i \, (i = 1, 2, \cdots, m)$ 不相关并具有单位方差，则 $E\left(\boldsymbol{y}\boldsymbol{y}^{\mathrm{T}}\right) = \boldsymbol{W} E\left(\boldsymbol{x}\boldsymbol{x}^{\mathrm{T}}\right) \boldsymbol{W}^{\mathrm{T}}$。由于 $(\det \boldsymbol{W})\left(\det E\left(\boldsymbol{x}\boldsymbol{x}^{\mathrm{T}}\right)\right)\left(\det \boldsymbol{W}^{\mathrm{T}}\right) = I$，即 $\det \boldsymbol{W}$ 是一个常数。对于单位方差的 y_i，熵和负熵的区别仅在于一个符号，因此得到

$$I(\boldsymbol{y}) = C - \sum_i J(y_i) \tag{8.123}$$

这里 $J(y_i)$ 表示负熵，C 是一个常数。式 (8.123) 将线性变换下的互信息计算转化为负熵计算。在 ICA 的定义中，随机向量 $\boldsymbol{x}$ 在 $\boldsymbol{s} = \boldsymbol{W} \boldsymbol{x}$ 中是一个可逆变换，一旦 $\boldsymbol{W}$ 被确定，各独立成分的互信息也就相应被最小化，因此只要找到一个可逆矩阵 $\boldsymbol{w}$ 最小化分解后各成分的互信息，也就相当于找到了负熵最大化的方向。由于互信息的计算比较复杂，一般 ICA 的实现都采用非高斯性最大作为寻找独立成分的准则。这样做虽然可以适当降低计算的复杂度，但是这样提取的特征仅是非高斯性 (突出小目标结构) 最佳的特征，对于分类问题而言并不是最佳的分类特征。

3. 最大似然函数估计

最大似然估计也是估计 ICA 是一种较常用的方法。它与信息论紧密相关，就本质而言它与最小化互信息是相同的。在 ICA 模型中可以直接定义似然函数，然后用最大似然函数的方法来估计 ICA 模型。如果 $\boldsymbol{W} = [w_1 \quad w_2 \quad \cdots \quad w_m]$ 等于矩阵 $\boldsymbol{A}^{-1}$，对数似然函数采取如下形式：

$$L = \sum_{j=1}^{m} \sum_{i=1}^{m} \log f_j(w_i^{\mathrm{T}} \boldsymbol{x}(t)) + m \log |\det \boldsymbol{W}| \tag{8.124}$$

式中，f_i 为 S_i 密度函数；$\boldsymbol{x}(t) \, (t = 1, 2, \cdots, m)$ 为 $\boldsymbol{x}$ 的函数。

最大似然函数估计要求 f_i 的密度必须估计准确。在任何情况下，如果关于独立成分特性的信息不准确，最大似然估计将给出完全错误的结论。相比之下，前面的非高斯性最大和互信息最小方法则不会产生此类问题。

8.5.2 快速 ICA 算法

传统的 ICA 算法可分为两类：第一类是最大和最小化相关的准则函数，这类算法的优点是对任何分布的独立成分都适合，但它们要求复杂的矩阵运算和张量运算，计算量非常大；第二类是基于随机梯度方法的自适应算法，其优点是能保证收敛到一个相应的解，但收敛速度慢，且收敛与否很大程度上取决于学习速率参数的正确选择。因此，这两种方法都不太适用于大数据量和高维数据分析。

作为改进，Hyvärinen 和 Karhunen(2001) 提出了一种快速 ICA 算法 (fast independent component analysis，FICA)。该算法的估计原理是定点递推迭代，它对任何类型的数据都适用。因此，FICA 使运用 ICA 分析高光谱遥感数据成为可能。

设原始高光谱影像由若干独立地物成分混合形成，用公式表示为

$$\boldsymbol{x}(t) = \boldsymbol{A}\boldsymbol{s}(t) + \boldsymbol{n}(t) \tag{8.125}$$

式中，$\boldsymbol{A}$ 为影像混合矩阵；$\boldsymbol{x}(t)$ 为原始 N 维高光谱影像向量；$\boldsymbol{s}(t)$ 为独立的 M 维未知地物成分向量；$\boldsymbol{n}(t)$ 为观测噪声向量。

高光谱影像 ICA 分解的目的是寻求一个线性变换列向量 $\boldsymbol{w}$，通过 $\boldsymbol{w}$ 由混合信号 $\boldsymbol{x}(t)$ 恢复各地物成分 ($\boldsymbol{s}(t)$)。

$$\boldsymbol{y}(t) = \boldsymbol{w}\boldsymbol{x}(t) = \boldsymbol{w}\boldsymbol{A}\boldsymbol{s}(t) \tag{8.126}$$

式中，$\boldsymbol{y}(t)$ 为 $\boldsymbol{s}(t)$ 的估计值。

当分离矩阵 $\boldsymbol{w}$ 是 $\boldsymbol{A}$ 的逆矩阵时，分量 $\boldsymbol{s}(t)$ 能被按顺序地提取出来，否则两者之间存在一个排序和幅度的变换。

利用 ICA 求解 $\boldsymbol{y}(t)$ 的过程实质上是对独立性判据的优化过程。根据前面对各种独立性判距的分析，选用特征间的互信息作为独立性判据。提取后各特征的互信息表示为

$$I(y_i) = E\left\{\log(p(\boldsymbol{y}))\right\} - E\left\{\log(\prod_{i=1}^{n} p(y_i))\right\} = \sum_{i=1}^{m} H(y_i) - H(\boldsymbol{y}) \tag{8.127}$$

式中，$p(\boldsymbol{y})$ 和 $p(y_i)$ 分别表示各特征的联合概率和边缘概率。

若各特征间统计独立，则其互信息为 0，即 $I(y_i) = 0$。

高光谱影像特征提取要求使分离出的各特征影像的互信息最小化，即

$$\min\{I(y_i)\} = \min\left\{\sum_{i=1}^{m} H(y_i) - H(\boldsymbol{y})\right\} \tag{8.128}$$

由于高光谱原始数据由各地物成分线性混合而成，根据互信息的特征 (式 (8.123) 和 (8.123))，式 (8.128) 可转化为负熵最大化原则：

$$\max\{J(y_i) = \max\left\{H(\boldsymbol{y}_{\text{gauss}}) - H(y_i)\right\} \tag{8.129}$$

式中，$J(y_i)$ 表示负熵；C 是一个常数。

这说明可以通过求解负熵最大来寻找分离矩阵 $\boldsymbol{w}$。式 (8.129) 即为用互信息 (负熵) 作为判据的高光谱遥感数据特征提取公式，满足此式的分解向量即为分离数据中地物成分效果最好的方向，将高光谱影像投影到此方向上便能突出相应的地物成分。

Hyvärinen 指出，如果数据满足条件：

$$E\left\{(\boldsymbol{w}^{\mathrm{T}}\boldsymbol{x})^2\right\} = \|\boldsymbol{w}\|^2 = 1 \tag{8.130}$$

则式 (8.119) 可在下点处获取最大值：

$$E\left\{\boldsymbol{x}G\left(\boldsymbol{w}^{\mathrm{T}}\boldsymbol{x}\right)\right\} - \boldsymbol{\beta}\boldsymbol{w} = 0 \tag{8.131}$$

借助牛顿迭代法可获得 FICA 的分离向量 $\boldsymbol{w}$ 迭代式：

$$\boldsymbol{w}(k+1) = \boldsymbol{w}(k) - \left[E\left\{\boldsymbol{x}G(\boldsymbol{w}(k)^{\mathrm{T}}\boldsymbol{x}\right\} - \boldsymbol{\beta}\boldsymbol{w}\right] / \left[E\left\{G'(\boldsymbol{w}(k)^{\mathrm{T}}\boldsymbol{x})\right\} - \boldsymbol{\beta}\right] \tag{8.132}$$

式中，$G'(\cdot)$ 为负熵关于 $G(\boldsymbol{y})$ 的导数；$\boldsymbol{w}(k)$ 分别为第 k 次迭代后的分离矩阵，当 $\boldsymbol{w}(k+1)$ 与 $\boldsymbol{w}(k)$ 变化很小时迭代结束。

另外，每次迭代后都要对 $\boldsymbol{w}(k)$ 进行归一化处理，确保提取的分量有单位数值。因此，利用 FICA 原理对高光谱影像进行特征提取的步骤如下。

第一步，原始数据中心化。

对原始数据的中心化主要用 PCA 变换实现。其原因主要有以下两个方面：第一，PCA 变换虽然无法有效地突出影像中的小目标信息，但 PCA 变换可以将影像中各种地物的总信息集中投影于少数几维特征空间中，不仅减少了独立分析时处理的数据量，而且减少了噪声对目标分离的影响；第二，通过 PCA 变换可以使高光谱影像满足式 (8.129)，使数据中心化，并加速优化迭代的收敛。另外，主成分变换能够按照投影方向上的信息含量，按顺序将原始数据投影于少数正交特征矢量，同时使得原始数据的信息量损失最小。设原始数据为 $\boldsymbol{x}$，其平均值 $\bar{\boldsymbol{X}}$，波段互相关矩阵的特征值对角阵为 $\boldsymbol{D}$，特征值对应的特征向量矩阵为 $\boldsymbol{U}^{\mathrm{T}}$，则数据中心化公式为

$$\boldsymbol{Z} = \boldsymbol{D}^{-\frac{1}{2}}\boldsymbol{U}^{\mathrm{T}}(\boldsymbol{x} - \bar{\boldsymbol{x}}) \tag{8.133}$$

第二步，估计一个最佳分解向量 $\boldsymbol{w}$，执行过程见表 8.1。

表 8.1　分解向量估计步骤

步骤	方法
步骤 1	初始化 $\boldsymbol{w}(0)$，初始化方法为在 0 到 1 之间随机生成数值，但令向量的模为 1，$k=1$
步骤 2	利用式 (8.134) 求解 $\boldsymbol{w}(k+1)$，期望值用所有像素值计算
步骤 3	利用 $\boldsymbol{w}' = \boldsymbol{w}/\|\boldsymbol{w}\|$ 对分离向量 $\boldsymbol{w}(k+1)$ 归一化
步骤 4	如果 $\|\boldsymbol{w}(k+1) - \boldsymbol{w}(k)\|$ 不接近于零，则将 $\boldsymbol{w}(k+1)$ 作为 $\boldsymbol{w}(k)$ 带入步骤 2 循环计算，若满足条件则执行下一步
步骤 5	输出最佳分解向量 $\boldsymbol{w}$

第三步，估计多个分解向量 $\boldsymbol{w}$。

借助步骤二可以求出一种独立成分，但通常高光谱遥感数据中不只包含一种独立成分，因此应对数据进行 n 次分解迭代，便可获得 n 个分解向量 $\boldsymbol{w}$。为了保证每幅特征影像中突出不同的兴趣目标，应对每次求解的 $\boldsymbol{w}$ 进行正交化投影，即

$$\boldsymbol{w}(k) = \boldsymbol{w}(k) - \boldsymbol{B}^i\boldsymbol{B}^{i\mathrm{T}}\boldsymbol{w}(k) \tag{8.134}$$

$$\boldsymbol{B}^i = [\boldsymbol{B}^{i-1} \quad \boldsymbol{w}(k)] \tag{8.135}$$

式中，$\boldsymbol{B}^i$ 是由前 i 次迭代求解的分解列向量组合的矩阵。

第四步，数据投影。

通过第三步可以求得数据的分解矩阵 $\boldsymbol{B} = [\boldsymbol{w}_1\boldsymbol{w}_2\cdots\boldsymbol{w}_n]$，$\boldsymbol{B}$ 由每个独立成分的分解列向量组成，中心化后的高光谱影像在不同分解向量上的投影可以突出不同的独立地物成分，其计算式为

$$\boldsymbol{S} = \boldsymbol{B}^{\mathrm{T}}\boldsymbol{Z} + \bar{\boldsymbol{x}} \tag{8.136}$$

式中，$\boldsymbol{Z}$ 为步骤一中式 (8.133) 的计算结果；$\bar{\boldsymbol{x}}$ 为原始数据的波段均值向量。

8.6　投影寻踪特征提取

投影寻踪方法 (projection pursuit，PP) 的研究起始于 20 世纪 70 年代，是由 Friedman 和 Tukey (1974) 提出的一种专门对高维数据线性降维的数据处理方法，已成功地应用于水文、气象等多个数据分析领域。

投影寻踪的基本思想十分简单，即将高维数据空间按照某种兴趣结构线性投影到低维子空间中，进而达到在低维子空间中分析和研究数据的目的。它包含两方面的含义，其一是投影 (projection)，把高维空间中的数据投影到低维子空间；其二是寻踪 (pursuit)，利用低维空间中投影数据的分布信息，发现人们感兴趣的数据结构和相应的投影方向。其处理流程见图 8.5。

图 8.5　投影寻踪数据处理流程

可以看出，投影寻踪的目的是通过高维空间数据在低维空间中的直观表现，揭示人们感兴趣的分布结构。所谓 "感兴趣" 是针对特定问题而言的，不同的实际问题人们感兴趣的结构也不同。例如对聚类和分类而言，人们感兴趣的是那些能使数据成功聚类或分类的投影方向。如何发现这些感兴趣的投影方向是问题的核心所在，也是投影寻踪方法中寻踪所要完成的任务。目前寻踪主要有两种途径完成：

第一类是人工寻踪，即把高维数据投影到二维空间中任意两个投影方向上，通过肉眼观察投影点在二维空间中的散布图来发现感兴趣的投影方向。这种方法计算简单，解释容易，但由于投影方向的变化是盲目的，寻踪过程时间太长，使其在实际应用中受到极大限制。

第二类是自动寻踪，其基本思想是把感兴趣的结构用一个数值指标来描述，然后通过优化迭代算法寻找使这一数值指标达到最优的投影方向，从而实现寻踪过程的自动化，这一数据指标被定义为投影指标 (projection index)。与 ICA 相比，投影寻踪方法的优点

在于可以灵活设计不同的投影指标来揭示高维数据内不同的兴趣结构特征。因此，投影指标的确立是投影寻踪方法能否成功的关键。

8.6.1 投影指标

投影指标可以分为需要样本的监督投影指标和不需要样本的非监督投影指标。监督投影指标较适用于高光谱影像分类特征的提取，可以使用 8.2 节所描述的类别可分性准则。非监督的投影指标有以下几种。

1. 信息距离指标

根据信息论，两个分布的相对熵为

$$d(f\|g) = \int_{-\infty}^{+\infty} g(x) \cdot \log \frac{f(x)}{g(x)} \mathrm{d}x \tag{8.137}$$

式中，$f(x)$ 和 $g(x)$ 分别为两种分布。

则 $f(x)$ 相对 $g(x)$ 的信息距离为

$$Q(f) = |d(f\|g)| + |d(g\|f)| \tag{8.138}$$

式 (8.138) 表示了两种分布内的信息差别。$f(x)$ 和 $g(x)$ 差别越大，$Q(f)$ 的值就越大，当 $f(x) = g(x)$ 时，$Q(f) = 0$。

一般认为服从正态分布的数据中有用信息最少，因而人们感兴趣的是与正态分布差别大的结构。多元正态分布的任何一维线性投影仍然服从正态分布，因此如果一个数据在某个方向上的投影与正态分布差别较大，那它就一定含有非高斯的结构，也就是兴趣结构。高维数据在不同方向上的一维投影与正态分布的差别是不一样的，它显示了在这一方向上所含有的有用信息的多少，因此可以用投影数据的分布与正态分布的差别作为投影指标。即先将式 (8.138) 中的 $g(x)$ 取正态分布，然后搜索使式 (8.138) 最大的投影方向。这种方法具有严密的理论基础，但是计算复杂，实际应用较少。

2. 高阶距指标

偏度 (k_3) 是用来衡量分布非对称性的统计指标，峰度 (k_4) 是用来衡量分布平坦性的统计指标，它们都对离群点非常敏感。因此可以用作投影指标来寻找离群点。但在投影寻踪应用中，一般取二者的组合作为投影指标，主要有以下形式：

$$I_1 = k_3^2 + k_4^2/12 \tag{8.139}$$

$$I_2 = k_3^2 \cdot k_4^2 \tag{8.140}$$

这类投影指标虽然计算简单，但其容易受噪声干扰。

3. 非高斯性指标

正如信息距离指标中论述的一样，人们通常感兴趣的是与正态分布差别大的结构，即非高斯性结构；因此，可以将非高斯性度量的方法作为投影指标。具体的非高斯性度量方法请参考式 (8.117) 和式 (8.122)。

8.6.2 基于 PP 的高光谱影像特征提取

利用投影寻踪方法对高光谱影像进行特征提取的流程如图 8.6 所示,实现步骤如下。

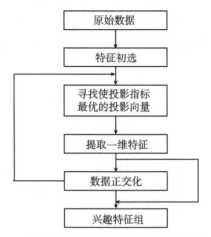

图 8.6   基于投影寻踪的高光谱影像特征提取流程

第一步,特征初选:与 ICA 中目的相同,特征初选方法要即能减少数据的特征维数,又能有效集中高维特征空间中的地物信息 (不损失小目标信息)。

第二步,搜索最佳投影方向:这一步利用优化搜索算法,求使投影指标取值最佳的投影方向。对于高光谱影像而言,要求选用的优化搜索算法能适应高维数据优化的需要。

第三步,提取一维特征:即将高光谱影像投影到最佳投影方向上,形成一维特征。

第四步,数据正交化:如果需要提取多个兴趣特征,则在每提取了一维特征后,需要将原始数据投影到与前几个特征正交的方向上,保证每次提取特征的兴趣结构不重复。

8.7   非线性特征提取方法

根据特征空间映射函数的性质,特征提取技术可分为线性特征提取和非线性特征提取方法。主成分分析、判别分析、投影寻踪等都属于线性特征提取方法,具有原理简单直观、计算相对方便的优点。但是,对于某些地物分类问题而言,无论用任何方向上的线性映射,都可能使原始空间中可分的数据在低维空间中重叠。

近年来,很多学者开始研究高光谱影像的非线性特征提取技术,其中研究较多的是对线性方法的非线性扩展。张连蓬借助神经网络和主曲线 (面) 算法对主成分分析进行了非线性扩展,将主曲线简化为主折线,以提高计算效率,但其本质上是用逐段线性来逼近非线性,其特征提取的效果仅是在非线性与线性之间的折中,并没有从根本上解决非线性特征提取问题。

随着 SVM 技术的发展,关于核函数映射的研究越来越受到人们重视,许多学者研究了采用核函数映射技术进行非线性特征提取的方法,并且结果表明核函数映射能很好地解决非线性特征提取问题,具有很好的应用前景。有学者将核主成分分析 (kernel PCA)、核 Fisher 判别分析 (kernel fisher discriminant analysis)、核巴氏距离特征提取

(kernel bhattacharyya feature extraction, KBFE)、广义判别分析 (generalized discriminant analysis, GDA) 等应用于高光谱影像特征提取，本书将在第 9 章进行介绍。

2000 年，Donoho(2000) 预测，21 世纪高维数据分析将是一个很活跃的领域，将会发展出一套全新的、适合高维数据分析的理论。Tenebaum 和 Roweis 分别提出了等度规映射与局部线性嵌入，揭示了高维数据中隐含了内在低维变量，并强调了高维数据的学习实质上可以理解为对嵌入在高维空间的低维流形的学习。Saul 推测在认识层面上记忆存储的连续吸引子的形式以及感知流形的联系，暗示着流形学习可能是人类认知中一种自然的行为方式。

目前，流形学习成为高维空间非线性维数简约方法，其维数约简过程可以概括为：假设数据是均匀采样于一个高维欧式空间中的低维流形，流形学习就是从高维采样数据中恢复低维流形结构，即找到高维空间中的低维流形，并求出相应的嵌入映射，以实现维数约简或者数据可视化。流形学习是从观测到的现象中寻找事物的本质，找到产生数据的内在规律，也为高光谱影像特征提取提供了新的途径。

根据各种流形学习维数简约方法的思想实质，可以将其分为两大类：第一类是构建关系矩阵的方法，包括等度规映射、局部线性嵌入、随机近邻嵌入、漫散射、Laplace 特征映射、最大方差展开、等角特征映射；第二类是基于局部模型的全局坐标对齐方法，包括 Hessian 局部线性嵌入、局部切空间排列、图册化流形、局部线性对齐、黎曼流形学习等。维数估计是特征提取的必要步骤，在流形学习维数简约中首先要估计本征维数，包括相关维数估计、最邻近估计、最大似然估计、特征值估计、包数估计等方法。

针对高光谱影像流形学习特征提取时计算量大、内存需求高的问题，2008 年，董广军提出了一种基于支配点影像拼接的 L-ISOMAP 快速降维处理技术，在冗余方差控制、信息量保持、光谱分类特征提取方面取得了较好的效果，在光谱规范化特征值方面优于 MNF 变换。流形学习作为一种新兴的高维数据处理方法，在高光谱影像特征提取应用中还有许多问题有待深入研究。

第9章 高光谱影像核方法分析

核方法已成为高光谱影像分析的重要研究方向。自从 20 世纪 90 年代中期在支持向量机分类中得到成功应用以后，人们开始尝试利用核函数将经典的线性特征提取与分类识别方法推广到一般情况，在理论和应用中都有许多成果，引起了继经典统计线性分析、神经网络与决策树非线性分析后第三次模式分析方法的变革。本章首先介绍核函数和核方法的基本概念，继而从统计学习理论角度引入支持向量机的原理并将其用于高光谱影像分类，然后介绍核 Fisher 判别分析和相关向量机，最后讨论基于核方法的非线性特征提取。

9.1 核函数与核方法原理

核函数理论的形成已有很长的历史。Mercer 定理可追溯到 1909 年，再生核 Hilbert 理论是 20 世纪 40 年代发展起来的，1975 年 Poggio 首次用到了多项式核函数，但直到 1992 年 Vapnik 将之用于支持向量机之后，其潜力才得以挖掘，人们开始采用核方法改进传统线性数据处理算法的研究，成为机器学习、模式识别、数据挖掘等许多学科的研究热点。支持向量机等诸多核方法在处理具有高维特征的高光谱影像数据时表现出了巨大的应用潜力。

9.1.1 核 函 数

核函数是建立在 Hilbert 空间理论基础上的。本节介绍核函数定义、核函数的封闭性质和常用的构造方法，分析核函数类型及具有代表性的核函数，为核机器学习方法的设计与实现奠定基础。

假设 X 为实数集上的向量空间，如果存在函数 $f: X \rightarrow \mathbb{R}$，对于所有的 $\boldsymbol{x}, \boldsymbol{x}' \in X$，$\alpha \in \mathbb{R}$，$f(a\boldsymbol{x}) = af(\boldsymbol{x})$ 和 $f(\boldsymbol{x} + \boldsymbol{x}') = f(\boldsymbol{x}) + f(\boldsymbol{x}')$ 都成立，则称 f 为线性函数。对于实数集 $\mathbb{R}$ 上的向量空间 X，如果存在一个实值对称双线性映射 $\langle \cdot, \cdot \rangle$，满足 $\langle \boldsymbol{x}, \boldsymbol{x}' \rangle \geqslant 0$，则称 X 为内积空间，称双线性映射 $\langle \cdot, \cdot \rangle$ 为内积或点积。如果当且仅当 $\boldsymbol{x} = \boldsymbol{0}$ 时，存在 $\langle \boldsymbol{x}, \boldsymbol{x}' \rangle = 0$，则称向量空间 X 为严格内积空间。

Hilbert 空间是具备可分性和完备性的严格内积空间。空间 H 的可分性是指 H 中有一组可数元素 $h_1, \cdots, h_i, \cdots$，使得所有的 $h \in H$ 和 $\varepsilon > 0$ 都存在 i 满足 $\|h_i - h\| < \varepsilon$。空间 H 的完备性是指 H 的元素的每一个柯西序列 $\{h_n\}_{n>0}$ 都收敛于元素 $h \in H$，这里柯西序列是一个序列满足如下性质：

$$\sup_{m>n} \|h_n - h_m\| \rightarrow 0, n \rightarrow \infty \tag{9.1}$$

如果存在某个 Hilbert 空间 $(\langle \cdot, \cdot \rangle)$ 和映射 $\phi: X \rightarrow H$，使得 $k(\boldsymbol{x}, \boldsymbol{x}') = \langle \phi(\boldsymbol{x}), \phi(\boldsymbol{x}') \rangle$，则称二元函数 $k: X \times X \rightarrow \mathbb{R}$ 是核函数，称 H 为特征空间，ϕ 为特征映射。$k: X \times X \rightarrow \mathbb{R}$

是核函数当且仅当它是有限半正定的。如果给定一个核函数 k，则把对应的空间 F_k 称为再生核 Hilbert 空间 (reproducing kernel hilbert space，RKHS)。

根据 Mercer 定理，我们首先将满足 Mercer 条件的对称函数称为 Mercer 核。在 L_2 范数下，对称函数 $k(\boldsymbol{x}, \boldsymbol{x}')$ 能以正系数 $\alpha_k > 0$ 展开为

$$k(\boldsymbol{x}, \boldsymbol{x}') = \sum_{i=1}^{\infty} a_i \boldsymbol{\phi}_i(\boldsymbol{x}) \boldsymbol{\phi}_i(\boldsymbol{x}') \tag{9.2}$$

的充分必要条件为使得 $\int f(\boldsymbol{x}) \mathrm{d}\boldsymbol{x} < \infty$ 的所有函数 $f \neq 0$，式 (9.3) 都成立

$$\iint k(\boldsymbol{x}, \boldsymbol{x}') f(\boldsymbol{x}) f(\boldsymbol{x}') \mathrm{d}\boldsymbol{x} \mathrm{d}\boldsymbol{x}' > 0 \tag{9.3}$$

核函数可以看成是一个由函数类上的概率分布决定的协方差函数。假定函数类 F 上分布 $q(f)$，协方差函数如式 (9.4) 所示，称为协方差核。可以证明，在分布呈特定形式的条件下，可以用协方差的形式得到每一个核函数。

$$k_q(\boldsymbol{x}, \boldsymbol{x}') = \int_{\mathcal{F}} f(\boldsymbol{x}) f(\boldsymbol{x}') q(f) \mathrm{d}f \tag{9.4}$$

核函数性质具有封闭性。令 k_1 和 k_2 是定义在 $X \times X$ 上的核，$\boldsymbol{x}, \boldsymbol{x}' \in X, X \subseteq \mathbb{R}^n, a \in \mathbb{R}^+$，$f(\boldsymbol{x})$ 是 X 上的一个实值函数，$\phi: X \to \mathbb{R}^n$，k_3 是定义在 $\mathbb{R}^n \times \mathbb{R}^n$ 上的一个核，$\boldsymbol{B}$ 是一个 $n \times n$ 的半正定对称矩阵。那么下列函数都是核函数：

$$k(\boldsymbol{x}, \boldsymbol{x}') = k_1(\boldsymbol{x}, \boldsymbol{x}') + k_2(\boldsymbol{x}, \boldsymbol{x}') \qquad k(\boldsymbol{x}, \boldsymbol{x}') = a k(\boldsymbol{x}, \boldsymbol{x}')$$
$$k(\boldsymbol{x}, \boldsymbol{x}') = k_1(\boldsymbol{x}, \boldsymbol{x}') k_2(\boldsymbol{x}, \boldsymbol{x}') \qquad k(\boldsymbol{x}, \boldsymbol{x}') = f(\boldsymbol{x}) f(\boldsymbol{x}')$$
$$k(\boldsymbol{x}, \boldsymbol{x}') = k_3(\phi(\boldsymbol{x}), \phi(\boldsymbol{x}')) \qquad k(\boldsymbol{x}, \boldsymbol{x}') = \boldsymbol{x}^{\mathrm{T}} \boldsymbol{B} \boldsymbol{x}'$$

根据核函数性质，可以利用已知核函数构造出新的核函数。如果令 $k_1(\boldsymbol{x}, \boldsymbol{x}')$ 是一个定义在 $X \times X$ 上的核，其中 $\boldsymbol{x}, \boldsymbol{x}' \in X$，且 $p(\boldsymbol{x})$ 是一个具有正系数的多项式。那么下列函数也是核函数。

$$k(\boldsymbol{x}, \boldsymbol{x}') = p(k_1(\boldsymbol{x}, \boldsymbol{x}')) \qquad k(\boldsymbol{x}, \boldsymbol{x}') = \exp(k_1(\boldsymbol{x}, \boldsymbol{x}'))$$
$$k(\boldsymbol{x}, \boldsymbol{x}') = \exp\left(-\|\boldsymbol{x} - \boldsymbol{x}'\|^2 / (2\sigma^2)\right)$$

按照函数形式的不同，核函数主要分为平移不变核、旋转不变核和卷积核三种。

(1) 平移不变核。核函数具有形式 $k(\boldsymbol{x}, \boldsymbol{x}') = f(\boldsymbol{x} - \boldsymbol{x}')$，其中 $f: X \to \mathbb{R}$ 是实函数。设 $f: X \to \mathbb{R}$ 是有界可积连续函数，则 $k(\boldsymbol{x}, \boldsymbol{x}') = f(\boldsymbol{x} - \boldsymbol{x}')$ 为核函数的充要条件是 $f(0) \geqslant 0$，且其傅里叶变换 $f(\omega) = \int_X f(\boldsymbol{x}) e^{-\mathrm{i}(\omega \cdot \boldsymbol{x})} \mathrm{d}\boldsymbol{x} \geqslant 0$。最常见的两种平移不变核分别为高斯径向基核函数：

$$k(\boldsymbol{x}, \boldsymbol{x}') = e^{\frac{-\|\boldsymbol{x} - \boldsymbol{x}'\|^2}{\sigma^2}} \quad (\sigma^2 > 0) \tag{9.5}$$

和指数径向基核函数：

$$k(\boldsymbol{x}, \boldsymbol{x}') = e^{-a\|\boldsymbol{x} - \boldsymbol{x}'\|} \quad (a > 0) \tag{9.6}$$

(2) 旋转不变核。核函数具有形式 $k(\boldsymbol{x}, \boldsymbol{x}') = f(\langle \boldsymbol{x}, \boldsymbol{x}'\rangle)$，$f : D \to R$ 是一元实函数 $D \subset \mathbb{R}$。设 $f(t)$ 在 $-r < t < r$ 上有定义 $(0 < r < \infty)$，且它的各阶导数都存在，且 $f^{(n)}(t) \geqslant 0, 0 < t < r$，则 $k(\boldsymbol{x}, \boldsymbol{x}') = f(\langle \boldsymbol{x}, \boldsymbol{x}'\rangle)$ 是核函数。最常见的两种旋转不变核分别为多项式核函数：

$$k(\boldsymbol{x}, \boldsymbol{x}') = (\langle \boldsymbol{x}, \boldsymbol{x}'\rangle + p)^d \quad (d \in \mathbb{N}, p \in \mathbb{R}) \tag{9.7}$$

和感知器核函数

$$k(\boldsymbol{x}, \boldsymbol{x}') = \tan(\rho \langle \boldsymbol{x}, \boldsymbol{x}'\rangle + c) \quad (\rho, c > 0) \tag{9.8}$$

(3) 卷积核。它是构造核函数，通常是集上的核函数、序列上的核函数、树上的核函数等复杂结构上的核函数。

9.1.2 核 方 法

模式分析的核方法，是利用核函数将线性模式分析方法进行非线性推广。核方法的一般过程为：首先要将模式分析算法调整成为只包含输入向量内积的形式；然后将分析算法与核函数相结合，利用核函数计算特征空间中两个输入向量映射的内积，使得在高维特征空间中实现这一分析算法成为可能。

核方法是一种模块化方法，它可分为核函数设计和算法设计两个部分，具体情况如图 9.1 所示。核函数方法的实施步骤，可以具体描述为：首先收集和整理样本，并将样本特征的数值范围进行标准化；然后选择或构造核函数，并利用核函数将样本变换成为核矩阵，在特征空间中对核矩阵实施线性算法；最终得到输入空间中的非线性模型。

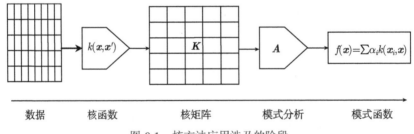

$$k(\boldsymbol{x}, \boldsymbol{x}') \qquad \boldsymbol{K} \qquad \boldsymbol{A} \qquad f(\boldsymbol{x}) = \sum \alpha_i k(\boldsymbol{x}_i, \boldsymbol{x})$$

数据   核函数   核矩阵   模式分析   模式函数

图 9.1 核方法应用涉及的阶段

求解核矩阵的过程相当于将输入数据通过非线性函数映射到高维特征空间。因为核矩阵由输入数据通过核函数转化而成，同时是具体学习算法的分析对象，所以核矩阵不仅是核机器学习算法设计和分析的中心概念，还是核机器学习算法实现的中心数据结构。

核方法之所以能够得到广泛应用，是因为其固有的优势：核函数的引入能够避免传统模式分析方法遇到的"维数灾难"，可以有效处理高维输入；核方法无需求解非线性变换映射的具体形式和参数，降低了算法复杂度；核函数形式和参数的变化会隐式地改变从输入空间到特征空间的映射，最终隐性地改变核方法的性能；核函数可以与不同分析算法相结合，并且这两部分可以进行单独设计。

从计算的角度来看，核方法能够在空间上和时间上以较低的计算代价，处理高维特征空间中的问题；尽管结果得到的函数比较复杂，但一般都是解凸优化问题，故不会受到局部极小化的困扰。从实现的角度来看，内存限制意味着对于很大的数据集，把整个核矩阵装入内存是不可能的，在这种情况下，算法中用到核矩阵中元素的值，需要随时通过核函数计算得到，这就会影响到算法选择和实现细节。

9.2 统计学习理论与支持向量机

统计学习理论 (statistical learning theory，SLT)，也称计算学习理论 (computational learning theory)，是由 Vapnik 等提出的一种研究有限样本学习的统计理论，着重研究在小样本情况下的统计规律及决策方法，在此基础上提出了支持向量机 (support vector machine，SVM)。SVM 根据结构风险最小化原则，通过综合考虑经验风险和置信范围，寻求使风险上界最小的函数作为决策函数；非线性 SVM 也是核函数最成功的应用之一。

9.2.1 统计学习理论

机器学习问题的模型如图 9.2 所示，系统 (S) 对任意输入向量 $\boldsymbol{x}$ 产生对应的输出 $\boldsymbol{y}$。机器学习问题就是从给定预测函数集 $\{f(\boldsymbol{x}, \boldsymbol{w})\}$ ($\boldsymbol{w}$ 是函数的广义参数) 中选择出能最好的逼近系统 (S) 响应的函数。这种选择是基于训练样本集的，即 n 个独立同分布的观测样本 $(\boldsymbol{x}_1, \boldsymbol{y}_1), (\boldsymbol{x}_2, \boldsymbol{y}_2), \cdots, (\boldsymbol{x}_n, \boldsymbol{y}_n)$。对于二值分类问题，$\{f(\boldsymbol{x}, \boldsymbol{w})\}$ 也称为指示函数集。

图 9.2　机器学习问题的模型

从预测函数集中挑出的最优响应函数 $\{f(\boldsymbol{x}, \boldsymbol{w}^*)\}$，应满足期望风险 $R(\boldsymbol{w})$ 最小：

$$R(\boldsymbol{w}) = \int L(\boldsymbol{y}, f(\boldsymbol{x}, \boldsymbol{w})) \mathrm{d}P(\boldsymbol{x}, \boldsymbol{y}) \tag{9.9}$$

式中，$P(\boldsymbol{x}, \boldsymbol{y})$ 表示系统 $\boldsymbol{S}$ 中输出之间的概率分布函数；$L(\boldsymbol{y}, f(\boldsymbol{x}, \boldsymbol{w}))$ 是用 $f(\boldsymbol{x}, \boldsymbol{w})$ 对 $\boldsymbol{y}$ 进行预测造成的损失。不同类型的学习问题有不同形式的损失函数，预测函数也称作学习函数、学习模型或学习机器。

在求解期望风险 $R(\boldsymbol{w})$ 时，根据数理统计的大数定理，常使用经验风险：

$$R_{\mathrm{emp}}(\boldsymbol{w}) = \frac{1}{n} \sum_{i=1}^{n} L(\boldsymbol{y}_i, f(\boldsymbol{x}_i, \boldsymbol{w})) \tag{9.10}$$

用 $R_{\mathrm{emp}}(\boldsymbol{w})$ 最小化来代替 $R(\boldsymbol{w})$ 最小化的方法，就是经验风险最小化。当 n 趋向于无穷大时式 (9.10) 趋近于式 (9.9)，但很多实际问题中的样本数目是有限的。

统计学习理论关于两类问题研究表明，指数函数集 $f(\boldsymbol{x}, \boldsymbol{w})$ 中的所有函数，在经验风险 $R_{\mathrm{emp}}(\boldsymbol{w})$ 和实际风险 $R(\boldsymbol{w})$ 之间至少以概率 $1 - \eta$ 满足：

$$R(\boldsymbol{w}) \leqslant R_{\mathrm{emp}}(\boldsymbol{w}) + \sqrt{\frac{h(\ln(2n/h) + 1) - \ln(\eta/4)}{n}} \tag{9.11}$$

式中，n 为样本的数目；h 是函数集的 VC(vapnik-chervonenkis) 维。这里 VC 维反映了函数集的学习能力，VC 维越大则学习机器越复杂，即容量越大。

这一结论从理论上说明，学习机器的实际风险是由两部分组成的：一部分是经验风险 (训练误差)，另一部分称作置信范围，它和学习机器的 VC 维及训练样本数有关。在有限训练样本下，学习机器的 VC 维越大 (复杂性越高)，置信范围越大，导致真实风险与经验风险之间可能的差别也越大。机器学习过程不但要使经验风险最小，还要使 VC 维尽量小以缩小置信范围，才能取得较小的实际风险，即对未来样本有较好的推广性。

统计学习理论提出了一种策略，即把函数集构造为一个函数子集序列，使各个子集按照 VC 维的大小排列。在每个子集中寻找最小经验风险，在子集间折中考虑经验风险和置信范围，取得最小的实际风险，如图 9.3 所示。这种思想称作结构风险最小化。统计学习理论还给出了合理的函数子集结构应满足的条件及在结构风险最小化准则下实际风险收敛的性质。

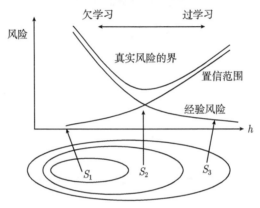

图 9.3　结构风险最小化示意图

实现结构风险最小化准则有两种思路：①在每个子集中求最小经验风险，然后选择使最小经验风险和置信范围之和最小的子集，这种方法比较复杂，当子集数目很大时不可行；②设计函数集的某种结构使每个子集中都能取得最小的经验风险 (如使训练误差为 0)，然后选择适当的子集使置信范围最小，则这个子集中使经验风险最小的函数就是最优函数，SVM 就是这种思想的具体实现。

9.2.2　支持向量机

SVM 最初是用来处理两类问题。其核心思想是以结构风险最小化为归纳原则，将样本投影到高维线性可分空间，在高维特征空间中构造具有低 VC 维的最优分类超平面作为判决面，使得线性可分的两类样本之间的间隔最大。

1. 线性模型

二维情形下，两类线性可分的最优分类超平面可用图 9.4 来说明。图中圆点和方点分别代表两类样本，虚线 H 为分类线，H_1、H_2 分别为过各类中离分类线最近的样本且平行于分类线的直线，它们之间的距离叫做分类间隔 (margin)。所谓最优分类线，就是要求分类线不但能将两类正确分开，而且使分类间隔最大。

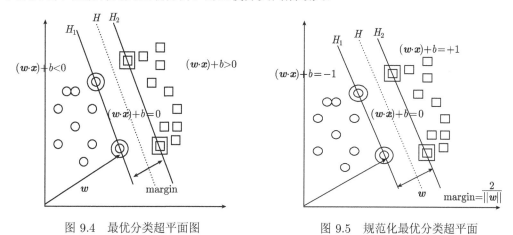

图 9.4 最优分类超平面图   图 9.5 规范化最优分类超平面

根据结构风险最小化原则，设在内积空间 H 中存在一组线性可分的两类样本 $\{(\boldsymbol{x}_1, y_1),$ $(\boldsymbol{x}_2, y_2), \cdots, (\boldsymbol{x}_n, y_n)\}$，$\boldsymbol{x}_i \in R^n$，$y_i \in \{-1, +1\}$ $i = 1, 2, \cdots, n$，-1 和 $+1$ 分别代表要区分的两种类别，则最优分类超平面可描述为

$$\{\boldsymbol{x} \in F : (\boldsymbol{w} \cdot \boldsymbol{x}) + b = 0\} \tag{9.12}$$

式中，$\boldsymbol{w}$ 为变换参数；b 为平移向量。

为了使分类超平面与参数 $\boldsymbol{w}$ 成一一对应关系，可对其规范化，使与判决面最近的样本到判决面的距离为 $\dfrac{1}{\|\boldsymbol{w}\|}$，规范化分类超平面满足下面的条件：

$$\min_{i=1,2,\cdots,n} |(\boldsymbol{w} \cdot \boldsymbol{x}_i) + b| = 1 \tag{9.13}$$

规范化分类超平面如图 9.5 所示。超平面 H_1、H_2 上的点称为支持向量，这些点唯一确定了一个最优的分类面 H，SVM 由此得名。H_1、H_2 上的点距离分类线 H 的距离均为 $\dfrac{1}{\|\boldsymbol{w}\|}$，规范化后两类间隔为 $\dfrac{2}{\|\boldsymbol{w}\|}$。由于使两类的间隔最大，相当于使 $\|\boldsymbol{w}\|$ 最小，而训练错误率为 0 意味着将所有的样本正确分类。

对于一组训练样本 $\{(\boldsymbol{x}_1, y_1), (\boldsymbol{x}_2, y_2), \cdots, (\boldsymbol{x}_n, y_n)\}$，$\boldsymbol{x}_i \in R^n$，$y_i \in \{-1, +1\}$ $i = 1, 2, \cdots, n$，如果分类超平面 $(\boldsymbol{w} \cdot \boldsymbol{x}) + b = 0$ 能够把所有的样本正确分类，即

$$y_i((\boldsymbol{w} \cdot \boldsymbol{x}) + b) \geqslant 1, \quad i = 1, 2, \cdots, n \tag{9.14}$$

且使 $\|\boldsymbol{w}\|^2$ 最小，则此分类面是最优分类超平面。

求解最优分类超平面的问题可表示为数学上的二次规划问题：

$$\begin{aligned} &\min \Phi(\boldsymbol{w}) = \frac{1}{2}(\boldsymbol{w} \cdot \boldsymbol{w}) \\ &\text{s.t.} \ \ y_i(\boldsymbol{w} \cdot \boldsymbol{x}_i + b) - 1 \geqslant 0 \end{aligned} \tag{9.15}$$

利用 Lagrange 优化方法，结合 Karush-Kuhn-Tucker(KKT) 条件，将式 (9.15) 改写为其对偶问题：

$$\max_{\alpha} Q(\alpha) = \sum_{i=1}^{n} \alpha_i - \frac{1}{2} \sum_{i,j=1}^{n} \alpha_i \alpha_j y_i y_j (\boldsymbol{x}_i \cdot \boldsymbol{x}_j)$$

$$\text{s.t.} \begin{cases} \sum_{i=1}^{n} y_i \alpha_i = 0 \\ \alpha_i \geqslant 0 \end{cases}, \quad i = 1, 2, \cdots, n \tag{9.16}$$

求解上述问题后，得到 SVM 分类的最优分类函数：

$$f(\boldsymbol{x}) = \text{sgn}[(\boldsymbol{w} \cdot \boldsymbol{x}) + b] = \text{sgn}[\sum_{x_i \in \text{SV}} \alpha_i y_i k(\boldsymbol{x}_i, \boldsymbol{x}) + b] \tag{9.17}$$

最优分类超平面是在假设样本线性可分的前提下讨论的，在线性不可分的情况下，引入松弛变量 $\xi_i \geqslant 0$ 及惩罚因子 C，解求广义最优分类面转化为二次规划问题：

$$\min \Phi(\boldsymbol{w}) = \frac{1}{2}(\boldsymbol{w} \cdot \boldsymbol{w}) + C \sum_{i=1}^{n} \xi_i$$

$$\text{s.t.} \begin{cases} y_i(\boldsymbol{w} \cdot \boldsymbol{x}_i + b) - 1 + \xi_i \geqslant 0 \\ \xi_i \geqslant 0 \end{cases}, \quad i = 1, 2, \cdots, n \tag{9.18}$$

式中，C 为某个指定的常数，它实际上控制着对错分样本惩罚程度，是在错分样本的比例与算法复杂度之间的折中。

2. 非线性模型

非线性 SVM 的核心思想是把数据非线性映射到高维特征空间，在高维特征空间中构造具有低 VC 维的最优分类超平面，进而使用核函数替换特征空间的内积，以简化计算过程。

给定如下一组样本 $(\boldsymbol{x}_1, y_1), (\boldsymbol{x}_2, y_2), \cdots, (\boldsymbol{x}_n, y_n)$，$y \in \{-1, +1\}$，利用非线性映射构造最优分类超平面的原理可描述为

$$\min_{\boldsymbol{w}, \boldsymbol{\xi}} \Phi(\boldsymbol{w}, \boldsymbol{\xi}) = \frac{1}{2}(\boldsymbol{w} \cdot \boldsymbol{w}) + C \sum_{i=1}^{n} \xi_i$$

$$\text{s.t.} \begin{cases} y_i((\boldsymbol{w} \cdot \phi(\boldsymbol{x}_i)) + b) \geqslant 1 - \xi_i \\ \xi_i \geqslant 0 \end{cases}, \quad i = 1, 2, \cdots, n \tag{9.19}$$

利用 Lagrange 优化方法，结合 Kuhn-Tucker 条件将上式改写为对偶问题：

$$\max_{\boldsymbol{\alpha}} Q(\boldsymbol{\alpha}) = -\frac{1}{2} \sum_{j=1}^{n} \sum_{i=1}^{n} \alpha_i \alpha_j y_i y_j (\phi(\boldsymbol{x}_i) \cdot \phi(\boldsymbol{x}_j)) + \sum_{i=1}^{n} \alpha_i$$

$$\text{s.t.} \begin{cases} \sum_{i=1}^{n} \alpha_i y_i = 0 \\ 0 \leqslant \alpha_i \leqslant C \end{cases}, \quad i = 1, 2, \cdots, n \tag{9.20}$$

采用核函数 $k(\boldsymbol{x}_i, \boldsymbol{x}_j) = \phi(\boldsymbol{x}_i) \cdot \phi(\boldsymbol{x}_j)$，则可得由核函数表示的二次优化问题：

$$\max_{\boldsymbol{\alpha}} Q(\boldsymbol{\alpha}) = -\frac{1}{2} \sum_{j=1}^{n} \sum_{i=1}^{n} \alpha_i \alpha_j y_i y_j k(\boldsymbol{x}_i, \boldsymbol{x}_j) + \sum_{i=1}^{n} \alpha_i$$

$$\text{s.t.} \begin{cases} \sum_{i=1}^{n} \alpha_i y_i = 0 \\ 0 \leqslant \alpha_i \leqslant C \end{cases}, \quad i = 1, 2, \cdots, n \tag{9.21}$$

这里的分类阈值 b，可由任一个支持向量用式 (9.22) 求得：

$$\boldsymbol{w} = \sum_{i=1}^{n} \alpha_i y_i \boldsymbol{x}_i$$

$$y_i(\boldsymbol{w} \cdot \boldsymbol{x}_i + b) - 1 \geqslant 0, \quad i = 1, 2, \cdots, n \tag{9.22}$$

最后得到用核函数表示的 SVM 的最优分类函数：

$$f(\boldsymbol{x}) = \text{sgn}[(\boldsymbol{w} \cdot \boldsymbol{x}) + b] = \text{sgn}[\sum_{x_i \in \text{SV}} \alpha_i y_i k(\boldsymbol{x}_i, \boldsymbol{x}) + b] \tag{9.23}$$

式中，$\boldsymbol{w} = \sum\limits_{\boldsymbol{x}_i \in \text{SV}} \alpha_i y_i \phi(\boldsymbol{x}_i)$。

如果给定训练样本 $(\boldsymbol{x}_1, y_1), (\boldsymbol{x}_2, y_2), \cdots, (\boldsymbol{x}_n, y_n)$，$y \in \{-1, +1\}$，对 SVM 进行训练后，共得到 N 个支持向量 $\boldsymbol{x}_1, \boldsymbol{x}_2, \cdots, \boldsymbol{x}_N$，那么，对于未分类样本 $\boldsymbol{x} = (x^1, x^2, \cdots, x^n)$，SVM 分类过程可表示为如图 9.6 所示的网络形式。

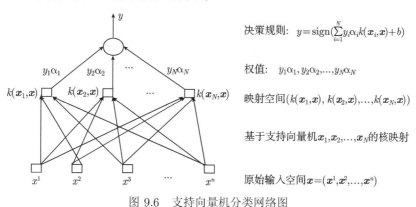

图 9.6　支持向量机分类网络图

3. 常用核函数的支持向量机

采用不同核函数就可以构造实现不同非线性映射的学习机器。SVM 中最常用的非线性映射核函数以下三种。

1) 多项式核函数

由 d 阶多项式核函数为 $k(\boldsymbol{x}, \boldsymbol{x}') = [(\boldsymbol{x} \cdot \boldsymbol{x}') + p]^d$ 构造的判决函数为

$$f(\boldsymbol{x}) = \text{sgn}[\sum_{\boldsymbol{x}_i \in \text{SV}} \alpha_i y_i [(\boldsymbol{x} \cdot \boldsymbol{x}_i) + p]^d + b] \tag{9.24}$$

如果核函数中的参数 $p = 0$, $d = 1$，则 SVM 便成为线性核映射 SVM。由于其运算速度较快，因而也是较常用的 SVM 之一。

2) 径向基核函数

径向基函数 (radial basis function，RBF) 又称为高斯核函数，形式为

$$k(\boldsymbol{x}, \boldsymbol{x}') = \exp\left(-\frac{\|\boldsymbol{x} - \boldsymbol{x}'\|^2}{\sigma^2}\right) \qquad (9.25)$$

式中，σ^2 控制了核函数宽度，为待定参数。RBF 核构造的决策函数为

$$f(x) = \operatorname{sgn}\left(\sum_{\boldsymbol{x}_i \in \mathrm{SV}} \alpha_i y_i \exp\left(-\frac{\|\boldsymbol{x} - \boldsymbol{x}_i\|^2}{\sigma^2}\right) + b\right) \qquad (9.26)$$

3) 神经网络核函数

神经网络核函数也称为 Sigmoid 核，形式为 $k(\boldsymbol{x}, \boldsymbol{x}') = \tanh(\mu(\boldsymbol{x} \cdot \boldsymbol{x}') + v)$，其中参数 (μ, v) 只有某些取值满足 Mercer 条件。神经网络核函数构造的决策函数为

$$f(x) = \operatorname{sgn}\left(\sum_{\boldsymbol{x}_i \in \mathrm{SV}} \alpha_i y_i \tanh(\mu(\boldsymbol{x} \cdot \boldsymbol{x}_i) + v) + b\right) \qquad (9.27)$$

9.3 支持向量机分类

国内外许多学者对基于 SVM 的高光谱影像分类应用进行过研究。SVM 能够借助样本核映射避免在有限样本的高维空间中进行密度评估，有效地解决 Hughes 现象，表现出良好的泛化能力，已经成为高光谱影像分类的重要工具。考虑到高光谱影像分类的实际应用对分类精度与速度要求，本节就如何构建快速稳健的多类 SVM 分类器的相关问题进行介绍，包括 SVM 分类的快速训练算法、多类分类器构造方法、核函数及参数选择等。

9.3.1 快速训练算法

从优化目标函数式 (9.18) 可以看到，SVM 方法的复杂度与特征维数无关，但受训练样本集规模 n 的制约。SVM 方法需要计算所有训练样本两两之间的核函数，产生一个 $n \times n$ 的核矩阵 (n 为训练样本个数)。当样本点数目很大时，存储核矩阵需要大量内存。同时，SVM 二次型寻优过程中要进行大量矩阵运算，使得算法收敛速度慢。

SVM 训练需要从提高训练算法收敛速度以及如何处理大规模样本集的训练问题等两方面进行改进，目前已经提出了许多解决方法和改进算法，面向高光谱影像分类应用，SVM 的快速训练可以使用分解方法和修改优化问题法。

1. 分解方法

分解方法是通过循环迭代解决对偶寻优问题。将原问题分解成更易于处理的若干子问题，即设法减小寻优算法要解决问题的规模，按照某种迭代策略，通过反复求解子问题，最终使结果收敛到原问题的最优解。这是目前 SVM 训练算法一般采用的途径。具体方法包括：

(1) 块算法 (chunking algorithm)。该算法随机选择一部分样本构成当前工作样本集，用它作为训练样本集来训练 SVM，剔除其中的非支持向量，并用训练结果对剩余样本进行检验，将不符合 KKT 条件的样本与本次结果的支持向量合并成为一个新的工作样本集，然后重新训练，如此重复下去直到获得最优结果。当支持向量数目远小于训练样本数目时，算法效率较高。

(2) 固定工作变量集法。在迭代过程中，训练样本集的大小固定在算法速度可以容忍的限度内，迭代过程选择一种合适的换入换出策略，将剩余样本中的一部分与工作样本集中的样本进行等量交换。SVMlight 算法使用了改进的固定工作量集方法，常用作各种算法比较的标准。

(3) 顺序最小优化方法 (sequential minimal optimization，SMO)。是固定工作变量分解算法的极端特例，其工作样本集中只有两个样本。它一次对两个样本进行优化，把二次型寻优算法简化为线性寻优问题，该子问题的最优解有解析的形式，从而避免了多样本情形下的数值解不稳定及耗时问题，同时也不需大的矩阵存储空间。这使得 SMO 能够处理大训练样本集合，特别适合稀疏样本集。

2. 修改优化问题法

通过修改目标函数、约束条件来简化优化问题本身，是提高 SVM 算法效率的途径之一。修改优化问题法主要包括最近点法、连续超松弛法和最小二乘 SVM。

(1) 最近点算法 (nearest point algorithm，NPA)。将 SVM 原问题的惩罚项由线性累加改为二次累加，使修改后的目标函数中将不再包含惩罚项，而约束条件中也没有了松弛因子，从而使问题转化为无错分情况下求最大边际的问题。

(2) 连续超松弛方法 (successive over relaxation，SOR)。通过在原目标函数中加一项 b^2，使其对偶问题也多出一项，而约束条件则少了一项等式约束。修改后的对偶问题变为边界约束条件下的二次规划问题，适合迭代求解。同时应用矩阵分解技术，每次只更新 Lagrange 乘子的一个分量，从而不必将所有样本放入内存，大大提高了收敛速度。

(3) 最小二乘 SVM(least squares SVM，LSSVM)。将最小二乘引入 SVM 中，将优化问题的目标函数改写为

$$\min_{w,\xi} J_{\mathrm{LS}}\left(\boldsymbol{w},\xi\right) = \tfrac{1}{2}\boldsymbol{w}^{\mathrm{T}}\boldsymbol{w} + \gamma \boldsymbol{\Sigma}\xi_i^2$$
$$\mathrm{s.t.}: y_i\left[\boldsymbol{w}^{\mathrm{T}}\phi\left(\boldsymbol{x}_i\right)+b\right] = 1 - \xi_i, \quad i=1,2,\cdots,n \tag{9.28}$$

通过定义相应的 Lagrange 函数，并运用 KKT 条件得到一组线性方程，通过解线性方程组而不是二次规划问题，就可得到原问题的解。

9.3.2 多类分类器构造

SVM 本身是一个两类问题的判别方法，高光谱影像分类中涉及的是多类问题。SVM 解决多类问题的途径大致有以下两种。

第一种途径，是对前面所述 SVM 中的原始最优化问题做出的适当改变，使得它能同时计算出所有类的分类决策函数，从而"一次性"地实现多类分类。

对于 k 个类别的 SVM 分类问题，将原始问题改写为

$$\text{min}: \quad 1/2\sum_{m=1}^{k}\|\boldsymbol{w}_m\|^2 + C\sum_{i=1}^{n}\sum_{m\neq y_i}\xi_i^m$$
$$\text{s.t.}\begin{cases} (\boldsymbol{w}_i\cdot\boldsymbol{x}_i)+b_i \geqslant (\boldsymbol{w}_m\cdot\boldsymbol{x}_i)+b_m+2-\xi_i^m \\ \xi_i^m \geqslant 0 \end{cases} \tag{9.29}$$

式中，n 为样本数量；$m=1,2,\cdots,k; i=1,2,\cdots,n$。

如果决策函数为 $f(\boldsymbol{x})=\max\limits_{i}[(\boldsymbol{w}_i\cdot\boldsymbol{x})+b_i]$，则判别结果为第 i 类。因为最优化问题求解过程复杂，计算量大，实现起来比较困难。

第二种途径，是将多类问题分解为一系列 SVM 可直接求解的两类问题，基于这一系列 SVM 求解结果得出最终判别结果。对 k 类别问题，基于这种思想的多类分类器构造包括以下五种方法。

(1) 一对余 (one against rest，OAR) 法。它是应用最广的多类构造方法之一，共需构造 k 个两类分类器，其中第 i 个分类器把第 i 类同余下的各类划分开。训练时，第 i 个分类器取训练样本集中第 i 类为正，其余类别点为负进行训练。分类时，输入样本分别经过 k 个分类器共得到 k 个输出值 $f_i(\boldsymbol{x})$，比较 $f_i(\boldsymbol{x})$ 输出值，最大者对应类别为输入样本的类别。

(2) 一对一 (one against one，OAO) 法。在训练集 T 中找出所有不同类别的两两组合，共有 $P=k(k-1)/2$ 个，分别用这两个类别的样本点组成两类问题训练集 $T(i,j)$，然后用求解两类问题的 SVM，分别求得 P 个判别函数 $f_{(i,j)}(\boldsymbol{x})$。判别时，将输入信号 X 分别送到 P 判别函数 $f_{(i,j)}(\boldsymbol{x})$，若 $f_{(i,j)}(\boldsymbol{x})=+1$，判 $\boldsymbol{x}$ 为 i 类，i 类获得一票；否则判为 j 类，j 类获得一票。统计 k 个类别在 P 个判别函数结果中的得票数，票数最多的类别就是最终判定类别。

（3）二叉树 (binary tree，BT) 法。先将所有类别划分为两个子类，每个子类又划分为两个子子类，以此类推，直到划分出最终类别，每次划分后两类分类问题的规模逐级下降。BT 法其思路如图 9.7 所示。设八类多类问题{1,2,3,4,5,6,7,8}，每个中间节点或者根节点 (小圆圈) 代表一个二类分类机，八个终端节点 (树叶) 代表八个最终类别。首先将八类问题{1,2,3,4,5,6,7,8}划分为{1,3,5,7}，{2,4,6,8}两个子集，然后对两个子集进行逐级划分，直到得到最终类别。

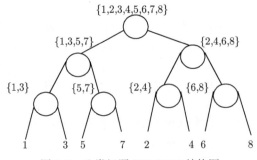

图 9.7　八类问题 BT-SVM 结构图

(4) 有向无环图 (directed acyclic graph, DAG) 法。其拓扑结构如图 9.8 所示，构造 $k(k-1)/2$ 个 OAO 两类分类器。图中的每个节点代表一个 OAO 两类分类器，分布于 $k-1$ 层结构中，其中顶层只有一个节点，称为根结点，底层的 k 个点分别代表 k 个最终类别。第 i 层含有 i 个节点，第 i 层的第 j 个节点指向第 $i+1$ 层的第 j 和第 $j+1$ 个节点。区分第 i 类和第 j 类的子分类器对应节点位于拓扑图中第 $L-j+i$ 层。分类时，将待判别点输入根结点，每次判别排除掉最不可能的一个类别，经过 $k-1$ 次判别后剩下的最后一个即为最终类别。

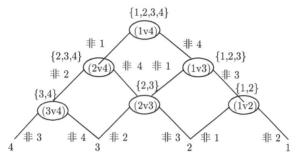

图 9.8　四类问题 DAG-SVM 结构图

（5）纠错输出编码 (error correcting output code, ECOC) 法。按照纠错输出编码法规则，对每一类别进行长度为 M 的二进制编码，矩阵 $\boldsymbol{A}$ 的第 i 行对应第 i 类的编码。训练时，按照编码方式将训练样本集分为两类，这样需要训练 $\boldsymbol{A}$ 个二类 SVM 分类器。分类时，将 X 依次输入 M 个判别函数，得到一个元素为 +1 或 −1 的长度为 M 的数列，然后把该数列与矩阵 $\boldsymbol{A}$ 比较。若判别函数准确，两类问题的选择合理，矩阵 $\boldsymbol{A}$ 中应有且仅有一行与该数列相同，这一行对应的类别即为所求类别。若矩阵 $\boldsymbol{A}$ 中没有一行与该数列相同，通过 Hamming 距离找出最接近的一行，它所对应的类别即为待测样本的类别。

9.3.3　核函数及参数选择

核函数 $k(\boldsymbol{x}, \boldsymbol{x}')$ 对应着某一空间中的内积、映射函数以及特征空间，核函数参数的改变实际上是隐含地改变映射函数，从而改变样本数据子空间分布的复杂程度。因此，核函数及其参数的选取具有重要意义，直接影响到 SVM 的性能。

在 SVM 中需要指定的另一个重要参数为惩罚系数 C，它控制着错分样本的惩罚程度，以实现在错分样本的比例与算法复杂度间的折中。C 的取值不同，对应的分类器性质以及推广识别率也将有很大差别。当 C 选择不当时，SVM 在训练时会出现欠训练或过训练现象，导致分类精度降低。

径向基核函数 SVM(RBF-SVM) 性能只受两个参数 C 和 σ^2 影响，而且影响具有规律性，所以应用最为广泛。在二分类 RBF-SVM 中，决策函数 f 为式 (9.26)，设两类样本数分别为 l_1, l_2，其中 $l_1 \geqslant l_2$，称样本数多的一类为强类，样本数少的一类为弱类。对于 (c, σ^2) 取值不同的情况，有以下四种可能，如图 9.9 所示。

以 $\log C$、$\log \sigma^2$ 作为参数空间的坐标，参数空间可分为欠训练、过训练区和 "好区"。大量实验证明，推广识别率最高的参数组合 (C, σ^2)，集中出现在 "好区" 中直线附近。

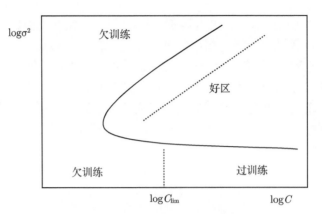

图 9.9　参数空间不同区域对应分类器的性质

在参数空间对参数值进行搜索的方法有网格搜索、梯度下降算法、遗传算法、模拟退火算法等。参数优劣评价标准有 K- 折交叉验证、留一法 (leave one out，LOO)、GACV 估计、近似间距界、Vapnik 上界等。

9.4　核 Fisher 判别分类

对于线性分类问题，传统 Fisher 判别分析 (fisher discriminant analysis，FDA) 的判别能力得到了普遍认可，然而对于非线性问题，采用复杂的非线性的分布函数构造判别函数时，会遇到很多困难。核 Fisher 判别分析 (kernel FDA，KFDA) 是通过核方法对 Fisher 判别分析的非线性推广，同 SVM 一样都是基于核函数的二值分类器。本节首先将利用核函数将 FDA 推广到 KFDA，然后构建高性能的 KFDA 多类分类器，并将其用于高光谱影像分类。

9.4.1　Fisher 判别分析

对于两类问题，设有 n 个训练样本 $\boldsymbol{x}_1, \boldsymbol{x}_2, \cdots, \boldsymbol{x}_n \in R^d$，$n_i$ 为第 i 类的样本个数。FDA 的目标是找到线性投影方向 (投影轴)，使得训练样本在这些轴上的投影结果的类内散度最小，类间散度最大，并在投影轴上对样本类别进行判定。

最佳投影方向 $\boldsymbol{w}$ 通过最大化 Fisher 准则函数 $J(\boldsymbol{w})$ 得到：

$$J(\boldsymbol{w}) = \frac{\boldsymbol{w}^{\mathrm{T}} \boldsymbol{S}_b \boldsymbol{w}}{\boldsymbol{w}^{\mathrm{T}} \boldsymbol{S}_w \boldsymbol{w}} \tag{9.30}$$

式中，$\boldsymbol{S}_w$ 为样本类内离散矩阵，$\boldsymbol{S}_w = \sum\limits_{i=1,2} \sum\limits_{x \in \omega_i} (\boldsymbol{x} - \boldsymbol{m}_i)(\boldsymbol{x} - \boldsymbol{m}_i)^{\mathrm{T}}$；$\boldsymbol{S}_b$ 为样本类间离散矩阵，$\boldsymbol{S}_b = (\boldsymbol{m}_1 - \boldsymbol{m}_2)(\boldsymbol{m}_1 - \boldsymbol{m}_2)^{\mathrm{T}}$；$\boldsymbol{m}_i$ 为样本类内均值向量，$\boldsymbol{m}_i = \dfrac{1}{n_i} \sum\limits_{x \in w_i} \boldsymbol{x}, i \in \{1, 2\}$。

考虑到式 (9.30) 的尺度不变性，可以令其分母为非零常数，然后用 Lagrange 乘子法求解得到最大特征值问题，$\boldsymbol{S}_b \boldsymbol{w}^* = \lambda \boldsymbol{S}_w \boldsymbol{w}^*$。$\boldsymbol{w}^*$ 就是式 (9.30) 中的极值解，也就是矩阵 $\boldsymbol{S}_\omega^{-1} \boldsymbol{S}_b$ 的最大特征值对应的特征向量。测试样本在这个向量上的投影系数就是所提取的

测试样本的特征值。因此，Fisher 判别分析的判别函数为

$$f(\boldsymbol{x}) = \text{sign}[(\boldsymbol{w}^* \cdot \boldsymbol{x}) + b] \tag{9.31}$$

式中，b 为偏移量，可通过求解以下方程求得：

$$\boldsymbol{w}^* \cdot \boldsymbol{m}_1 + b = -(\boldsymbol{w}^* \cdot \boldsymbol{m}_2 + b) \tag{9.32}$$

9.4.2 核 Fisher 判别分析

核 Fisher 判别分析的思想是：首先通过一个非线性映射，将输入数据映射到一个高维的特征空间中；然后在这个特征空间中进行线性 Fisher 判别分析，从而实现相对于输入空间的非线性判别分析。

对于两类问题，设有 n 个训练样本 $\boldsymbol{x}_1, \boldsymbol{x}_2, \cdots, \boldsymbol{x}_n \in R^d$，$n_i$ 为第 i 类的样本个数。将样本通过非线性映射 $\phi: R^d \to H$，$\boldsymbol{x} \to \phi(\boldsymbol{x})$，映射到高维特征空间 H 中，在特征空间 H 中的 FDA 问题为最大化 Fisher 判别准则函数 $J_H(\boldsymbol{w})$：

$$J_H(\boldsymbol{w}) = \frac{\boldsymbol{w}^{\text{T}} \boldsymbol{S}_b^\phi \boldsymbol{w}}{\boldsymbol{w}^{\text{T}} \boldsymbol{S}_w^\phi \boldsymbol{w}} \tag{9.33}$$

式中，$\boldsymbol{S}_w^\phi$ 为样本类内离散向量，$\boldsymbol{S}_w^\phi = \sum\limits_{i=1,2} \sum\limits_{x \in \omega_i} \left(\phi(\boldsymbol{x}) - \boldsymbol{m}_i^\phi \right) \left(\phi(\boldsymbol{x}) - \boldsymbol{m}_i^\phi \right)^{\text{T}}$；$\boldsymbol{S}_b^\phi$ 为样本类间离散矩阵，$\boldsymbol{S}_b^\phi = \left(\boldsymbol{m}_1^\phi - \boldsymbol{m}_2^\phi \right) \left(\boldsymbol{m}_1^\phi - \boldsymbol{m}_2^\phi \right)^{\text{T}}$；$\boldsymbol{m}_i^\phi$ 为样本类内均值矩阵，$\boldsymbol{m}_i^\phi = \frac{1}{n_i} \sum\limits_{j=1}^{n_i} \phi(\boldsymbol{x}_j^i)$，$i \in \{1, 2\}$，$\boldsymbol{w} \in H$。

由于 H 空间的维数通常很高，因此式 (9.33) 的直接求解就变得很困难。采用核函数 $k(\boldsymbol{x}_i, \boldsymbol{x}_j) = k_{ij} = \langle \phi(\boldsymbol{x}_i), \phi(\boldsymbol{x}_j) \rangle$ 来隐含地进行运算，得到核矩阵 $\boldsymbol{K} = [\boldsymbol{K}_1 \quad \boldsymbol{K}_2]$，其中 $(\boldsymbol{K}_i)_{pj} = k(\boldsymbol{x}_p, \boldsymbol{x}_j^i)$，$p = 1, 2, \cdots, n$，$\boldsymbol{K}_i$ 是 $n \times n_i$ 矩阵 $(i = 1, 2)$，是所有样本分别与第 i 类样本内积的核矩阵。由再生核理论可知，H 空间的任何解 $\boldsymbol{w}^\phi$ 都是 H 空间中的训练样本的线性组合，即

$$\boldsymbol{w}^{\text{T}} \boldsymbol{m}_i^\phi = \frac{1}{n_i} \sum_{j=1}^{n} \sum_{k=1}^{n_i} \boldsymbol{\alpha}_j k\left(\boldsymbol{x}_j, \boldsymbol{x}_k^i \right) = \boldsymbol{\alpha}^{\text{T}} \boldsymbol{M}_i \tag{9.34}$$

式中，$(\boldsymbol{M}_i)_j = \frac{1}{n_i} \sum\limits_{k=1}^{n_j} k\left(\boldsymbol{x}_j, \boldsymbol{x}_k^i \right)$。为第 i 类各个样本与总体的内积核的均值。

用核矩阵表示的 Fisher 判别分析问题转化为

$$\max_{\boldsymbol{\alpha}} J(\boldsymbol{\alpha}) = \frac{\boldsymbol{\alpha}^{\text{T}} \boldsymbol{M} \boldsymbol{\alpha}}{\boldsymbol{\alpha}^{\text{T}} \boldsymbol{N} \boldsymbol{\alpha}} \tag{9.35}$$

式中，$\boldsymbol{M} = (\boldsymbol{M}_1 - \boldsymbol{M}_2)(\boldsymbol{M}_1 - \boldsymbol{M}_2)^{\text{T}}$，$\boldsymbol{N} = \sum\limits_{i=1,2} \boldsymbol{K}_i(\boldsymbol{I}_i - \boldsymbol{Y}_i)\boldsymbol{K}^{\text{T}}$，$\boldsymbol{I}_i$ 是 n_i 阶单位矩阵，$\boldsymbol{Y}_i$ 是全部元素为 $1/n_i$ 的 n_i 阶方阵。求解矩阵 $\boldsymbol{N}^{-1}\boldsymbol{M}$ 的最大特征值对应的特征向量就可求得式 (9.35) 的最优解。

该判别函数隐式地对应原空间的一个非线性判别函数，因此它是一种非线性分类方法。对于任一测试样本 $\boldsymbol{x}$，KFDA 的决策函数为

$$f(\boldsymbol{x}) = \text{sgn}\left[\sum_{i=1}^{n} \alpha_i k\left(\boldsymbol{x}_i, \boldsymbol{x}\right) + b\right] \tag{9.36}$$

其中，b 可以通过求解具有一维线性 SVM 来确定，这时需要惩罚系数 C，对错分样本的比例与算法复杂度进行折中。在实际应用中，为了防止 $\boldsymbol{N}$ 非正定，使解更稳定，通常引入一个正则化参数 λ，令 $\boldsymbol{N}_\lambda = \boldsymbol{N} + \lambda\boldsymbol{I}$，$\boldsymbol{I}$ 是单位矩阵。

通过以上分析，对于二类的核 Fisher 判别分析，具体实现步骤如下：

(1) 初始化算法参数。选择核函数 k 及其参数，正则化参数 λ；

(2) 通过核函数求出核矩阵 $\boldsymbol{K}$，计算 $\boldsymbol{M}$ 和 $\boldsymbol{N}$；利用正则化参数 λ 求出正则化后的 $\boldsymbol{N}_\lambda$，$\boldsymbol{N}_\lambda = \boldsymbol{N} + \lambda\boldsymbol{I}$；

(3) 利用 Lagrange 乘子法解优化问题 (9.35)，求解出 $\boldsymbol{\alpha}$；

(4) 设置一维线性 SVM 的惩罚系数 C，求解判别函数中偏移量 b；

(5) 按照式 (9.36) 对测试样本依次进行判别。

Ripley 数据集为两类二维数据集，训练样本每类各 125 个，测试样本每类各 500 个。FDA 与 KFDA 分类决策面如图 9.10 所示。

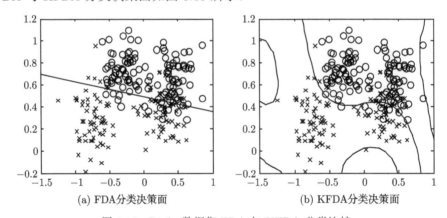

(a) FDA分类决策面   (b) KFDA分类决策面

图 9.10 Riply 数据集 FDA 与 KFDA 分类比较

9.4.3 核 Fisher 判别分类

KFDA 与 SVM 都是基于核方法的二值分类器。在构造多类 KFDA 分类器时，通常将多类 KFDA 问题分解为一系列可直接求解的两类 KFDA 问题，基于这一系列 KFDA 求解结果得出最终判别结果，同样可以使用以下构造方法：一对多 (OAR) 法、一对一 (OAO) 法、二叉树 (BT) 法、有向无环图 (DAG) 法、纠错输出编码 (EOOC) 法。

KFDA 与 SVM 同属于基于核函数映射的非线性方法，核函数参数的改变实际上是隐含地改变映射函数，从而改变样本数据子空间分布的复杂程度。核函数及参数选择对 KFDA 同等重要，但 KFDA 比 SVM 少了惩罚系数，比较容易实现，具体方法与 SVM 类似。

基于交叉验证网格搜索选择的高光谱影像 KFDA 分类流程如图 9.11 所示。

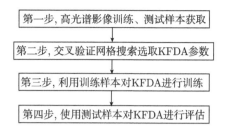

图 9.11　基于交叉验证网格搜索参数选择的高光谱影像 KFDA 分类流程

第一步，根据光谱数据库或已知地面覆盖信息，对高光谱影像中存在的不同地物类型分别进行样本采集，并将其分为训练样本和测试样本。

第二步，选择径向基核函数和某种多类分类器构造方法；初始化核函数参数 σ^2 及惩罚系数 C；设定搜索参数空间，采用交叉验证网格搜索对 KFDA 的参数 (σ^2, C) 进行选择。

第三步，按照第二步中选择结果设定 RBF-KFDA 的参数 (σ^2, C)，利用训练样本对多类 RBF-KFDA 进行训练。

第四步，按照第三步中多类 RBF-KFDA 的训练结果，将高光谱影像进行分类，并利用训练样本对分类精度进行评估。

1. 分类试验一

试验数据：采用中科院上海技术物理研究所研制的 OMIS 成像光谱仪获取的江苏太湖沿岸的影像，光谱覆盖范围 $0.46 \sim 12.85\mu m$ 共 128 波段，影像大小 347 像素 ×513 像素，试验中使用受噪声影响比较小的 6~64、113~128 共 75 个波段。通过对影像目视判读，主要存在七类地物：房屋、道路、树木、水体、农作物和土壤。对训练样本采集情况如彩图 9.12 所示，不同颜色代表不同的地物类型，其对应的地物类别名称与数量如表 9.1 所示。

图 9.12　OMIS 影像训练样本采集情况

表 9.1 OMIS 数据样本采集数量

类别	1	2	3	4	5	6	7
名称	植被一	道路	植被二	屋顶	土壤	农作物	水域
数量	235	225	220	234	188	222	241

使用全部训练样本进行训练，采用基于径向基核函数的一对余法 KFDA 分类时，分类结果如彩图 9.13 所示。不同分类方法的比较结果如表 9.2 所示。其中，SVM 采用径向基核函数，参数通过交叉验证网格搜索。

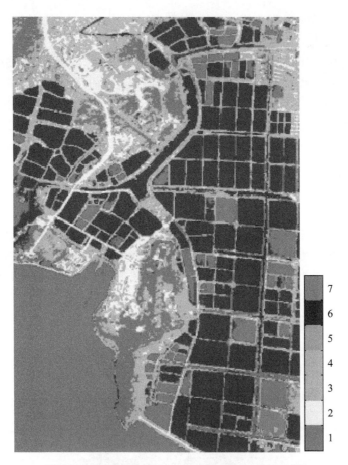

图 9.13　OMIS 影像 OAR-RBF-KFDA 分类结果

表 9.2　OMIS 数据不同分类方法比较

分类器	最小距离分类	线性判别分类	决策树分类	OAR-SVM	OAO-SVM	OAR-KFDA	OAO-KFDA
错误率/%	10.20	1.41	4.61	0.26	0.64	0.64	0.38

2. 分类试验二

实验数据：由美国国家航空航天局 (NASA) 的机载可见/红外成像光谱仪 (AVIRIS)1996

年 3 月 23 日获取佛罗里达州肯尼迪空间中心 (KSC) 的影像。AVIRIS 将 $0.4 \sim 2.45 \mu m$ 波段范围内划分出 224 个区段，有着 10nm 的光谱分辨率，影像从海拔 20km 左右获得，地面分辨率为 18m，采用去除大气水分吸收及低信噪比波段后的 155 波段进行实验。

样本采集参照肯尼迪空间中心地面覆盖图与 Landsat 专题制图仪 (TM) 影像，采集情况如彩图 9.14 所示，不同颜色代表不同地物类型，其类别名称与样本数量如表 9.3 所示。

图 9.14　AVIRIS 数据样本采集情况

表 9.3　AVIRIS 数据样本采集数量

序号	类别	数量	序号	类别	数量
1	灌木	761	8	草地沼泽	431
2	柳树	243	9	苔藓沼泽	520
3	常绿阔叶树	256	10	蒲草沼泽	404
4	橡树	252	11	盐碱沼泽	419
5	松树沼泽	161	12	淤泥地	503
6	草地	229	13	水体	927
7	阔叶林沼泽	105			

每类随机提取 50 个样本作训练样本，其余的作为测试样本。使用最小距离、线性判别、决策树、RBF-SVM、RBF-KFDA 对影像进行分类的比较如表 9.4 所示。

表 9.4　AVIRIS 数据不同分类方法比较

分类器	最小距离分类	线性判别分类	决策树分类	OAR-SVM	OAO-SVM	OAR-KFDA	OAO-KFDA
错误率/%	32.30	24.82	59.30	18.97	20.63	19.23	21.20

采用基于径向基核函数的一对余法 KFDA 分类时，AVIRIS 的影像分类结果如彩图 9.15 所示。

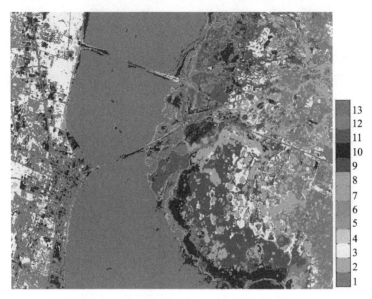

图 9.15　AVIRIS 数据 OAR-RBF-KFDA 分类结果

由高光谱影像 KFDA 分类试验一和试验二，可以得出以下结论：

(1)KFDA 采用核函数映射方法，受输入样本特征维数的影响较小，在处理高光谱影像时，能有效地避免 Hughes 现象；在选择合适参数情况下，其分类精度与 SVM 分类器相当。

(2)KFDA 分类在训练过程中，无需像 SVM 一样计算复杂二次优化问题，算法复杂度低，运算时间短；尤其在一对余多类分类器构造方法中，KFDA 与 SVM 相比，在计算时间上的优势更为明显。

(3) 与 SVM 分类相似，KFDA 的分类性能受核函数及参数影响很大，核函数参数在特定的范围内才能得到良好的分类精度，经过交叉验证网格搜索参数选择方法能够有效提高 KFDA 分类稳定性。

9.5　相关向量机分类

自核方法在 SVM 中得到成功应用以来，人们开始利用核函数将经典的线性特征提取与分类方法推广到更一般情况的研究。在核方法中，KPCA 和 GDA 等方法的预测过程中需要计算待测样本与所有训练样本之间的核映射，而 SVM 和稀疏核主成分分析 (sparse kernel PCA, SKPCA) 等方法训练结束后，预测过程只与某些训练样本有关，例如 SVM 测试过程中只与支持向量有关。SVM 和 SKPCA 的应用研究，逐渐引起了人们对"稀疏"学习模型的兴趣。

稀疏学习模型具有的一般形式为

$$y(\boldsymbol{x}) = \sum_{m=1}^{M} w_m \phi_m(\boldsymbol{x}) \tag{9.37}$$

它是相对于权值向量 $\boldsymbol{w} = (w_1, w_2, \cdots, w_M)^{\mathrm{T}}$ 的线性模型，$y(\boldsymbol{x})$ 能够逼近实变量函数或判别函数。假定存在训练样本集 $\{\boldsymbol{x}_n, t_n\}_{n=1}^{N}$，稀疏模型是通过将权值向量 $\boldsymbol{w}$ 的多数元素设置为零，来控制模型复杂度，从而避免过学习现象，并减小模型预测的计算量。

SVM 是依据统计学习理论中的结构风险最小化原则设计的机器学习方法。对于两类分类问题，SVM 先将样本投影到高维线性可分空间，构造具有低 VC 维的最优分类超平面作为判别面，来使得线性可分的两类样本之间的间隔最大，其数学模型为

$$y(\boldsymbol{x}; \boldsymbol{w}) = \sum_{i=1}^{N} w_i k(\boldsymbol{x}, \boldsymbol{x}_i) + w_0 \tag{9.38}$$

式中，$k(\boldsymbol{x}, \boldsymbol{x}_i)$ 为核函数，也是定义在训练样本上的基函数。

由于式 (9.37) 中 $\boldsymbol{w}$ 包含偏移量 w_0，因此 $M = N + 1$。

虽然 SVM 具有良好的泛化能力，但它自身也存在着许多不足之处，主要表现在：

(1) 基函数数量基本上随训练样本集的规模成线性增长，模型稀疏性有限。

(2) 预测结果不具有统计意义，无法直接获取预测结果的不确定性。

(3) 核函数参数和规则化系数通常需要通过交叉验证等方法来确定，这就增加了模型训练的计算量。

(4) 核函数 $k(\boldsymbol{x}, \boldsymbol{x}_i)$ 必须满足 Mercer 条件。

2000 年，Tipping(2000) 提出了一种与 SVM 相似的稀疏概率模型来弥补 SVM 的不足，称为相关向量机 (relevance vector machines，RVM)，并于 2003 年设计了快速序列稀疏贝叶斯学习算法，提高了模型训练速度。2006 年，Thayananthan 等 (2006) 将该模型推广，解决了多元输出回归和多类分类的训练问题。RVM 最初用以处理回归问题，通过 Laplace 逼近可以将分类问题转化为回归问题。目前，已经开展了 RVM 在文本识别、影像分类、时序分析等应用领域的研究。

9.5.1 稀疏 Bayes 模型

对于两类稀疏 Bayes 分类问题，假定训练样本集为 $\{\boldsymbol{x}_n, t_n\}_{n=1}^{N}$，其中 $\boldsymbol{x}_n \in \mathbb{R}^d$ 为训练样本向量，$t_n \in \{0, 1\}$ 为训练样本标号，分类预测模型要将非线性基函数的线性组合通过 S 形函数映射到区间 $(0, 1)$ 内进行类别判定，即

$$z(\boldsymbol{x}; \boldsymbol{w}) = \boldsymbol{w}^{\mathrm{T}} \boldsymbol{\phi}(\boldsymbol{x}) \tag{9.39}$$

$$y(\boldsymbol{x}; \boldsymbol{w}) = \sigma(z(\boldsymbol{x}; \boldsymbol{w})) \tag{9.40}$$

式中，$\boldsymbol{\phi}(x) = [\phi(\boldsymbol{x}_1), \phi(\boldsymbol{x}_2), \cdots, \phi(\boldsymbol{x}_M)]^{\mathrm{T}}$ 为样本基函数映射组成的列向量；$\phi_i(\boldsymbol{x})(i = 1, 2, \cdots, N)$ 是定义在训练样本点上的核函数，即 $\phi_i(\boldsymbol{x}) = k(\boldsymbol{x}, \boldsymbol{x}_i)$。

由于这里不要求 $\phi_i(\boldsymbol{x})$ 为正定的，因此没有必要满足 Mercer 条件。这里的 $\boldsymbol{w} = (w_0, w_1, \cdots, w_N)^{\mathrm{T}}$ 为所有基函数的权值组成的列向量，采用 S 形函数的数学表达式为

$$y = \sigma(z) = 1/(1 + e^{-z}) \tag{9.41}$$

对于两类分类问题，如果假设样本独立同分布的，那么训练样本集的似然函数可以表示为

$$p(\boldsymbol{t}|\boldsymbol{w}) = \prod_{n=1}^{N} \sigma\left\{y(\boldsymbol{x}_n; \boldsymbol{w})\right\}^{t_n} \left(1 - \sigma\left\{y(\boldsymbol{x}_n; \boldsymbol{w})\right\}\right)^{1-t_n} \tag{9.42}$$

式中，$\boldsymbol{t} = (t_1, t_2, \cdots, t_N)^{\mathrm{T}}$ 为训练样本的目标向量。

根据概率统计原理，设参数 w_i 服从均值为 0、方差为 α_i^{-1} 的高斯条件概率分布，即

$$p(\boldsymbol{w}|\boldsymbol{\alpha}) = \prod_{i=0}^{N} \mathcal{N}\left(w_i \,|\, 0, \alpha_i^{-1}\right) \tag{9.43}$$

式中，$\boldsymbol{\alpha}$ 是决定权值 $\boldsymbol{w}$ 的先验分布的超参数。

这样为每一个权值 (或基函数) 配置独立的超参数是稀疏贝叶斯模型的最显著的特点，这也是导致模型具有稀疏性的根本原因。由于这种先验概率分布是一种自动相关判定先验分布，模型训练结束后，非零权值的基函数所对应的样本向量称为相关向量，因此称这种学习机为相关向量机。

根据贝叶斯理论，如果已知模型参数的先验概率分布 $p(\boldsymbol{w}, \boldsymbol{\alpha})$，那么模型参数的后验概率为

$$p(\boldsymbol{w}, \boldsymbol{\alpha}|\boldsymbol{t}) = p(\boldsymbol{t}|\boldsymbol{w}, \boldsymbol{\alpha})\, p(\boldsymbol{w}, \boldsymbol{\alpha})/p(\boldsymbol{t}) \tag{9.44}$$

若获取了模型参数的后验分布 $p(\boldsymbol{w}, \boldsymbol{\alpha}|\boldsymbol{t})$，那么对于待测样本为 $\boldsymbol{x}_*$，稀疏贝叶斯模型的预测值 z_* 的分布为

$$p(z_*|\boldsymbol{t}) = \int p(z_*|\boldsymbol{w}, \boldsymbol{\alpha}) p(\boldsymbol{w}, \boldsymbol{\alpha}|\boldsymbol{t})\, \mathrm{d}\boldsymbol{w}\mathrm{d}\boldsymbol{\alpha} \tag{9.45}$$

得到最可能预测值 z_* 后，RVM 的判别准则为：如果 $y_* = \sigma(z_*) < 0.5$，则 $t_* = 0$；如果 $y_* = \sigma(z_*) > 0.5$，则 $t_* = 1$。

9.5.2 模型参数推断

由于模型参数的后验分布 $p(\boldsymbol{w}, \boldsymbol{\alpha}|\boldsymbol{t})$ 不能通过积分直接获取，故将其分解为

$$p(\boldsymbol{w}, \boldsymbol{\alpha}|\boldsymbol{t}) = p(\boldsymbol{w}|\boldsymbol{t}, \boldsymbol{\alpha}) p(\boldsymbol{\alpha}|\boldsymbol{t}) \tag{9.46}$$

根据贝叶斯公式，$p(\boldsymbol{\alpha}|\boldsymbol{t}) \propto p(\boldsymbol{t}|\boldsymbol{\alpha})p(\boldsymbol{\alpha})$。由于模型参数的后验概率分布 $p(\boldsymbol{w}|\boldsymbol{t}, \boldsymbol{\alpha})$ 和边缘似然函数 $p(\boldsymbol{t}|\boldsymbol{\alpha})$ 都无法积分求解，需要采用 MacKay 提出的 Laplace 逼近方法近似，具体步骤描述如下：首先初始化超参数向量 $\boldsymbol{\alpha}$；对于给定的向量 $\boldsymbol{\alpha}$，建立后验概率分布的高斯近似，从而获取边缘似然函数的近似分布；通过最大化边缘似然函数来重新估计向量 $\boldsymbol{\alpha}$；重复这个过程直到收敛。

利用正态分布来逼近后验概率分布的 Laplace 方法，是对后验概率分布的众数位置处函数的二次逼近。对于给定的向量 $\boldsymbol{\alpha}$，由于

$$p(\boldsymbol{w}|\boldsymbol{t}, \boldsymbol{\alpha}) = p(\boldsymbol{t}|\boldsymbol{w})\, p(\boldsymbol{w}|\boldsymbol{\alpha})/p(\boldsymbol{t}|\boldsymbol{\alpha}) \tag{9.47}$$

那么，关于 $\boldsymbol{w}$ 的高斯后验分布的众数通过最大化以下公式得到

$$
\begin{aligned}
\log\{p(\boldsymbol{w}|\boldsymbol{t},\boldsymbol{\alpha})\} &= \log\{p(\boldsymbol{t}|\boldsymbol{w})\} + \log\{p(\boldsymbol{w}|\boldsymbol{\alpha})\} - \log\{p(\boldsymbol{t}|\boldsymbol{\alpha})\} \\
&= \sum_{n=1}^{N}(t_n\log y_n + (1-t_n)\log(1-y_n)) - \frac{1}{2}\boldsymbol{w}^{\mathrm{T}}\boldsymbol{A}\boldsymbol{w} + \mathrm{const}
\end{aligned}
\tag{9.48}
$$

式中，$y_n = \sigma\{y(\boldsymbol{x}_n;\boldsymbol{w})\}$；$\boldsymbol{A} = \mathrm{diag}(\alpha_i)$。

通过迭代再加权最小二乘法求解，迭代收敛后，得到以众数位置为中心的后验概率分布的近似高斯分布，其均值 $\boldsymbol{w}_{\mathrm{MP}} = \boldsymbol{A}^{-1}\boldsymbol{\Phi}^{\mathrm{T}}(\boldsymbol{t}-\boldsymbol{y})$，方差 $\boldsymbol{\Sigma} = \left(\boldsymbol{\Phi}^{\mathrm{T}}\boldsymbol{B}\boldsymbol{\Phi} + \boldsymbol{A}\right)^{-1}$，其中 $\boldsymbol{B} = \mathrm{diag}(\beta_1,\beta_2,\cdots,\beta_N)$，$\beta_n = \sigma\{y(\boldsymbol{x}_n)\}(1 - \sigma\{y(\boldsymbol{x}_n)\})$。

得到近似后验概率分布后，同样使用 Laplace 逼近方法可以将边缘似然函数 $p(\boldsymbol{t}|\boldsymbol{\alpha})$ 近似表示为

$$
p(\boldsymbol{t}|\boldsymbol{\alpha}) = \int p(\boldsymbol{t}|\boldsymbol{w})p(\boldsymbol{w}|\boldsymbol{\alpha})\mathrm{d} \simeq p(\boldsymbol{t}|\boldsymbol{w}_{\mathrm{MP}})p(\boldsymbol{w}_{\mathrm{MP}}|\boldsymbol{\alpha})(2\pi)^{\frac{M}{2}}|\boldsymbol{\Sigma}|^{\frac{1}{2}}
\tag{9.49}
$$

如果令 $\hat{\boldsymbol{t}} = \boldsymbol{\Phi}\boldsymbol{w}_{\mathrm{MP}} + \boldsymbol{B}^{-1}(\boldsymbol{t}-\boldsymbol{y})$，则近似高斯后验分布的均值 $\boldsymbol{w}_{\mathrm{MP}} = \boldsymbol{\Sigma}\boldsymbol{\Phi}^{\mathrm{T}}\boldsymbol{B}\hat{\boldsymbol{t}}$、方差 $\boldsymbol{\Sigma} = \left(\boldsymbol{\Phi}^{\mathrm{T}}\boldsymbol{B}\boldsymbol{\Phi} + \boldsymbol{A}\right)^{-1}$。近似的边缘似然函数对数为

$$
L(\boldsymbol{\alpha}) = \log p(\boldsymbol{t}|\boldsymbol{\alpha}) = -\frac{1}{2}\left\{N\log(2\pi) + \log|\boldsymbol{C}| + (\hat{\boldsymbol{t}})^{\mathrm{T}}\boldsymbol{C}^{-1}\hat{\boldsymbol{t}}\right\}
\tag{9.50}
$$

式中，$\boldsymbol{C} = \boldsymbol{B} + \boldsymbol{\Phi}\boldsymbol{A}^{-1}\boldsymbol{\Phi}^{\mathrm{T}}$。

通过比较稀疏贝叶斯的分类和回归模型的参数推断过程可知，利用 Laplace 逼近方法可以将分类问题转化为回归问题，相应回归问题的目标向量 $\hat{\boldsymbol{t}} = \boldsymbol{\Phi}\boldsymbol{w}_{\mathrm{MP}} + \boldsymbol{B}^{-1}(\boldsymbol{t}-\boldsymbol{y})$，误差 ε_n 的方差满足

$$
\beta_n = \sigma\{y(\boldsymbol{x}_n)\}(1 - \sigma\{y(\boldsymbol{x}_n)\})
\tag{9.51}
$$

因此，稀疏贝叶斯分类模型学习，最终都归结为第 II 类型最大似然参数估计的估计。通过最大化边缘似然函数 $p(\boldsymbol{t}|\boldsymbol{\alpha})$ 来估计 $\boldsymbol{\alpha}$，通常采用以下三种方法：MacKay 迭代估计、期望最大化迭代估计、自下而上的基函数选择算法。

最大边缘似然估计超参数过程中，超参数更新需要计算后验权值的协方差矩阵，矩阵求逆的计算复杂度为 $O(M^3)$，存储空间为 $O(M^2)$，M 为基函数的个数。自下而上的基函数选择是 Tipping 于 2003 年提出的快速序列稀疏贝叶斯学习算法，基函数个数从 1 开始不断增加直至获取相关向量，而且 $\boldsymbol{\Phi}$ 与 $\boldsymbol{\Sigma}$ 只包含当前模型中存在的基函数。

9.5.3 相关向量机分类

上面研究的是二值分类问题的稀疏贝叶斯分类模型，在多类别分类情况下，假设共存在 K 个类别 $(K>2)$，随机样本服从独立同分布的多项式分布。此时最大似然函数可以表示为

$$
p(\boldsymbol{t}|\boldsymbol{w}) = \prod_{n=1}^{N}\prod_{k=1}^{K}\sigma\{y_k(\boldsymbol{x}_n;\boldsymbol{w}_k)\}^{t_{nk}}
\tag{9.52}
$$

这里采用 K 目标编码方法，分类器共有 K 个输出 $y_k(\boldsymbol{x}_n;\boldsymbol{w})$，每个输出都有独自的参数向量 $\boldsymbol{w}_k$ 和超参数 $\boldsymbol{\alpha}_k$。

由于多类问题整体求解计算量非常大，与 SVM 多类分类相似，也可以将多类分类问题分解成一系列二类问题进行求解，例如采用一对余法、一对一法等多类分类器构造方式。

为了比较 RVM 与 SVM 分类性能，采用 NASA 的 EO-1 卫星上的 Hyperion 传感器于 2001 年 5 月 31 日的南非 Botswana(博茨瓦纳)Okavango 三角洲地区的影像进行分类试验。该试验数据的空间分辨率为 30m，覆盖条带宽度为 7.7km，光谱分辨率约为 10nm，光谱范围为 400~2500nm，共 242 个波段。试验采用原数据中的 10~55、82~97、102~119、134~164、187~220 波段共 145 波段。地面覆盖类型样本用来反映研究地区洪水对植被的影响，样本根据植被测量和航空摄影测量成果获得，如表 9.5 所示。采用 OAR-RVM 与 OAR-SVM 方法的分类结果如彩图 9.16 所示。RVM 采用快速序列稀疏贝叶斯学习算法，SVM 采用序列最小优化算法，两种算法的参数、错误率、基函数数量等结果如表 9.6 所示。

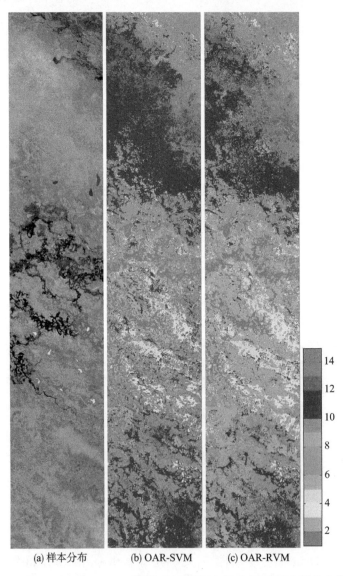

(a) 样本分布   (b) OAR-SVM   (c) OAR-RVM

图 9.16 Hyperion Botswana 数据 OAR-SVM 与 OAR-RVM 影像分类结果

表 9.5 Hyperion Botswana 数据样本采集数据

序号	名称	数量	序号	名称	数量
1	Water	270	8	Island interior	203
2	Hippo grass	101	9	Acacia woodlands	314
3	Floodplain grasses 1	251	10	Acacia scrublands	248
4	Floodplain grasses 2	215	11	Acacia grasslands	305
5	Reeds	269	12	Short mopane	181
6	Riparian	269	13	Mixed mopane	268
7	Firescar	259	14	Exposed soils	95

表 9.6 Hyperion Botswana 数据 RVM 与 SVM 分类比较

分类器	OAR-SVM		OAR-RVM	
	$\sigma^2 = 10^{-0.5}$	$\sigma^2 = 10^{-0.25}$	$\sigma^2 = 10^{-0.5}$	$\sigma^2 = 10^{0}$
基函数数量	3533	1365	371	146
错误率/%	5.47	5.51	7.04	6.84

研究表明, 在 RVM 模型中不存在规则化系数 C, 不需要交叉验证获取规则化系数的步骤, 因此 RVM 与 SVM 相比受分类器参数选择的影响要小; 对于不同的多类分类器构造方法, 包括一对一法和一对余法等, RVM 分类精度与 SVM 分类精度都相当, 但基于快速序列稀疏贝叶斯学习算法的 RVM 的训练速度比基于 SMO 算法的 SVM 快; 由于 RVM 模型更加稀疏, RVM 分类器所用核函数数量比 SVM 所用核函数数量少得多, RVM 与 SVM 都是通过核函数的线性组合来进行分类预测的, 所以 RVM 分类预测速度比 SVM 分类预测要更快。

9.6 非线性特征提取

9.6.1 核主成分分析

核主成分分析 (kernel PCA, KPCA) 是对 PCA 的非线性推广, 是借助核函数映射原理, 实现求解高维空间 H 中的 PCA 特征提取。

对于原始空间样本集 $\{\boldsymbol{x}_1, \boldsymbol{x}_2, \cdots, \boldsymbol{x}_n \in R^d\}$, 通过非线性映射 $\phi(\cdot)$, 将样本投影在高维空间 H 中, 样本集可以表示为 $\{\phi(\boldsymbol{x}_1), \phi(\boldsymbol{x}_2), \cdots, \phi(\boldsymbol{x}_n)\}$。假设样本已经中心化, 样本在空间 H 中的均值为零, 即

$$\frac{1}{n}\sum_{i=1}^{n}\phi(\boldsymbol{x}_i) = 0 \tag{9.53}$$

则协方差矩阵为

$$\boldsymbol{C} = \frac{1}{n}\sum_{i=1}^{n}\phi(\boldsymbol{x}_i)\phi(\boldsymbol{x}_i)^{\mathrm{T}} \tag{9.54}$$

那么, 协方差矩阵 $\boldsymbol{C}$ 的特征值方程为 $\lambda\boldsymbol{v} = \boldsymbol{C}\boldsymbol{v}$, 式中 $\boldsymbol{v}$ 和 λ 分别是 $\boldsymbol{C}$ 的特征向量和特征值, 即 $\boldsymbol{v} \in H$。如果不知道非线性变换 ϕ 的具体形式, 而且 $\boldsymbol{C}$ 的维数很高 (甚至为无穷大), 实际上也无法求解。

利用核函数映射原理，将方差矩阵 $\boldsymbol{C}$ 转化为只用特征矢量内积表达的形式，因此

$$\lambda \boldsymbol{v} = \boldsymbol{C} \boldsymbol{v} = \frac{1}{n} \sum_{i=1}^{n} \left(\phi\left(\boldsymbol{x}_i\right) \boldsymbol{v} \right) \phi\left(\boldsymbol{x}_i\right)^{\mathrm{T}} \tag{9.55}$$

因为特征空间 H 表示为 $H = \mathrm{span}\left\{\phi(\boldsymbol{x}_1), \phi(\boldsymbol{x}_2), \cdots, \phi(\boldsymbol{x}_n)\right\}$，所以 $\boldsymbol{v} = \sum_{i=1}^{n} \alpha_i \phi\left(\boldsymbol{x}_i\right)$。设 $k(\cdot, \cdot)$ 是由 $\phi(\cdot)$ 决定的核函数，则

$$\lambda \boldsymbol{\alpha} = \boldsymbol{K} \boldsymbol{\alpha} \tag{9.56}$$

式中，$\boldsymbol{K}$ 表示核矩阵，满足

$$(\boldsymbol{K})_{ij} = k\left(\boldsymbol{x}_i, \boldsymbol{x}_j\right) = \left(\phi\left(\boldsymbol{x}_i, \phi\left(\boldsymbol{x}_j\right)\right)\right), \quad 1 \leqslant i \leqslant n, 1 \leqslant j \leqslant n \tag{9.57}$$

$\boldsymbol{\alpha} = (\alpha_1, \alpha_2, \cdots, \alpha_n)^t$ 为 $\boldsymbol{K}$ 的特征向量。这就通过核函数将高维空间特征值问题转化为 Hilbert 矩阵特征值问题。

对于一个未知样本 $\boldsymbol{x} \in R^d$，设 M 为矩阵 $\boldsymbol{K}$ 的秩，KPCA 提取的第 m 个特征为

$$\tilde{\boldsymbol{x}}_m = \sum_{i=1}^{n} \alpha_i^m k\left(\boldsymbol{x}_i, \boldsymbol{x}\right) \tag{9.58}$$

KPCA 所提取的特征是对数据信息量的最优表达，对数据分类来说并不是最有效的特征提取方法；并且核矩阵的维数与样本数量有关，对高光谱影像数据进行处理时需要很大的计算空间。

9.6.2 核巴氏距离投影寻踪

核巴氏距离投影寻踪，利用核函数把数据映射到线性可分的高维核空间，在其中寻找一组最优投影方向把数据投影到低维空间，使得低维空间中数据的 Bhattacharyya 距离最大，从而使 Bayes 分类误差上界最小。

对于原始空间样本集 $\left\{\boldsymbol{x}_1, \boldsymbol{x}_2, \cdots, \boldsymbol{x}_n \in R^d\right\}$，通过非线性映射 $\phi(\cdot)$，将样本投影在高维空间 H 中，样本集可以表示为 $\left\{\phi\left(\boldsymbol{x}_1\right), \phi\left(\boldsymbol{x}_2\right), \cdots, \phi\left(\boldsymbol{x}_n\right)\right\}$。若有高维空间 H 中的任意向量 V，则样本集在 V 上投影后两类间巴氏距离公式为

$$B = \frac{1}{4} \cdot \frac{(u_1 - u_2)^2}{\sigma_1^2 + \sigma_2^2} + \frac{1}{2} \ln \left(\frac{1}{2} \cdot \frac{\sigma_1^2 + \sigma_2^2}{\sigma_1 \sigma_2} \right) \tag{9.59}$$

式中，$u_i = \boldsymbol{V}^{\mathrm{T}} \boldsymbol{M}_i^{\phi}$，$i = 1, 2$；$\boldsymbol{M}_i^{\phi}$ 为 H 中第 i 类的均值向量；$\sigma_i^2 = \boldsymbol{V}^{\mathrm{T}} \boldsymbol{\Sigma}_i^{\phi} \boldsymbol{V}$，$i = 1, 2$；$\boldsymbol{\Sigma}_i^{\phi}$ 为 H 中第 i 类的方差矩阵。

根据核函数理论有 $V = \sum_{i=1}^{n} \alpha_i \phi\left(\boldsymbol{x}_i\right)$，所以存在

$$u_i = \boldsymbol{\alpha}^{\mathrm{T}} \left(\frac{1}{n_i} \boldsymbol{K} \cdot \boldsymbol{1}_i \right), \quad i = 1, 2 \tag{9.60}$$

式中, n_i 表示每类的样本数; K 表示核函数的 Hilbert 矩阵; $\mathbf{1}_1 = (1, 1, \cdots, 1, 0, 0, \cdots, 0)$ 包含 n_1 个 1; $\mathbf{1}_2 = (0, 0, \cdots, 0, 1, 1, \cdots, 1)$ 包含 n_2 个 1。

$$\sigma_i^2 = \boldsymbol{\alpha}^{\mathrm{T}} \left(\frac{1}{n_i} \left(\boldsymbol{K} \cdot \left(\boldsymbol{A}_i - \frac{1}{n_i} \boldsymbol{H}_i \right) \cdot \boldsymbol{K} \right) \right) \boldsymbol{\alpha}, \quad i = 1, 2 \tag{9.61}$$

式中, $\boldsymbol{A}_1 = \begin{bmatrix} \boldsymbol{I}_1 & \boldsymbol{z}(0) \\ \boldsymbol{z}(0) & \boldsymbol{z}(0) \end{bmatrix}$, $\boldsymbol{I}_1$ 为 $n_1 \times n_1$ 单位阵, $\boldsymbol{z}(0)$ 为 $n_2 \times n_2$ 零矩阵; $\boldsymbol{A}_2 = \begin{bmatrix} \boldsymbol{z}(0) & \boldsymbol{z}(0) \\ \boldsymbol{z}(0) & \boldsymbol{I}_2 \end{bmatrix}$, $\boldsymbol{I}_2$ 为 $n_2 \times n_2$ 单位阵, $\boldsymbol{z}(0)$ 为 $n_1 \times n_1$ 零矩阵; $\boldsymbol{H}_1 = \begin{bmatrix} one_1 & \boldsymbol{z}(0) \\ \boldsymbol{z}(0) & \boldsymbol{z}(0) \end{bmatrix}$, one_1 为 $n_1 \times n_1$ 全 1 矩阵, $\boldsymbol{z}(0)$ 为 $n_2 \times n_2$ 零矩阵; $\boldsymbol{H}_2 = \begin{bmatrix} \boldsymbol{z}(0) & \boldsymbol{z}(0) \\ \boldsymbol{z}(0) & one_2 \end{bmatrix}$, one_2 为 $n_2 \times n_2$ 全 1 矩阵, $z(0)$ 为 $n_1 \times n_1$ 零矩阵。

通过式 (9.35)、式 (9.36) 和式 (9.37),可以利用核函数计算高维核特征空间向一维空间的巴氏投影,进而可以利用式 (9.35) 最大化作为评价指标,采用投影寻踪的方法,对原始特征空间进行非线性分类特征提取。

9.6.3　广义判别分析

广义判别分析 (generalized discriminant analysis, GDA) 是对线性判别分析 (linear discriminant analysis, LDA) 的非线性推广,能够有效地提取分类特征。首先将原始样本通过一个非线性映射 ϕ 变换到某一高维特征空间 H 中,然后在 H 中完成 LDA。由于 H 的维数非常高甚至是无穷维,为了避免直接显式地处理变换后的样本,使用核函数计算特征空间上样本的内积。

设 $\omega_1, \omega_2, \cdots, \omega_m$ 为 c 个样本类,原始样本 $\boldsymbol{x}$ 为 n 维实向量,即 $\boldsymbol{x} \in R^n$。经过非线性映射 ϕ 后,对应的样本向量为 $\phi(\boldsymbol{x}) \in H$,高维特征空间 H 中样本的类内离散矩阵 $\boldsymbol{S}_w^\phi$、类间离散矩阵 $\boldsymbol{S}_b^\phi$、总体离散矩阵 $\boldsymbol{S}_t^\phi$ 分别为

$$\boldsymbol{S}_b^\phi = \sum_{i=1}^{c} N_i \left(\boldsymbol{m}_i^\phi - \boldsymbol{m}_0^\phi \right) \left(\boldsymbol{m}_i^\phi - \boldsymbol{m}_0^\phi \right)^{\mathrm{T}} \tag{9.62}$$

$$\boldsymbol{S}_w^\phi = \sum_{i=1}^{c} \sum_{j=1}^{N_i} \left(\phi(\boldsymbol{x}_j^i) - \boldsymbol{m}_i^\phi \right) \left(\phi(\boldsymbol{x}_j^i) - \boldsymbol{m}_i^\phi \right)^{\mathrm{T}} \tag{9.63}$$

$$\boldsymbol{S}_t^\phi = \sum_{j=1}^{N} \left(\phi(\boldsymbol{x}_j) - \boldsymbol{m}_0^\phi \right) \left(\phi(\boldsymbol{x}_j) - \boldsymbol{m}_0^\phi \right)^{\mathrm{T}} = \boldsymbol{S}_w^\phi + \boldsymbol{S}_b^\phi \tag{9.64}$$

式中, N_i 为第 i 类样本的数目; N 为样本的总数; $\phi(\boldsymbol{x}_j^i)(i = 1, 2, \cdots, c; j = 1, 2, \cdots, N_i)$ 表示特征空间 H 中第 i 类第 j 个样本; $\phi(\boldsymbol{x}_j)(j = 1, 2, \cdots, N)$ 表示特征空间 H 中第 j 个样本; $\boldsymbol{m}_i^\phi = E\{\phi(\boldsymbol{x})|\omega_i\}$ 为特征空间 H 中第 i 类样本的均值; $\boldsymbol{m}_0^\phi = \sum_{i=1}^{C} P(\omega_i) \boldsymbol{m}_i^\phi$ 为特征空间 H 中全体样本的均值; $\boldsymbol{S}_b^\phi$、$\boldsymbol{S}_w^\phi$、$\boldsymbol{S}_t^\phi$ 均为非负定矩阵。

在特征空间 H 中，Fisher 准则函数定义为

$$J_1(\boldsymbol{w}) = \frac{\boldsymbol{w}^{\mathrm{T}} \boldsymbol{S}_b^{\phi} \boldsymbol{w}}{\boldsymbol{w}^{\mathrm{T}} \boldsymbol{S}_w^{\phi} \boldsymbol{w}} \tag{9.65}$$

式中，$\boldsymbol{w}$ 为任一非 0 列向量。

在特征空间 H 中，GDA 旨在寻找一组判别向量 $\boldsymbol{w}_1, \boldsymbol{w}_2, \cdots, \boldsymbol{w}_d$，使它们在最大化 $J_1(\boldsymbol{w})$ 的同时满足以下正交条件 $\boldsymbol{w}_i^{\mathrm{T}} \boldsymbol{w}_j = 0, \forall i \neq j, i, j = 1, 2, \cdots, d$。

根据再生核理论，任何一个最优化准则函数式 (9.65) 的解向量 $\boldsymbol{w}$ 一定位于特征空间 H 中所有样本 $\phi(\boldsymbol{x}_1), \phi(\boldsymbol{x}_2), \cdots, \phi(\boldsymbol{x}_N)$ 张成的空间内，则

$$\boldsymbol{w} = \sum_{i=1}^{N} \alpha^i \phi(\boldsymbol{x}_i) = \boldsymbol{\phi}\boldsymbol{\alpha} \tag{9.66}$$

式中，$\boldsymbol{\phi} = (\phi(\boldsymbol{x}_1), \cdots, \phi(\boldsymbol{x}_N))$；$\boldsymbol{\alpha} = (\alpha^1, \alpha^2, \cdots, \alpha^N)^{\mathrm{T}} \in R^N$，$\boldsymbol{\alpha}$ 为对应于特征空间 H 中 $\boldsymbol{w}$ 的最佳判别方向。

把特征空间 H 中的样本 $\phi(\boldsymbol{x})$ 投影到 $\boldsymbol{w}$ 上，$\boldsymbol{w}^{\mathrm{T}} \phi(\boldsymbol{x}) = \boldsymbol{w}^{\mathrm{T}} \boldsymbol{\phi}^{\mathrm{T}} \phi(\boldsymbol{x}) = \boldsymbol{\alpha}^{\mathrm{T}} \boldsymbol{\xi}_{\boldsymbol{x}}$，其中 $\boldsymbol{\xi}_{\boldsymbol{x}} = (k(\boldsymbol{x}_1, \boldsymbol{x}), k(\boldsymbol{x}_2, \boldsymbol{x}), \cdots, k(\boldsymbol{x}_N, \boldsymbol{x}))^{\mathrm{T}}$。对应于原始样本 $\boldsymbol{x} \in R^n$，$\boldsymbol{\xi}_{\boldsymbol{x}}$ 为分别对应于原始样本 $\boldsymbol{x}_1, \boldsymbol{x}_2, \cdots, \boldsymbol{x}_N$ 的 N 个核向量，则核矩阵 $\boldsymbol{K} = (\boldsymbol{\xi}_{\boldsymbol{x}_1}, \boldsymbol{\xi}_{\boldsymbol{x}_2}, \cdots, \boldsymbol{\xi}_{\boldsymbol{x}_N})$。

把特征空间 H 中，样本类均值向量和总体均值向量投影到 $\boldsymbol{w}$ 上，分别为 $\boldsymbol{\mu}_i$ 和 $\boldsymbol{\mu}_0$。

$$\boldsymbol{\mu}_i = \left(\frac{1}{N_i} \sum_{k=1}^{N_i} \left(\phi(\boldsymbol{x}_1) \phi(\boldsymbol{x}_k^i) \right), \cdots, \frac{1}{N_i} \sum_{k=1}^{N_i} \left(\phi(\boldsymbol{x}_N) \phi(\boldsymbol{x}_k^i) \right) \right) \tag{9.67}$$

$$\boldsymbol{\mu}_0 = \left(\frac{1}{N} \sum_{k=1}^{N} \left(\phi(\boldsymbol{x}_1) \phi(\boldsymbol{x}_k^i) \right), \cdots, \frac{1}{N} \sum_{k=1}^{N} \left(\phi(\boldsymbol{x}_N) \phi(\boldsymbol{x}_k^i) \right) \right) \tag{9.68}$$

由此得到核类间离散矩阵、核类内离散矩阵和核总体离散矩阵，分别记为 $\boldsymbol{K}_b$、$\boldsymbol{K}_w$ 和 $\boldsymbol{K}_t$。

$$\boldsymbol{K}_b = \sum_{i=1}^{c} N_i \left(\boldsymbol{\mu}_i - \boldsymbol{\mu}_0 \right) \left(\boldsymbol{\mu}_i - \boldsymbol{\mu}_0 \right)^{\mathrm{T}} \tag{9.69}$$

$$\boldsymbol{K}_w = \sum_{i=1}^{c} \sum_{j=1}^{N_i} \left(\boldsymbol{\xi}_{\boldsymbol{x}_j^i} - \boldsymbol{\mu}_i \right) \left(\boldsymbol{\xi}_{\boldsymbol{x}_j^i} - \boldsymbol{\mu}_i \right)^{\mathrm{T}} \tag{9.70}$$

$$\boldsymbol{K}_t = \sum_{j=1}^{N} \left(\boldsymbol{\xi}_{\boldsymbol{x}_j} - \boldsymbol{\mu}_i \right) \left(\boldsymbol{\xi}_{\boldsymbol{x}_j} - \boldsymbol{\mu}_i \right)^{\mathrm{T}} = \boldsymbol{K}_b + \boldsymbol{K}_w \tag{9.71}$$

在高维特征空间 H 中，用核函数表示的 Fisher 准则函数式 (9.65) 等价于

$$J_1'(\boldsymbol{\alpha}) = \frac{\boldsymbol{\alpha}^{\mathrm{T}} \boldsymbol{K}_b \boldsymbol{\alpha}}{\boldsymbol{\alpha}^{\mathrm{T}} \boldsymbol{K}_w \boldsymbol{\alpha}} \tag{9.72}$$

式中，$\boldsymbol{\alpha}$ 为任一 N 维非零列向量。

H 中正交约束条件式等价于

$$\boldsymbol{w}_i^{\mathrm{T}} \boldsymbol{w}_j = \boldsymbol{\alpha}_i^{\mathrm{T}} \boldsymbol{\phi}_i^{\mathrm{T}} \boldsymbol{\phi}_j \boldsymbol{\alpha}_j = \boldsymbol{\alpha}_i^{\mathrm{T}} \boldsymbol{K} \boldsymbol{\alpha}_j = 0, \quad (i \neq j, i, j = 1, 2, \cdots, d) \tag{9.73}$$

对于原始空间的样本 $\boldsymbol{x}$, GDA 特征提取的变换方程为

$$\boldsymbol{y} = \boldsymbol{W}^{\mathrm{T}}\phi(\boldsymbol{x}) = [\boldsymbol{\alpha}_1, \boldsymbol{\alpha}_2, \cdots, \boldsymbol{\alpha}_d]^{\mathrm{T}}\boldsymbol{\xi}_{\boldsymbol{x}} \tag{9.74}$$

式中，$\boldsymbol{y}$ 为 GDA 所提取的 d 维特征。

当选择合适的核函数及参数时，经过 GDA 特征提取，样本在特征空间中，同类目标大体聚集成团，异类彼此分离，具有良好的紧致性，特征提取结果要优于 LDA 结果。但是，GDA 特征提取效果受核函数及参数的影响很大，在核函数及参数选择不当时，其提取特征的分类精度反而会降低。

第10章 混合像元分解

遥感影像以像元为单位记录地面反射或辐射信号，每个像元的光谱反射/辐射值是由此像元对应的地面瞬时视场内所有目标的反射/辐射叠加而成的。受传感器有限的空间分辨率以及地物复杂多样性的影响，单个像元所对应的地表物质通常不止一种，这就导致影像中大量混合像元的存在。混合像元是定量化遥感的主要障碍，混合像元分解技术因此应运而生，其目的是为了求解不同地表物质即端元的"纯"光谱，以及它们在混合像元中所占的相应比例 (即丰度)。本章将介绍涉及混合像元分解的相关技术，包括光谱混合模型、端元个数估计、端元自动提取以及光谱解混等。

10.1 概　　述

在多光谱遥感中，由于光谱分辨力较低且光谱覆盖范围不连续，单个像元所包含的光谱信息有限，难以进行精细的混合像元分解。一方面，高光谱影像能为每个像元提供一条完整且连续的光谱曲线，这就为更多、更精细的端元提取提供了可能。另一方面，受成像光谱仪设计制造的限制，在相同信噪比要求的情况下，高光谱遥感需要更大的瞬时视场以获取足够的能量，这就造成高光谱影像的空间分辨率相对较低，混合像元现象更加严重，因此对混合像元分解的需求也更为迫切。

10.1.1 混合像元分解的意义

高光谱影像混合像元分解的意义主要体现在以下三个方面：

(1) 可提高分类精度。由于混合像元不止包含一种地物，因此直接将其归于某一类的做法是错误的。但是，目前大多数遥感分类方法还停留在像元级的分类水平上，例如统计分类方法和光谱匹配分类方法，这些方法都忽略了混合像元的影响，因此错误分类难以避免。通过分解混合像元，从而得到各类地物在混合像元中所占的比例，然后根据各类地物在混合像元中所占的比例来确定混合像元的类型，分类结果将更加精确，因混合像元的存在而造成的错误分类问题也将迎刃而解。

(2) 可提高影像处理的自动化、智能化水平。传统分类方法往往需要大量成像区域的先验知识以便取得训练样本或为分类结果贴标签。端元个数估计和端元提取技术是混合像元分解技术的重要组成部分。通过端元个数估计能确定影像的端元个数即本征维数，而利用端元提取技术可得到成像区域中各地物类型的"纯光谱"，通过与光谱数据库的比较可直接识别地物类型。此外，通过混合像元分解还能为传统匹配分类方法提供可靠的类别中心。

(3) 可提高对小目标的识别能力。在寻找稀有矿物、外来入侵植物监测等目标识别任务中，感兴趣的目标尺寸与成像光谱仪的瞬时视场相比较小，大多数情况下这类小目标与背景形成混合像元，因此很难用传统的像元级分类手段加以提取。使用混合像元分解技术不仅能探测这类亚像元级目标，而且还能求出目标在混合像元中的含量，这就为更加精确的小目标识别提供了可能。

10.1.2 混合像元分解流程

高光谱影像混合像元分解所涉及的主要技术包括：光谱混合模型、端元个数估计、端元自动提取以及光谱解混，其技术流程如图 10.1 所示。

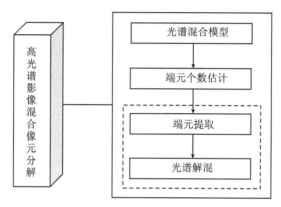

图 10.1　高光谱影像混合像元分解技术流程图

对光谱混合进行建模是进行混合像元分解的基础，各种具体算法都有其对应的模型，线性光谱混合模型是目前应用最为广泛的光谱混合模型。确定端元的个数是进行端元提取和光谱解混的前提，对高光谱影像而言，目前尚没有算法能完全确定端元的个数，只能给出其估计值。从高光谱影像中获得典型地物的"纯"光谱也就是端元，是混合像元分解的两大核心任务之一。与从光谱库中或者地面实测获取的地物纯光谱相比，从影像中获取的端元受传感器和获取数据的环境条件不同这些因素的影响较小，有利于提高分解的精度。光谱解混的结果是端元在混合像元中的丰度，众多光谱解混算法中线性光谱解混算法的应用最为广泛。线性解混算法根据在解混前是否需要端元的先验知识可以分为两类：第一类为典型的两步法解混，需要端元的先验知识，因此在解混前要进行端元提取，可称为"监督分解算法"；第二类不需端元的先验知识，并在解混同时得到端元信号，可称为"非监督分解算法"。

10.2　光谱混合模型

10.2.1　混合光谱的成因

由于传感器的空间分辨率有限，使得瞬时视场内不只包含同一种类型的地物，而是各种地物信号的加权和，因而形成混合光谱。光谱混合从本质上可分为线性和非线性两种情况，如图 10.2 所示。二者的区分标准是光子有没有在地物间发生多次散射，通常宏观尺度上的混合可认为是线性的，而微观尺度上的混合被认为是非线性的。但在实际情况中大气传输、遥感器的响应等因素也会造成光谱混合，而且这种混合是非线性的。对于这些因素引起的混合则需要由大气校正和传感器定标来消除，相关的内容请读者参阅本书的第 4 章。

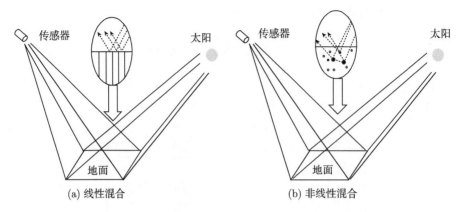

图 10.2　光谱混合的两种情况

图 10.3 是被动遥感的原理示意图，图中 n 为垂直于地面的法线，太阳方位和传感器方位分别为 (θ_0, φ_0) 和 (θ_s, φ_s)。瞬时视场 (IFOV) 内接收到的辐射由三部分组成，分别是光线 1 表示的太阳光，光线 2 表示的天空光，以及由光线 3 表示的由于邻近像元辐射经由大气反射造成的交叉辐射。

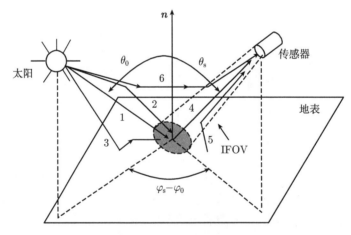

图 10.3　被动遥感原理示意图

1. 入射光的光辐射

入射光在波长 λ 处的光谱辐射由三部分组成，分别表示为：

(1) $L_1 = \mu_0 E_0 T_\downarrow$，其中 E_0 是大气顶端的太阳辐射通量，$\mu_0 = \cos(\theta_0)$，$T_\downarrow = T_\downarrow(\theta_0)$ 为向下透射率。

(2) $L_2 = \mu_0 E_0 t_\downarrow$，其中 $t_\downarrow = t_\downarrow(\theta_0)$ 为向下漫透射率因子。

(3) $L_3 = \mu_0 E_0 T'_\downarrow [\rho_t S + (\rho_t S)^2 + (\rho_t S)^3 + \cdots]$，其中 $T'_\downarrow = [T_\downarrow + t_\downarrow]$，设周围辐射服从大气点扩散函数，$\rho_t$ 即为该辐射的均值，S 为大气的反照率。

2. 传感器接收的光辐射

传感器接收的光辐射也是由三部分组成，分别是由光线 4 表示的地表散射光、由光线 5 表示的邻近地表的交叉辐射和由光线 6 表示的大气散射光。假设地表为朗伯面，则被传感器接收的光线在波长 λ 处的光谱辐射可表示为：

(1) $L_4 = \dfrac{\mu_0 E_0}{\pi} \cdot \dfrac{T'_\downarrow T_\uparrow}{1 - \rho_t s} \rho$，其中 ρ 是表面反射率，$T_\uparrow = T_\uparrow(\theta_0)$ 为向上透射率。

(2) $L_5 = \dfrac{\mu_0 E_0}{\pi} \cdot \dfrac{T'_\downarrow t_\uparrow}{1 - \rho_t s} \rho_t$，其中 $t_\uparrow = t_\uparrow(\theta_0)$ 为向上漫透射率因子。

(3) $L_6 = \dfrac{\mu_0 E_0}{\pi} \rho_a$，$\rho_a(\theta_0, \theta_s, \varphi_s - \varphi_0)$ 为大气反射率。

设在 IFOV 对应地面面积 A(在影像中表现为一个像元) 中有 m 种地物 (端元)，在第 i 个波段它们的反射率分别为 $l_1(\lambda_i)(\rho_1(\lambda_i))$, $l_2(\lambda_i)(\rho_2(\lambda_i))$, $\cdots$, $l_m(\lambda_i)(\rho_m(\lambda_i))$，各自所占的地面面积分别为 A_1, A_2, $\cdots$, A_m，并且有 $A_1 + A_2 + \cdots + A_m = A$。

设 $p_1 = \dfrac{A_1}{A}$, $p_2 = \dfrac{A_2}{A}$, $\cdots$, $p_m = \dfrac{A_m}{A}$，为各种地物在混合像元对应地面面积中所占的比例，因此有 $\sum\limits_{i=1}^{m} \boldsymbol{P}_i = 1$。根据非相干光的光辐射能量相加律，IFOV 对应地面总的辐射强度 L_G 可以表示为

$$L_G(\lambda_i) = \sum_{j=1}^{m} \boldsymbol{P}_j l_j(\lambda_i) \tag{10.1}$$

总的反射率可表示为

$$\rho(\lambda_i) = \sum_{j=1}^{m} \boldsymbol{P}_j \rho_j(\lambda_i) \tag{10.2}$$

传感器接收到的总的辐射量 L_s 为

$$L_s = a\rho + b \tag{10.3}$$

其中，

$$a = \frac{\mu_0 E_0}{\pi} \frac{T'_\downarrow T_\uparrow}{1 - \rho_t s} \tag{10.4}$$

$$b = \frac{\mu_0 E_0}{\pi} \left(\frac{T'_\downarrow t_\uparrow}{1 - \rho_t s} \rho_t + \rho_a \right) \tag{10.5}$$

设成像光谱仪具有 B 个很窄的光谱通道，在第 i 波段 (对应中心波长为 λ_i) 上的输出为

$$r_i = c_i \rho + d_i + n_i \tag{10.6}$$

式中，c_i 和 d_i 分别与 $a(\lambda_i)$ 和 $b(\lambda_i)$ 成一定的比例，n_i 是第 i 波段的传感器电子噪声与呈现泊松分布的在光子计数过程中产生的光子噪声的和。

如式 (10.6) 所示，表面反射 ρ 与传感器输出之间具有线性相关的形式。但是式 (10.4)、式 (10.5) 所示的 a 和 b 与太阳和传感器的方位、大气状况、地形起伏、地物类型及分布之间有着复杂的非线性关系，因此良好的大气校正对消除这种非线性的影响，保证反演的精度是十分必要的。

假设去除了低信噪比 (SNR) 的波段从而忽略泊松噪声，同时经过大气校正消除了地表和大气间的散射 (光线 5) 以及大气散射 (光线 6)，并补偿了由于大气传输造成的损失，传感器经过定标可认为其响应为线性，并忽略端元间的多次散射。则传感器在第 i 个波段的输出值 r_i 为

$$r_i = \sum_{j=1}^{m} \rho_j(\lambda_i) \boldsymbol{P}_j + n'_i \tag{10.7}$$

这就是线性光谱混合的物理模型，在光照均匀，表面光滑的情况下，实验室实验结果能很好地吻合线性混合模型。但对于真实情况而言，大气状况、多次散射、传感器视场不均匀、地形起伏引起的阴影等因素产生的非线性效应，使线性模型不能完全成立。因此，建立线性模型时要将这些非线性影响放在模型的调整误差之中。也就是说，这时误差项中不仅包含传感器电子噪声而且还包括模型的调整误差。

10.2.2 线性混合模型

假设对高光谱数据已进行了大气校正和传感器定标，便可认为线性混合就是入射光子仅和一个地物作用就反射进入传感器，而非线性情况则是光子在地物间发生了多次散射。但事实上，线性和非线性混合往往是同时发生的，端元分布的空间尺度大小则决定了其非线性程度。一般认为大尺度的光谱混合是一种线性混合，而小尺度的内部物质混合是非线性的。尽管线性模型建立在诸多假设之上，但却仍然是目前为止最常用的模型，基于它的端元提取与光谱解混算法也最丰富，主要原因在于其模型建立与答解相对容易，物理意义明确，且精度基本满足大部分应用的要求。

线性混合模型比较适合处理如图 10.4 所示的情况，各个端元在混合像元中呈现"棋盘式"分布，这种情况下入射光子在多个端元间发生多次反射的概率较小，可认为一个光子仅"看见"一个端元，值得注意的是，这里的端元也只是一定空间尺度上的纯光谱，例如从微观的角度看，裸土光谱也是由沙子、水分、有机质等光谱组成的混合光谱。

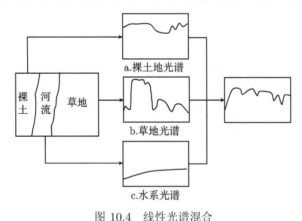

图 10.4 线性光谱混合

1. 线性混合模型的凸面单形体解释

单形体是指在 D 维空间中最简单的形状，如二维空间中的三角形，三维空间中的三棱锥等。高光谱数据云在其特征空间中形成一个凸面单形体 (convex simplex)。我们以两

个波段和三个端元的情况来说明问题，如图 10.5 所示，端元位于单形体的端点上，位于单形体边缘和内部的点则为混合像元。

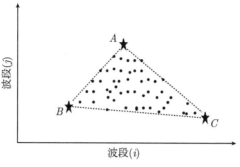

图 10.5　单形体示意图

2. 线性混合模型的解析表达式描述

在线性混合模型中，每一光谱波段中单一像元的反射率表示为它的端元组分光谱反射率与它们各自丰度的线性组合。因此，第 i 波段像元反射率 γ_i 可以表示为

$$\gamma_i = \sum_{j=1}^{n}(a_{ij}x_j) + n_i \tag{10.8}$$

式中，$i = 1, 2, \cdots, L$，$j = 1, 2, \cdots, n$；γ_i 是混合像元在第 i 个波段的反射率；a_{ij} 表示第 i 个波段第 j 个端元组分的反射率；x_j 是该像元第 j 个端元组分的丰度；n_i 是第 i 波段的误差。

又因为各个端元在混合像元中的比例不小于零，且各个端元所占比例的和为一，所以线性混合模型受到式 (10.9) 的非负约束 (ANC) 与归一化约束 (ASC) 的限制：

$$x_j \geqslant 0, \quad \text{且} \quad \sum_{j=1}^{n} x_j = 1 \tag{10.9}$$

如果用 L 表示波段数；n 表示选定的端元个数；$\boldsymbol{r}$ 为某个像元的光谱矢量；$\boldsymbol{A}$ 为端元光谱矩阵，$\boldsymbol{A}$ 的每一列为一个端元的光谱矢量，每行代表一个波段的反射率值；$\boldsymbol{x}$ 为 n 个元素的丰度向量，每个元素代表第 j 个端元在混合像元中的比例；$\boldsymbol{n}$ 为一个长度为 L 的矢量，每个元素代表第 i 个波段的误差，则线性混合模型可由下面的矩阵形式表达

$$\boldsymbol{r} = \boldsymbol{A}\boldsymbol{x} + \boldsymbol{n} \tag{10.10}$$

采用线性混合模型进行混合像元分解，需满足未知端元组分数目小于或等于矩阵行数的条件，这意味着端元个数 n 应当小于或等于波段数 m。对于高光谱影像而言这个条件基本上总是成立，对于多光谱则不然，例如 SPOT 的三个多光谱波段大部分情况下都无法满足该条件，这也说明了高光谱影像进行混合像元分解的优势。

3. 线性混合模型的拓展

式 (10.10) 是线性混合模型的基本形式，下面给出一个考虑了端元信号变化和地形起伏的拓展的线性混合模型。

首先考虑端元信号变化的情况，由于成分或结构的变换以及表面污染或褪色等因素的影响，在不同的像元之间端元光谱信号可能会发生变化。假设端元光谱的形状仅发生很小的变化，只是振幅在各个像元间发生了改变，可以认为第 i 个端元信号为

$$a_i^0 = \psi_i a_i + w_i \tag{10.11}$$

式中，$\psi_i \geqslant 0$ 为比例因子；w_i 是均值为零的随机向量，表示的是无法用 ψ_i 消除的端元形状上的微小变化。

将式 (10.11) 代入式 (10.10) 得到：

$$\boldsymbol{r} = \boldsymbol{A\psi x} + \sum_{i=1}^{n} x_i w_i + \boldsymbol{n} \tag{10.12}$$

式中，$\boldsymbol{\psi} = \mathrm{diag}(\psi_1, \psi_2, \cdots, \psi_n)$ 为 $n \times n$ 大小的对角矩阵。

下面考虑地形起伏造成的影响。由于地形起伏造成的光照变化对于每个端元和每个波段都是相等的，为简化模型，可假设光照变化也影响到了噪声 $\boldsymbol{n}$，因此可以表示为如下形式：

$$\boldsymbol{r} = \boldsymbol{A} \underbrace{\gamma \boldsymbol{\psi x}}_{\boldsymbol{s}} + \underbrace{\gamma \sum_{i=1}^{n} x_i w_i + \boldsymbol{n}}_{\boldsymbol{w}} = \boldsymbol{As} + \boldsymbol{w} \tag{10.13}$$

式中，γ 为常数表示了光照的变化，式 (10.13) 仍然是线性的。

10.2.3 非线性混合模型

线性混合是非线性混合在忽略多次散射情况下的特例，对于尺度较大的混合，由于光子在多个成分间发生多次散射的机会较小可以忽略，所以线性模型是合适的。然而，在对于发生在微观尺度上紧密混合物 (例如海滩上沙粒与其他沉积物颗粒的混合、呈现颗粒状的混合矿物、植被冠层等) 进行分析时，由于此时光子通常不止"看见"一种成分，而是在成分间发生多次散射，因此需要使用非线性模型。比较典型的非线性光谱混合模型有 Hapke 模型，Kubelk-Munk 模型，基于辐射量密度 (radiosity) 理论的植被、土壤光谱混合模型以及 SAIL 模型等。

对于非线性混合的情况，如果采用线性模型进行解混将会造成较大的误差，实验室定量分析的结果表明此时误差最高可达 30%。尽管使用非线性模型对非线性混合物进行光谱解混的优势十分明显，但其实际应用却不及线性模型广泛。主要原因有以下两点：一方面，非线性模型需要大量的先验知识，针对不同的表面这些先验知识又不尽相同，并且很多先验知识是很难获取的，需要对特定地物进行大量的研究；另一方面，目前高光谱影像的空间分辨率较之于全色影像仍然较低，此时线性模型尚能满足大部分应用的需求。虽然上述因素造成非线性模型的普及程度不及线性模型，但随着遥感向定量化的深入发展，非线性模型的重要性将进一步凸显。

线性模型及其变形在形式上总是类似的，而非线性模型遇到的情况不同。例如，针对细小颗粒的混合或者植被冠层分析分别需要依靠不同的非线性模型来解算，也就是说非线性模型并没有统一的形式。遥感影像往往包含种类繁多的地物，算法或模型的通用性

就显得尤为重要，这也是线性模型受到偏爱的原因之一。下面介绍两种非线性模型的近似解法，这两种方法并非针对特殊的地表覆盖，因此与线性模型的情况类似，对于各种表面，其形式是一致的。

1. 转化为单次散射反照率

非线性模型的解算关键在于对系统进行线性化，现有研究表明只要将反射率数据转化为单一散射反照率 (SSA) 就可实现系统的线性化。这是因为，混合物的均值 SSA 是端元 SSA 及其相关几何横截面的线性组合，其数学关系式可表示为

$$w(\lambda_i) = \sum_{j=1}^{n} w_j(\lambda_i) P_j, \quad i = 1, 2, \cdots, L, \quad j = 1, 2, \cdots, n \tag{10.14}$$

式中，λ_i 表示第 i 波段的中心波长；w 表示混合物的均值 SSA；w_j 表示第 j 个端元的 SSA；L 为波段数；n 为端元个数；P_j 表示第 j 个端元的几何横截面占总面积的比例，是地物群、密度和端元地物颗粒大小的函数，其数学表示如下：

$$P_j = (M_j/e_j d_j) \bigg/ \sum_{i=1}^{n} (M_i/e_i d_i) \tag{10.15}$$

式中，M_j 为地物群；e_j 为密度；d_j 为端元地物颗粒大小。

通常遥感获取的地物反射率为二次反射率。因此可以用式 (10.16) 将反射转化为 SSA：

$$R(i, e) = \frac{wH(\mu)H(\mu_0)}{4(\mu + \mu_0)} \tag{10.16}$$

式中，$R(i, e)$ 为二次反射率；w 表示混合物的均值 SSA；i 为入射角；e 为视角；μ 为入射角的余弦值；μ_0 为入射角的正弦值；$H(\mu)$ 表征地物间多向散射的函数，可以表示为

$$H(\mu) = \frac{1 + 2\mu}{1 + 2\mu\sqrt{1-w}} \tag{10.17}$$

利用上式可以将反射率数据转化为 SSA，然后采用线性模型进行解混。尽管上述 SSA 转化方法最初是针对某些矿物混合物得出的，但同样也可用于其他表面。

2. 多项式法

除了将反射率转化为 SSA 来达到系统线性化目的的方法之外，还可将反射率按式 (10.18) 表示为二次多项式与残差之和：

$$R(\lambda_i) = \sum_{j=1}^{n} R_j(\lambda_i) P_j + \sum_{\substack{j, s = 1 \\ j < s}}^{n} R_j(\lambda_i) R_s(\lambda_i) P_j P_s + \varepsilon(\lambda_i) \tag{10.18}$$

式 (10.18) 是非线性的，需采用非线性最小二乘迭代算法求解。

10.2.4 随机混合模型

通常线性模型假设每个端元可用一个光谱向量来表示，然而受多种因素影响，实际上端元光谱并不是一成不变的。引入随机混合模型 (stochastic mixing model，SMM) 正

是为了减轻端元光谱变化所带来的不利影响。随机混合模型与线性模型的主要不同在于，线性模型以一条确定的光谱作为一类地物的"纯光谱"，而随机混合模型将端元视为一组随机向量。

随机混合模型与线性模型在形式上是类似的，它也将混合光谱视为端元光谱的线性组合，可用式 (10.19) 表示：

$$r = \sum_{m=1}^{M} \varepsilon_m a_m + n \tag{10.19}$$

式中，r 为混合像元的光谱向量；a_m 为随机混合系数，同时满足和为 1 约束 (ASC) 与非负约束 (ANC) 条件；ε_m 为 $L \times 1$ 的随机向量，L 为波段数，其均值向量记为 m_m，协方差矩阵记为 C_m；n 为传感器噪声。

由于端元存在随机性，可将传感器噪声造成的变化归于端元变化之中，因此可从公式中移除 n 而不失一般性。图 10.6 为随机混合模型的二维示意图。

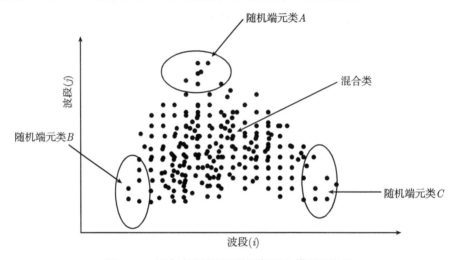

图 10.6　两个波段情况下的随机混合模型示意图

尽管随机混合模型在形式上与线性模型相似，但本质上却有很大的差异。按照线性混合模型，在不考虑噪声影响下，影像光谱向量的随机变化主要是由丰度的随机组合引起的；而随机混合模型将光谱的变化归结为端元随机变化与丰度随机组合共同作用的结果，因此此式 (10.19) 中的 a_m 和 ε_m 都是随机的。随机混合模型将光谱向量看作两个随机变量的函数，因而线性分解中的最小二乘估计在此不再适用。有两种方法可用来求解随机混合模型，分别是离散随机混合模型 (discrete stochastic mixture model, DSMM) 和标准成分模型 (normal compositional model, NCM)。

10.3　端元个数估计

进行混合像元分解的一个前提是必须首先明确端元的个数。然而，在现实问题中要准确估计端元的个数十分困难，经常采用的方法是通过观察 MNF 变换后的特征值变化情况来估计端元的数量，但高光谱数据维数众多，直接采用此类方法的效果欠佳。针对高光谱影像的特点，本节将介绍基于涅曼 — 皮尔逊检测 (NPD) 和基于正交子空间投影 (OSP) 的两种端元个数估计方法。

10.3.1 NPD 算法

NPD 算法是由 Harsanyi 等人开发的，也称为 Harsanyi-Farrand-Chang(HFC) 方法，最初的用途是确定 AVIRIS 高光谱影像的端元个数，包括以下三种具体算法。

1. HFC 方法

HFC 方法的核心思想是将端元个数估计问题转化成一系列的假设检验问题，最后统计非真假设成立的数量就是所要求的端元个数估计值。该算法首先计算高光谱数据的自相关矩阵 $\boldsymbol{R}_{L\times L}$ 和协方差矩阵 $\boldsymbol{K}_{L\times L}$，然后分别计算 $\boldsymbol{R}_{L\times L}$ 和 $\boldsymbol{K}_{L\times L}$ 的特征值，并按从大到小的顺序排序，分别称为相关矩阵特征值 $\{\lambda_{\boldsymbol{R}1} \geqslant \lambda_{\boldsymbol{R}2} \geqslant \cdots \geqslant \lambda_{\boldsymbol{R}L}\}$ 和协方差矩阵特征值 $\{\lambda_{\boldsymbol{K}1} \geqslant \lambda_{\boldsymbol{K}2} \geqslant \cdots \geqslant \lambda_{\boldsymbol{K}L}\}$。设噪声是均值为零的白噪声，在信号源为非随机未知正常数的条件下可得到如下结论：

$$\lambda_{\boldsymbol{R}i} > \lambda_{\boldsymbol{K}i} > \sigma_{ni}^2, \quad i = 1, \cdots, \text{VD} \tag{10.20}$$

$$\lambda_{\boldsymbol{R}i} = \lambda_{\boldsymbol{K}i} = \sigma_{ni}^2, \quad i = \text{VD} + 1, \cdots, L \tag{10.21}$$

式中，σ_{ni}^2 为第 i 个波段的噪声方差。

根据式 (10.20) 和式 (10.21)，VD 的求解可归结为 L 个如下所示的假设检验问题：

$$H_{i0} : z_i = \lambda_{\boldsymbol{R}i} - \lambda_{\boldsymbol{K}i} = 0, \quad H_{i1} : z_i = \lambda_{\boldsymbol{R}i} - \lambda_{\boldsymbol{K}i} > 0, \quad i = 1, 2, \cdots, L \tag{10.22}$$

式中，L 为高光谱影像的波段数；H_{i1} 为真的次数就是 VD 的估计值。

2. 噪声白化 HFC 法

噪声白化 HFC(noise whitening Harsanyi-Farrand-Chang, NWHFC) 法就是在执行 HFC 算法之前首先利用下面两式对 $\boldsymbol{K}_w$ 和 $\boldsymbol{R}_w$ 进行噪声白化，使噪声方差在对应的相关矩阵特征值和协方差矩阵特征值中相等。

$$\boldsymbol{K}_w = \boldsymbol{K}_n^{-(\frac{1}{2})} \boldsymbol{K} \boldsymbol{K}_n^{-(\frac{1}{2})} \tag{10.23}$$

$$\boldsymbol{R}_w = \boldsymbol{K}_n^{-(\frac{1}{2})} \boldsymbol{R} \boldsymbol{K}_n^{-(\frac{1}{2})} \tag{10.24}$$

由于对噪声方差进行了解相关操作，所以噪声方差对接下来的特征值比较不再产生影响，VD 的估计精度因而得到了提高。NWHFC 算法的特点，一是减少了 $\lambda_{\boldsymbol{R}i}$ 和 $\lambda_{\boldsymbol{K}i}$ 之间的相关性；二是噪声白化过程使 $\lambda_{\boldsymbol{R}i}$ 和 $\lambda_{\boldsymbol{K}i}$ 中的噪声分量相等且都为 1，因而当第 i 维中不包含信号时，$\lambda_{\boldsymbol{R}i} = \lambda_{\boldsymbol{K}i} = 1$ 成立。

3. 噪声子空间投影法

噪声子空间投影 (noise subspace projection, NSP) 法仅采用白化后的协方差矩阵进行端元个数的估计，因而与 NWHFC 方法相比不受样本数 N 多少的影响，当样本数 N 较少时 NSP 算法的优势比较明显。

由于 $\boldsymbol{K}_w$ 中每个波段的噪声方差都为 1，设 $\{w_{\boldsymbol{K}1} \geqslant w_{\boldsymbol{K}2} \geqslant \cdots \geqslant w_{\boldsymbol{K}L}\}$ 为 $\boldsymbol{K}_w$ 的特征向量，对应的特征值为 $\{\lambda_{w1} \geqslant \lambda_{w2} \geqslant \cdots \geqslant \lambda_{wL}\}$，所以 $\boldsymbol{K}_w$ 可表示为

$$\boldsymbol{K}_w = \sum_{i=1}^{\mathrm{VD}} \lambda_{wi} \boldsymbol{W}_{ki} \boldsymbol{W}_{ki}^{\mathrm{T}} + \sum_{i=\mathrm{VD}+1}^{L} \lambda_{wi} \boldsymbol{W}_{ki} \boldsymbol{W}_{ki}^{\mathrm{T}} \tag{10.25}$$

$\{w_{\boldsymbol{K}i}\}_{i=1}^{\mathrm{VD}}$ 和 $\{w_{\boldsymbol{K}i}\}_{i=\mathrm{VD}+1}^{L}$ 分别张成信号子空间和噪声子空间，又因为经过噪声白化之后噪声方差等于 1，所以当 $i = \mathrm{VD}+1, \cdots, L$ 时 $\lambda_{wi} = 1$，当 $i = 1, 2, \cdots, \mathrm{VD}$ 时 $\lambda_{wi} > 1$。根据以上结论 VD 估计问题可转化为如下假设检验问题：

$$H_{i0}: z_i = \lambda_{wi} = 1, \quad H_{i1}: z_i = \lambda_{wi} > 1, \quad i = 1, 2, \cdots, L \tag{10.26}$$

10.3.2　正交子空间投影法

正交子空间投影 (orthogonal subspace projection, OSP) 技术，目前已经在高光谱影像分类、降维、端元提取以及光谱解混等处理领域得到了广泛的应用。在此介绍一种基于 OSP 原理的端元个数估计方法，该方法首先利用多重回归理论对原始数据进行去噪，然后利用 OSP 方法逐步迭代消去端元信号，通过比较投影后的残差和预先设置的阈值达到端元个数估计的目的。

1. 正交子空间投影原理

线性混合模型解析表达式的矩阵形式 $\boldsymbol{r} = \boldsymbol{A}\boldsymbol{x} + \boldsymbol{n}$ 可改写成如下形式：

$$\boldsymbol{r} = \boldsymbol{d}f_{\boldsymbol{d}} + \boldsymbol{U}f_{\boldsymbol{U}} + \boldsymbol{\varepsilon} \tag{10.27}$$

式中，将线性模型原始表达式的端元矩阵分离为感兴趣的目标信号矩阵 $\boldsymbol{d}$ 和背景信号矩阵 $\boldsymbol{U}$，相应的丰度含量 f 也可分为 $f_{\boldsymbol{d}}$ 和 $f_{\boldsymbol{U}}$。利用 OSP 的原理可实现对目标和背景的分离，关键在于构造投影矩阵：

$$\boldsymbol{p}_{\boldsymbol{U}}^{\perp} = \boldsymbol{I} - \boldsymbol{U}(\boldsymbol{U}^{\mathrm{T}}\boldsymbol{U})^{-1}\boldsymbol{U}^{\mathrm{T}} \tag{10.28}$$

式中，$\boldsymbol{p}_{\boldsymbol{U}}^{\perp}$ 为 n 行 n 列的矩阵，n 为光谱通道数；$\boldsymbol{U}$ 为 n 行 k 列的矩阵，每列代表一个背景端元；$\boldsymbol{I}$ 为单位矩阵。

将投影变换矩阵 $\boldsymbol{p}_{\boldsymbol{U}}^{\perp}$ 作用于待解混的信号：

$$\boldsymbol{p}_{\boldsymbol{U}}^{\perp}\boldsymbol{r} = \boldsymbol{p}_{\boldsymbol{U}}^{\perp}\boldsymbol{d}f_{\boldsymbol{d}} + \boldsymbol{p}_{\boldsymbol{U}}^{\perp}\boldsymbol{U}f_{\boldsymbol{U}} + \boldsymbol{p}_{\boldsymbol{U}}^{\perp}\boldsymbol{\varepsilon} \tag{10.29}$$

经过投影变换后的结果为

$$z = Sf_{\boldsymbol{d}} + \xi \tag{10.30}$$

式中，z 为原始混合信号经过投影变换后得到的信号；$Sf_{\boldsymbol{d}}$ 为目标信号经过投影变换后得到的信号；ξ 为经过投影压缩的噪声。

可以看出，经过 OSP 之后背景信号被消除，原始噪声也得到了投影压缩。

2. 基于多重回归的噪声估计方法

原始高光谱影像的噪声对最终的估计精度有不利的影响，因此在进行 OSP 之前先对噪声加以估计并去除是非常必要的。高光谱影像的噪声估计最常用的是临近像素差值方

法 (NND)，也称为移动差值法 (shift difference)，该方法利用的是一个波段内的空间相关性。假设相邻像素的噪声相互独立而且有相同的统计量，同时相邻像素的信号部分基本上是相同的。因此采用 NND 方法要得到有意义的噪声估计结果，算法必须是在类似的邻域中进行，而无法直接对整幅影像进行噪声的估计。此外，NND 方法假设相邻像素的信号部分是基本相同的，但是很多高光谱影像并不满足该假设。

为此可利用高光谱影像波段间的高相关性，采用基于多重回归理论的噪声估计方法。设 $\boldsymbol{Y}$ 是 $N \times B$ 的矩阵，$\boldsymbol{Y}$ 的每一列就是高光谱影像的每个波段，每一行就是一个像素对应的光谱向量，也就是将高光谱影像每一波段的二维影像转化成一维数组后存储在 $\boldsymbol{Y}$ 的一列中。记 $\boldsymbol{y}_i$ 是 $\boldsymbol{Y}$ 的第 i 列，$\boldsymbol{Y}_i = \{\boldsymbol{y}_1, \boldsymbol{y}_2, \cdots, \boldsymbol{y}_{i-1}, \boldsymbol{y}_{i+1}, \cdots, \boldsymbol{y}_N\}$ 为 $\boldsymbol{Y}$ 去除第 i 列之后的 $N \times (B-1)$ 大小的矩阵。根据多元回归理论，可假设 $\boldsymbol{y}_i$ 是 $\boldsymbol{Y}_i$ 各列的线性组合，因此可记为

$$\boldsymbol{y}_i = \boldsymbol{Y}_i \beta_i + \xi_i \tag{10.31}$$

式中，β_i 是 $(B-1) \times 1$ 的列向量为回归系数；ξ_i 为 $L \times 1$ 的误差向量。

利用最小二乘法就可求解上式，得到回归系数 β_i 的解为

$$\hat{\beta}_i = \left(\boldsymbol{Y}_i^{\mathrm{T}} \boldsymbol{Y}_i\right)^{-1} \boldsymbol{Y}_i^{\mathrm{T}} \boldsymbol{y}_i \tag{10.32}$$

噪声可表示为

$$\hat{\xi}_i = \boldsymbol{y}_i - \boldsymbol{Y}_i \beta_i \tag{10.33}$$

利用上述方法对信噪比为 20:1 的高光谱检验数据进行去噪，随机选择一个点观察其去噪前后以及未加噪声的光谱曲线剖面图，如图 10.7(a)～图 10.7(c) 所示，可见去噪后的光谱曲线基本恢复了其原来的形状。

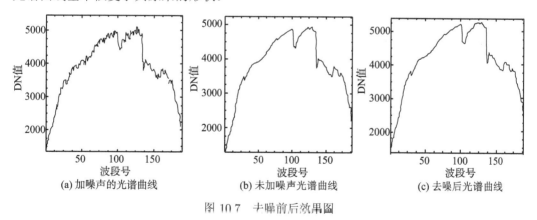

(a) 加噪声的光谱曲线　　(b) 未加噪声光谱曲线　　(c) 去噪后光谱曲线

图 10.7　去噪前后效果图

3. 端元个数估计

根据线性混合模型，高光谱影像可视为由一组最终端元 $\boldsymbol{E} = \{e_1, e_2, \cdots, e_n\}$ 按一定的比例线性混合而成，$\{e_1, e_2, \cdots, e_n\}$ 可张成子空间 $\langle \boldsymbol{E} \rangle$，又根据正交子空间投影的原理可由 $\boldsymbol{E}$ 组成投影变换矩阵 $\boldsymbol{P}_{\boldsymbol{E}}^{\perp} = \boldsymbol{I} - \boldsymbol{E}\left(\boldsymbol{E}^{\mathrm{T}} \boldsymbol{E}\right)^{-1} \boldsymbol{E}^{\mathrm{T}}$，通过 $\boldsymbol{P}_{\boldsymbol{E}}^{\perp}$ 可将光谱向量投影到

空间 $\langle E \rangle$ 的正交子空间 $\langle E \rangle^{\perp}$ 中，投影过程可用公式可表示为 $\boldsymbol{P}_{\boldsymbol{E}}^{\perp} \gamma$，投影的结果如式 (10.30) 所示，可见经过投影之后的结果消除了原始信号中的 $\{e_1, e_2, \cdots, e_n\}$ 成分。

算法需利用端元提取技术随迭代次数的增加逐步提取端元，并将其逐个加入到 E 中，相应的 $\langle E \rangle^{\perp}$ 也随之增大。这里选择端元提取算法的标准是：首先，该算法应能逐个提取端元，并且端元的输出是稳定的，不会在多次试验中有不同的结果；其次，算法应有较高的执行效率。因此选择 ATGP 和单形体生长算法 (simplex growing algorithm, SGA) 进行端元提取，其中 SGA 分别采用 PCA 和 MNF 两种方法进行降维。而 N-FINDR 算法由于是一起提取 N 个端元，并且输出结果存在随机性，所以不符合要求。迭代误差分析 (iterative error analysis, IEA) 因为运算量较大，算法执行较慢，也被排除。以上所述的这些端元提取算法的原理步骤将在下一节中总结。

当选择了合适的端元提取算法，随着端元个数的增加，可以利用 $\boldsymbol{P}_{\boldsymbol{E}}^{\perp}$ 逐步剥离端元信号。然而，影像中不同的光谱向量经过投影后得到的结果不尽相同，所要做的是找到一种合适的指标作为迭代停止的条件。设 r_i 是待投影的光谱向量，z_i 是 r_i 在某次投影之后的残余值向量，z_i 的二范数平方记为 $\|z_i\|_2^2$，记 $\|z_i\|_2^2$ 的均值为 μ，第 j 次迭代中 $\|z_i\|_2^2$ 的均值就记为 μ_j。随着迭代次数 j 的增加，μ_j 会逐步减小，但减小的速度逐步变缓，其趋势如图 10.8(a) 所示。

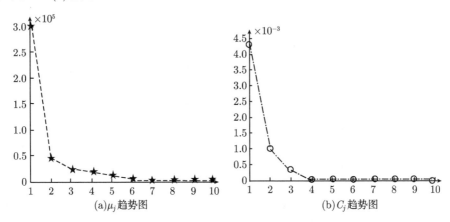

(a)μ_j 趋势图　　　　　　　　(b)C_j 趋势图

图 10.8　OSP 投影残余值趋势图

直接采用 μ_j 作为迭代停止指标的不足，一是高光谱影像的反射/辐射率值的范围变化幅度较大，可能规划至 0~1 000 也可能是 0~10 000，因此阈值的设定将随数据记录方式的不同而改变，尽管可以将其值都规划至一个固定的范围如 0~1，但势必带来不必要的计算和存储量的增加；二是 μ_j 的数值变化幅度范围较大，这也给阈值的设定带来了困难。为此，可使用 $C_j = \mu_j / \bar{\mu}$ 作为指标，其中 $\bar{\mu}$ 为原始光谱向量二范数平方 $\|r_i\|_2^2$ 的均值，C_j 的值为 0~1，随迭代次数增加而递减，其趋势如图 10.8(b) 所示。

具体的算法设计步骤如下：

第一步，对原始高光谱影像进行去噪。

第二步，求整幅高光谱影像的光谱向量模的均值 $\bar{\mu} = \dfrac{1}{N} \sum\limits_{i=1}^{N} |r_i|$，设定终止条件阈值 ε，及最大迭代次数 Itr。

第三步，开始迭代，在第 i 次迭代中，为 $\boldsymbol{E}_i$ 增加第 i 条信号光谱，此时 $\boldsymbol{E}_i = \{e_1, e_2, \cdots, e_i\}$。

第四步，构造投影变换矩阵 $\boldsymbol{P}_{\boldsymbol{E}i}^{\perp} = \boldsymbol{I} - \boldsymbol{E}_i(\boldsymbol{E}_i^{\mathrm{T}}\boldsymbol{E}_i)^{-1}\boldsymbol{E}_i^{\mathrm{T}}$，并计算 $\mu_i = \dfrac{1}{N}\displaystyle\sum_{j=1}^{N}\left|\boldsymbol{P}_{\boldsymbol{E}i}^{\perp}\boldsymbol{r}_j\right|$ 和 $C_i = \mu_i/\bar{\mu}$，如果有 $C_i < \varepsilon$，则迭代结束，端元个数估计为 i，否则转到第二步继续迭代。

10.4 端元提取技术

端元提取的目的是从影像中提取或估计出典型地物含量非常高的光谱向量作为端元，这类端元通常被称为影像端元。由于高光谱影像图谱合一的特点，可用于端元提取的信息包括光谱信息和空间信息，因此本节将一些具有代表性的端元提取算法按是否利用了空间信息分为两类：第一类称之为典型端元提取技术，仅采用了光谱信息，大部分端元提取算法都属于此类；第二类，不仅采用了光谱信息，而且还利用了空间信息，称之为空间信息辅助下的端元提取技术。此外，本节还将介绍一种基于粒子群优化的端元提取算法，该算法将粒子群优化这种智能计算技术引入到端元提取中。

10.4.1 典型端元提取算法

这类端元提取算法最为丰富，主要包括以下三种类型：基于投影的方法，包括纯像元指数 (pixel purity index, PPI) 法和非监督正交子空间投影 (unsuporrised orthogonal subspace projection, UOPS) 等；基于单形体体积的方法，如 N-FINDR 算法和单形体增长 (simplex growing algorithm, SGA) 算法等；基于统计误差最小的方法，如迭代误差分析 (iterative error analysis, IEA) 法。

1. 纯像元指数 (PPI) 算法

凸面单形体理论说明影像中所有数据点都被包围在以纯像元为端点的单形体内，Boardman 最先提出了以上理论并于 1995 年开发了纯像元指数 (PPI) 算法。该算法首先对原始数据降维，然后将降维后的数据向一组随机向量进行投影，并统计每个像元投影在随机向量两端的次数，次数大于阈值的像元就是预选端元，最后采用人机交互的方法从 n 维散点图中选择最终端元。

2. 基于正交子空间投影 (OPS) 算法

基于正交子空间投影的原理，Chein-I Chang 和吴波分别提出了自动目标生成方法 (automatic target generation process, ATGP) 和非监督正交子空间法 (UOSP)。UOSP 的原理同 ATGP 类似，区别在于增加了一个滤噪模板，以此来消除野值点对算法的不利影响，但在使用时要小心设置模板大小、光谱夹角以及最小相似点数三个参数。这类算法，首先找到原始数据中模最大的光谱向量作为初始端元 d_0，然后利用正交子空间投影消去 d_0 的成分，再在变换后的数据中找到模最大的向量，以其对应的原始光谱向量作为 d_1，接着消去 d_1。这一过程不断重复，直到达到预先设定的端元个数。

3. N-FINDR 算法

Winter(1999) 开发的 N-FINDR 算法，利用凸面几何学理论，通过寻找体积最大的单形体来自动获取图像中的所有端元。该算法首先采用 MNF 对原始数据进行变换，假设端元个数为 m 个，则取变换后的前 $m-1$ 个特征。然后从所有变换后的数据中取任意 m 个向量组成矩阵：

$$\boldsymbol{V} = \begin{bmatrix} 1 & 1 & \cdots & 1 \\ e_1 & e_2 & \cdots & e_m \end{bmatrix} \tag{10.34}$$

然后根据式 (10.35) 计算由这 m 个向量作为顶点在 $m-1$ 维空间中组成的单形体体积，体积最大的那组向量就是原始数据的端元，式中符号 $|*|$ 代表求行列式值。

$$\text{Volume}(\boldsymbol{V}) = \frac{1}{(m-1)!} \text{abs}(|\boldsymbol{V}|) \tag{10.35}$$

可见如果采用全搜索策略，体积计算的次数将是 C_N^m 次，N 表示影像中的像元个数，而影像的 N 是十分庞大的，这导致采用全搜索策略变得不现实。因此实际中 N-FINDR 算法是按以下步骤执行的：

第一步，设置端元个数 m，将原始数据降至 $m-1$ 维。

第二步，随机选择 m 个像元的向量作为端元的初始值，记录此时的端元矩阵 $\boldsymbol{E}_0$，并计算相应的单形体体积 $\boldsymbol{V}_0$ 作为最大体积 $\boldsymbol{V}_{\max}$ 的初值。

第三步，用影像中的第 i 个像元向量，$i=1,2,\cdots,N$，代替端元矩阵中的第 j 个端元得到 $\boldsymbol{E}_{ij}$，如果 $\boldsymbol{E}_{ij}$ 的体积大于当前的 $\boldsymbol{V}_{\max}$，则记录 $\boldsymbol{E}_{ij}$ 中每个向量对应的像元位置。

第四步，对影像中的每个像元执行第三步的操作，得到最终端元位置，最后从原始未降维数据中提取对应位置的像元向量，就得到了最终端元光谱矩阵。

4. 单形体增长 (SGA) 算法

Chein-I Chang 等人根据 N-FINDR 的基本原理，并针对该算法随机选择初值和不完全搜索导致的结果不稳定和端元个数确定困难的缺点，提出了一种逐次提取端元的迭代方法，称为单形体增长算法 (SGA)，其算法流程如下：

第一步，利用 VD 算法确定端元个数 P。

第二步，对原始数据进行 MNF 变换，从变换后数据的第一个分量中选择最大或最小的数据点作为第一个端元 e_1。

第三步，对于第 n 次循环，选择 MNF 变换后数据的前 n 个分量参与运算，对于每个 n 维的样本 r，按式 (10.36) 计算由 $(e_1,\cdots,e_n,r)$ 组成的单形体的体积 $\boldsymbol{V}(e_1,\cdots,e_n,r)$：

$$\text{Volume}(\boldsymbol{V}) = \frac{1}{n!} \text{abs}(|\boldsymbol{V}|) \tag{10.36}$$

根据式 (10.37) 找到使 $\boldsymbol{V}(e_1,\cdots,e_n,r)$ 最大的 r 作为 e_{n+1}：

$$e_{n+1} = \arg\left\{\max_r [\boldsymbol{V}(e_1,\cdots e_n,r)]\right\} \tag{10.37}$$

第四步，如果 $n < P$，$n+1$ 转到第三步继续迭代，否则停止迭代得到 P 个端元 $(e_1,e_2,\cdots,e_P)$。

5. 迭代误差分析法 (IEA)

迭代误差分析 (iterative error analysis，IEA) 通过逐次对原始数据进行全约束线性解混，按预先设定的端元个数逐步获取端元。该算法首先以图像中所有光谱向量的均值作为初始值，对整幅影像进行解混。取其中误差最大前 m 个点，并且这 m 个点之间的光谱夹角应小于一定的阈值，以它们的均值作为第一个端元，利用该端元继续对图像进行解混。在第 n 次迭代中，用前 $n-1$ 个提取的端元对图像解混，直到达到要求的端元个数。IEA 提取的端元并不对应于影像中的某点而是 m 个点的均值，当增大 m 时可减少噪声对端元提取的影响，当减小光谱夹角阈值时可提高端元的纯度。

10.4.2　空间信息辅助下的端元提取技术

上述方法在进行端元提取时仅利用了影像像元的光谱信息，空间信息仅被用于排除野值点，显然这对于端元提取而言是一种浪费。如何在端元提取中充分利用影像的空间信息是当前研究的热点。

1. 光学实时自适应光谱识别系统 (ORASIS)

光学实时自适应光谱识别系统 (optical real-time adaptive spectral identification system, ORASIS) 是美国海军研究实验室 (U.S. Naval Research Laboratory, NRL) 为实时处理海军地球绘图观测者 (NEMO) 卫星传回的高光谱数据而设计开发的。ORASIS 在端元提取前首先利用像元间的空间相关性去除冗余，此外，与大多数端元提取算法相比，该算法不强行要求端元是影像中的像元。

它首先通过一个叫做示范选择 (exemplar selection) 的过程根据一定的准则，在保持光谱多样性的同时给原始数据去冗余，然后通过一个改进的施密特正交化过程获得一组比原始数据维数更低的一组基及底，再把示范光谱投影到此基底所张成的子空间上，通过最小体积变换得到此空间上的一个单形体。其端元提取流程如下：

第一步，首先采用光谱预选 (prescreener) 模块，按光谱角度准则对原始数据去冗余，包括样本选择 (exemplar selection) 和电码本替换 (codebook replacement) 两块紧密相关的内容，最后得到的结果是示范光谱 (exemplar) 和电码本 (codebook)。

第二步，通过一个改进的施密特正交化过程获得一组比原始数据维数更低的一组基底，再把示范光谱投影到此基底所张成的子空间上。

第三步，利用最小体积变换的方法求得该空间内的一个单形体，其顶点就是高光谱影像的端元。

2. 多维数学形态学方法 (AMEE)

上述端元提取算法中，大多数都忽视了空间信息，即便引入了空间信息，也没有同时得到利用。Plaza 等利用多维数学形态学 (multidimensional morphological) 原理提出了自动形态学端元提取 (automated morphological endmember extraction，AMEE) 方法，在端元提取时同时利用了空间与光谱信息，解决了上述问题。

AMEE 算法首先计算结构元素 (核) 中所有元素的均值向量 $\boldsymbol{m}$，然后计算核中每个

像元的光谱向量和均值向量之间的光谱夹角作为测度, 上述步骤可用公式表示为

$$m = \frac{1}{M} \sum_s \sum_t f(s,t), \quad \forall (s,t) \in \boldsymbol{K} \tag{10.38}$$

$$D(f(x,y), \boldsymbol{K}) = \text{dist}(f(x,y), \boldsymbol{m}) \tag{10.39}$$

式中, $\boldsymbol{K}$ 为核; s、t 代表像元在核中的行列号; x、y 代表像元在整幅影像中的行列号。

在得到上述测度之后, 可以得到如下所示的多维形态下的膨胀算子 $d(x,y)$ 和腐蚀算子 $e(x,y)$:

$$d(x,y) = (f \otimes K)(x,y) = \text{arg\_Max}_{(s,t) \in K} \{D(f(x+s, y+t), K)\} \tag{10.40}$$

$$e(x,y) = (f \otimes K)(x,y) = \text{arg\_Min}_{(s,t) \in K} \{D(f(x-s, y-t), K)\} \tag{10.41}$$

膨胀运算得到的就是核中最纯的像元, 而腐蚀元素得到的就是核中最混杂的像元。然后通过计算核中最纯和最混合像元间的光谱角度距离评价最纯像元的纯度。

10.4.3　基于粒子群优化的端元提取算法

1. 粒子群算法原理

粒子群优化算法 (particle swarm optimization, PSO) 是一种进化计算技术 (evolutionary computation), 由 Eberhart 博士和 Kennedy 博士发明。PSO 同遗传算法类似, 是一种基于迭代的优化工具, 但是并没有遗传算法用的交叉 (crossover) 以及变异 (mutation), 而是粒子在解空间追随最优的粒子进行搜索。同遗传算法比较, PSO 的优势在于收敛速度较快并且需要调整的参数个数较少。

PSO 源于对鸟群捕食行为的研究, 每个优化问题的解都是搜索空间中的一个 "粒子"。首先生成初始粒子群, 即在可行解空间中随机初始化一群粒子, 每个粒子都为优化问题的一个可行解, 并由目标函数为之确定一个适应度值 (fitness value)。每个粒子都将在解空间中运动, 并由运动速度决定其飞行方向和距离。通常粒子将追随当前的最优粒子在解空间中搜索。在每一次迭代中, 粒子将跟踪两个 "极值" 来更新自己, 一个是粒子本身找到的最优解, 另一个是整个种群目前找到的最优解, 这个极值即全局极值。

PSO 算法可用数学语言描述为: 设粒子群在一个 m 维空间中搜索, 由 k 个粒子组成种群 $Z = \{Z_1, Z_2, \cdots, Z_k\}$, 每个粒子所处的位置 $Z_i = \{z_{i1}, z_{i2}, \cdots, z_{im}\}$ 都表示问题的一个解。粒子通过不断调整自己的位置 Z_i 来搜索新解。每个粒子都能记住自己搜索到的最好解, 记为 p_{id}, 和整个粒子群经历过的最好的位置, 即目前搜索到的最优解, 记为 p_{gd}。此外每个粒子都有一个速度, 记为 $V_i = \{v_{i1}, v_{i2}, \cdots, v_{im}\}$, 当两个最优解都找到后, 每个粒子根据下面两式来更新自己的速度和位置。

$$v_{id}(t+1) = wv_{id}(t) + \xi_1 \text{rand}()(p_{id} - z_{id}(t)) + \xi_2 \text{rand}()(p_{gd} - z_{id}(t)) \tag{10.42}$$

$$z_{id}(t+1) = z_{id}(t) + v_{id}(t+1) \tag{10.43}$$

式中, $v_{id}(t+1)$ 为第 i 个粒子在 $t+1$ 次迭代中第 d 维上的速度; w 为惯性权重; ξ_1、ξ_2 为加速常数, $\text{rand}() \sim U(0,1)$。

粒子群优化的流程可用图 10.9 表示。

2. 基于 PSO 的端元提取算法

PSO 算法采用实数编码, 在此每个粒子的位置
由 m 个经过降维后的 $m-1$ 维的像元矢量来表示,
相应的每个粒子的速度也由 m 个 $m-1$ 维的向量表
示, m 为端元的个数。而根据凸面单形体理论, 在特
征空间中由端元作为角点所组成的单形体的体积最
大, 端元自动提取的任务就是在高光谱数据云中找
到这样的组合, 使它们组成的单形体的体积最大, 这
也是 N-FINDR 和 SGA 等算法能自动提取端元的基
础。因此, 单形体的体积将作为粒子的适应度值 f。
第 i 个粒子的位置 P_i, 速度 V_i 和适应度值 f_i 就可
分别表示为

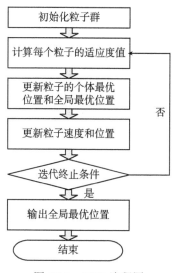

图 10.9 PSO 流程图

$$P_i = [z_{i1} \cdots z_{im}], V_i = [v_{i1} \cdots v_{im}] \text{ 和 } f_i = \frac{1}{(m-1)!}\text{abs}(|\bar{P}_i|) \tag{10.44}$$

式中, $\bar{P}_i = \begin{bmatrix} 1 & \cdots & 1 \\ z_{i1} & \cdots & z_{im} \end{bmatrix}$; $|*|$ 代表行列式的值; z_{ij} 是降维后的 $m-1$ 维的像元矢
量。

w、ξ_1、ξ_2 是 PSO 算法的三个重要参数, 其数值设置的好坏很大程度上影响着算法
的收敛速度和最终结果。惯性权重 w 使粒子保持运动的惯性, 它的值通常取 0 到 1 之
间的随机数。如果 w 接近于 0 则粒子的速度主要受最优粒子影响, 因而粒子群将收缩
到当前的最优位置, 反之如果 w 接近于 1, 则会降低粒子受最优位置的影响从而降低收
敛速度。因此需合理设置 w 的值, 既避免算法早熟从而导致收敛于局部最小, 又保持较
高的收敛速度。w 的值可通过线性方程或采用压缩因子的方法随迭代次数逐步减小, 但
由于仅减小 w, 使 PSO 一旦进入局部极值点领域就很难跳出, 极易收敛到局部最优解,
为此有学者提出了一种自适应非线性调整惯性权重的方法。设 $w \in [a,b]$, 在试验中设为
$w \in [0.5,1]$, 则第 t 次迭代中第 i 个粒子的惯性权重 $w_i(t)$ 可表示为

$$\begin{cases} \eta_i(t) = k\dfrac{f_{gd}(t)}{f_{id}(t)} \\ w_i(t) = b - (b-a)e^{\left(-\frac{\eta_i(t)}{t}\right)} \end{cases} \tag{10.45}$$

式中, $f_{gd}(t)$ 是第 t 次迭代的全局最优适应度; $f_{id}(t)$ 是第 i 个粒子的局部最优适应度; k
为常数, 调节 k 的大小可减缓或加速 w 的减小速度。

通常将 ξ_1 和 ξ_2 设为 0 到 2 之间的相等常数, 如果 ξ_1 接近于 0, 粒子失去 "认知"
能力, 只具备 "社会" 能力, 算法容易收敛于局部极值。如果 ξ_2 接近于 0, 则粒子只具备
"认知" 能力, 而失去了 "社会" 能力, 等同于粒子独自搜索, 因此算法很难收敛。

除此之外, 粒子的速度也影响 PSO 的搜索能力, 速度过快会导致算法过早收敛于局
部最优解。为此对于粒子的每一维有必要设置最大速度 $V_{\max} > 0$, 较大的 $V_{\max}$ 有利于

增强 PSO 的全局搜索能力，而较小的 $V_{\max}$ 使粒子群的局部搜索能力增强。设经过降维的高光谱数据集为 $\boldsymbol{Z}$，$\boldsymbol{Z}$ 是一个 $(m-1)N$ 大小的矩阵，N 为像元数，求 $\boldsymbol{Z}$ 在每一维的最大值和最小值得到 $m-1$ 维的向量 $Z_{\max}$ 和 $Z_{\min}$。令 $X_{\max\text{-}d} = Z_{\max\text{-}d} - Z_{\min\text{-}d}$，则粒子在第 d 维的最大速度被设置为处于 $[-V_{\max\text{-}d}, V_{\max\text{-}d}]$ 的区间 (由于速度可能存在负值)，通常设 $V_{\max\text{-}d} = kX_{\max\text{-}d}$，$0.1 \leqslant k \leqslant 1.0$，每一维都采用相同的方法。

PSOEE 算法的时间复杂度是 $O(\mathrm{IPN})$，其中 I 是迭代次数、P 是粒子数、N 是像元个数，其实现流程具体描述如下：

第一步，用 MNF 将原始高光谱数据降至 $m-1$ 维，其中 m 为端元个数，设置最大迭代次数。

第二步，初始化：生成 k 个粒子 $Z = \{Z_1, Z_2, \cdots, Z_k\}$，每个粒子的位置 $Z_i = \{z_{i1}, z_{i2}, \cdots, z_{im}\}$。其中，$z_{ij}$，$j = 1, 2, \cdots, m$，为经降维变换后的特征向量。同时生成一个辅助矩阵 ptDitrib 记录每个粒子位置对应原始数据的空间坐标。

第三步，计算每个粒子当前的适应度。

第四步，对于每个粒子，比较它的适应度和它经历过的最好位置的适应度，如果更好则更新该粒子经历的最好位置以及相应的适应度。

第五步，对于每个粒子，比较它的适应度和全体粒子经历的最好位置的适应度，如果更好则更新所有粒子经历的全局最好位置以及相应的适应度。

第六步，根据式 (10.42) 和式 (10.43) 调整粒子速度和位置。

第七步，按照某种最小距离测度从数据中找到与粒子位置最相似的向量，代替粒子位置，并将这些向量的空间坐标记录在 ptDitrib 的相应位置上，以同步更新 ptDitrib。

第八步，如果满足结束条件或达到预先设定的最大迭代次数，则结束；否则转到第三步继续迭代。

10.5 光谱解混技术

光谱解混最主要的任务是求解端元在混合像元中所占的比例，按照不同类型的光谱混合模型有多种类型的光谱解混算法。其中的线性光谱解混技术由于模型建立和解算相对简单，同时精度能满足大部分应用的要求因而得到了广泛的应用。根据在解混前是否需要端元的先验知识，线性解混算法可以分为两类：第一类为典型的两步法解混，需要端元的先验知识，可称为"监督分解算法"；第二类不需端元的先验知识，并在解混同时得到端元信号，可称为"非监督分解算法"。

10.5.1 监督分解算法

监督分解法是目前最常用的分解算法。采用典型监督分解算法进行光谱解混的前提条件是已经具备了典型地物的先验知识，也就是说已经获取了端元的光谱，并假设每种地物的光谱能用一个光谱矢量来表示。

1. 最小二乘法

式 (10.8) 给出了线性光谱混合模型的逐波段表示。根据 L 个波段的高光谱数据，对

于每个混合像元可列 L 个观测方程:

$$
\begin{cases}
\gamma_1 = \sum_{j=1}^{n}(a_{1j}x_j) + n_1 \\
\gamma_2 = \sum_{j=1}^{n}(a_{2j}x_j) + n_2 \\
\vdots \\
\gamma_L = \sum_{j=1}^{n}(a_{Lj}x_j) + n_L
\end{cases}
\tag{10.46}
$$

显然上式为一个多元线性回归问题。可用最小二乘法估计其回归参数,对于光谱解混而言也就是求解各个端元所占的比例 x_j。最小二乘法是目前最为常用的光谱解混方法,其目的是求得 $x_1, x_2, \cdots, x_n$ 满足如下式离差平方和最小这一条件的估计值 $\hat{x}_1, \hat{x}_2, \cdots, \hat{x}_n$。

$$
Q(\hat{x}_1, \hat{x}_2, \cdots, \hat{x}_n) = \sum_{i=1}^{L}\left(\gamma_i - \sum_{j=1}^{n}(a_{1j}\hat{x}_j)\right)^2 = \min_{x_1, x_2, \cdots, x_n} \sum_{i=1}^{L}\left(\gamma_i - \sum_{j=1}^{n}(a_{1j}\hat{x}_j)\right)^2
\tag{10.47}
$$

这种基于常规意义上的最小二乘估计的光谱解混方法称为无约束最小二乘分解 (unconstrained least squares unmixing, ULS)。

式 (10.9) 给出了线性混合模型丰度的和为 1 约束 (abundance sum-to-one constraint, ASC) 和非负约束 (abundance nonnegativity constraint, ANC) 条件,称分别满足这两项约束条件的最小二乘分解为和为 1 约束的最小二乘分解 (sum-to-one constrained least squares unmixing, SCLS) 和非负约束最小二乘分解 (non-negative constrained least squares unmixing, NCLS),如果同时满足两个约束条件则称为全约束最小二乘分解 (full constrained least squares unmixing, FCLS)。

1) 无约束最小二乘分解

式 (10.10) 给出了式 (10.46) 所示方程组的矩阵相乘形式,回归参数也就是丰度向量不带约束条件的最小二乘估计为

$$
\hat{x}_{\text{uls}} = (\boldsymbol{A}^{\mathrm{T}}\boldsymbol{A})^{-1}\boldsymbol{A}^{\mathrm{T}}\gamma
\tag{10.48}
$$

2) 和为 1 约束最小二乘分解

求得 ULS 的结果之后,SCLS 的结果可以采用拉格朗日乘子法求解:

$$
\hat{x}_{\text{scls}} = \hat{x}_{\text{uls}} - (\boldsymbol{A}^{\mathrm{T}}\boldsymbol{A})^{-1}\boldsymbol{u}^{\mathrm{T}}\left[u(\boldsymbol{A}^{\mathrm{T}}\boldsymbol{A})^{-1}\boldsymbol{u}^{\mathrm{T}}\right](u\hat{x}_{\text{uls}} - 1)
\tag{10.49}
$$

式中,u 为 $1 \times n$ 的单位向量;n 为端元的个数。

3) 非负约束最小二乘分解

非负最小二乘问题可用公式描述为

$$
\text{MinLSE} = (\boldsymbol{A}x - \gamma)^{\mathrm{T}}(\boldsymbol{A}x - \gamma), \text{ 且 } x_i \geqslant 0, i = 1, 2, \cdots, n
\tag{10.50}
$$

式中,LSE 是作为优化条件的最小二乘残差,$x \geqslant 0$ 为非负约束,由于约束条件为不等式所以拉格朗日乘子法无法使用。为解决非负约束问题可引入一个未知常量组成的向量

$\boldsymbol{c} = [c_1, c_2, \cdots, c_n]^{\mathrm{T}}$，其中 $c_i > 0$，$i = 1, 2, \cdots, n$，n 为端元个数。利用向量 $\boldsymbol{c}$ 可得到式 (10.51) 的拉格朗日形式：

$$J = \frac{1}{2}(\boldsymbol{A}x - \gamma)^{\mathrm{T}}(\boldsymbol{A}x - \gamma) + \lambda(x - c) \tag{10.51}$$

令 $x = c$，并且令 J 对于 x 的导数为 0，可得

$$\frac{\partial J}{\partial x}|_{\hat{x}_{\mathrm{NCLS}}} = 0 \Rightarrow \boldsymbol{A}^{\mathrm{T}}\boldsymbol{A}\hat{x}_{\mathrm{NCLS}} - \boldsymbol{A}^{\mathrm{T}}x + \lambda = 0 \tag{10.52}$$

由上式可得到两个迭代方程：

$$\hat{x}_{\mathrm{NCLS}} = (\boldsymbol{A}^{\mathrm{T}}\boldsymbol{A})^{-1}\boldsymbol{A}^{\mathrm{T}}\gamma - (\boldsymbol{A}^{\mathrm{T}}\boldsymbol{A})^{-1}\lambda = \hat{x}_{\mathrm{ULS}} - (\boldsymbol{A}^{\mathrm{T}}\boldsymbol{A})^{-1}\lambda \tag{10.53}$$

$$\lambda = \boldsymbol{A}^{\mathrm{T}}(\gamma - \boldsymbol{A}\hat{x}_{\mathrm{NCLS}}) \tag{10.54}$$

通过上述迭代方程可求解优化解 $\hat{x}_{\mathrm{NCLS}}$ 和拉格朗日乘子向量 $\boldsymbol{\lambda} = (\lambda_1, \lambda_2, \cdots, \lambda_n)^{\mathrm{T}}$。

Lawson 和 Hanson(1974) 提出了迭代求解 NCLS 问题的方法，下面是具体的迭代步骤：

第一步，初始化：设正数向量 $\boldsymbol{P}^{(0)} = \{1, 2, \cdots, n\}$，$\boldsymbol{P}^{(0)}$ 的互补向量 $\boldsymbol{R}^{(0)} = \phi$，迭代次数 $k = 1$。

第二步，计算得出无约束最小二乘解 $\hat{x}_{\mathrm{uls}}$，并且令 $\hat{x}_{\mathrm{ncls}} = \hat{x}_{\mathrm{uls}}$。

第三步，在第 k 次迭代中，如果 $\hat{x}_{\mathrm{uls}}$ 的每个元素都为非负则算法结束，否则继续迭代。

第四步，令 $k = k + 1$。

第五步，将 $\boldsymbol{P}^{(k-1)}$ 中相应与 $\hat{x}_{\mathrm{ncls}}$ 中负分量的指标移动到 $\boldsymbol{R}^{(k-1)}$ 中，分别得到 $\boldsymbol{P}^{(k)}$ 和 $\boldsymbol{R}^{(k)}$，创建一个新的向量 $\boldsymbol{S}^{(k)}$ 并且有 $\boldsymbol{S}^{(k)} = \boldsymbol{R}^{(k)}$。

第六步，设 $\hat{x}_{\boldsymbol{R}^{(k)}}$ 包含 $\hat{x}_{\mathrm{uls}}$ 中相应与 $\boldsymbol{R}^{(k)}$ 中指标的元素。

第七步，通过删除矩阵 $(\boldsymbol{A}^{\mathrm{T}}\boldsymbol{A})^{-1}$ 中相应于 $\boldsymbol{P}^{(k)}$ 中指标的所有行和列，形成矩阵 $\boldsymbol{\Phi}_{\boldsymbol{P}}^{(k)}$。

第八步，计算 $\lambda^{(k)} = (\boldsymbol{\Phi}_{\boldsymbol{P}}^{(k)})^{-1}\hat{x}_{\boldsymbol{R}^{(k)}}$，如果 $\lambda^{(k)}$ 中所有元素为非负则跳至第十三步，否则继续。

第九步，计算 $\lambda_{\max}^{(k)} = \arg\left\{\max_j \lambda_j^{(k)}\right\}$，并且将 $\boldsymbol{R}^{(k)}$ 中相应于 $\lambda_{\max}^{(k)}$ 的指标移入 $\boldsymbol{P}^{(k)}$。

第十步，通过删除矩阵 $(\boldsymbol{A}^{\mathrm{T}}\boldsymbol{A})^{-1}$ 中对应 $\boldsymbol{P}^{(k)}$ 中指标的所有行和列，形成另一矩阵 $\boldsymbol{\psi}_{\lambda}^{(k)}$。

第十一步，设 $\hat{x}_{\boldsymbol{S}^{(k)}} = \hat{x}_{\mathrm{uls}} - \boldsymbol{\psi}_{\lambda}^{(k)}\lambda^{(k)}$。

第十二步，将 $\hat{x}_{\boldsymbol{S}^{(k)}}$ 中属于 $\boldsymbol{S}^{(k)}$ 的负分量对应的指标由 $\boldsymbol{P}^{(k)}$ 中移到 $\boldsymbol{R}^{(k)}$ 中，转至第六步。

第十三步，通过删除矩阵 $(\boldsymbol{A}^{\mathrm{T}}\boldsymbol{A})^{-1}$ 中对应 $\boldsymbol{S}^{(k)}$ 中指标的所有行和列，形成另一矩阵 $\boldsymbol{\psi}_{\lambda}^{(k)}$。

第十四步，设 $\hat{x}_{\mathrm{NCLS}}^{(k)} = \hat{x}_{\mathrm{uls}} - \boldsymbol{\psi}_{\lambda}^{(k)}\lambda^{(k)}$，转到第三步。

4) 全约束最小二乘分解

全约束最小二乘分解的结果同时满足和为一约束 (ASC) 和非负约束 (ANC)，有几种方法可达到此目的。比较简单的方法是将 NCLS 的结果归一化，类似的方法还有将 SCLS

结果中小于零的元素赋值为零然后再归一化。Chang 和 Heinz(2000) 证明这两种方法都不是最优结果，原因在于上述两种方法 ASC 和 ANC 不是同时附加在最小二乘的过程当中，他们提出了将 ASC 和 ANC 条件同时添加到最小二乘估计中的方法。该方法将光谱反射矩阵 $\boldsymbol{A}$ 和光谱向量改写成如式 (10.55) 所示的形式，然后采用 NCLS 方法求解。

$$\boldsymbol{A}_{\mathrm{FCLS}} = \begin{bmatrix} \delta\boldsymbol{A} \\ \boldsymbol{u}^{\mathrm{T}} \end{bmatrix} \text{ 和 } \boldsymbol{r} = \begin{bmatrix} \delta r \\ 1 \end{bmatrix} \tag{10.55}$$

式中，$\boldsymbol{u}^{\mathrm{T}}$ 为单位向量，元素个数与端元个数相同；δ 为一个常数，其大小关系到 ASC 条件在 FCLS 中的权重。

当 δ 的值增大时 FCLS 的结果逐渐接近于 NCLS 的结果，也就是说：$\delta \to 1, x_{\mathrm{FCLS}} \to x_{\mathrm{NCLS}}$。

2. 正交子空间投影法

正交子空间投影技术 (OSP) 除了前面章节内容介绍的，可用于端元个数估计和端元提取之外，其最初的目的是进行目标探测和分类，这种 OSP 算法被称为先验 OSP (a priori OSP)。经过拓展 OSP 算法也可用于光谱解混，这种 OSP 算法被称为后验 OSP (a posteriori OSP)。

1) 先验正交子空间投影
先验 OSP 可以用公式表示为

$$\zeta_{\boldsymbol{d}}^{\mathrm{OSP}} \boldsymbol{r} = M_{\boldsymbol{d}} \boldsymbol{P}_{\boldsymbol{U}}^{\perp} \boldsymbol{r} = \boldsymbol{d}^{\mathrm{T}} \boldsymbol{P}_{\boldsymbol{U}}^{\perp} \boldsymbol{r} \tag{10.56}$$

式中，$\boldsymbol{r}$ 是像元的光谱向量；$\boldsymbol{d}$ 是感兴趣目标的光谱向量；$\boldsymbol{P}_{\boldsymbol{U}}^{\perp}$ 是背景信号组成的正交子空间投影矩阵。

该算法首先利用 $\boldsymbol{P}_{\boldsymbol{U}}^{\perp}$ 抑制背景信号，然后利用 $M_{\boldsymbol{d}}$ 进行匹配滤波使信噪比达到最大。

值得注意的是，$\zeta_{\boldsymbol{d}}^{\mathrm{OSP}} \boldsymbol{r}$ 反映的只是 $\boldsymbol{d}$ 在像元 $\boldsymbol{r}$ 中存在，只是定性值而不是真实的比例，这一点不同于下面将要介绍的三种分类器，它们可以估计出 $\boldsymbol{d}$ 在像元 $\boldsymbol{r}$ 中的比例，因而可用于光谱解混。

2) 后验正交子空间投影
后验 OSP 算法能对感兴趣目标在像元中的比例进行估计，这类算法包括信号子空间分类器 (signature subspace classifier，SSC)、倾斜子空间分类器 (oblique subspace classifier，OBC) 和高斯极大似然分类器 (gaussian maximum likelihood classifier，GMLC)，它们可分别表示为

$$\zeta_{\boldsymbol{d}}^{\mathrm{SSC}} \boldsymbol{r} = (\boldsymbol{d}^{\mathrm{T}} \boldsymbol{P}_{\boldsymbol{U}}^{\perp} \boldsymbol{d})^{-1} \boldsymbol{d}^{\mathrm{T}} \boldsymbol{P}_{\boldsymbol{U}}^{\perp} \boldsymbol{P}_{\boldsymbol{A}} \boldsymbol{r} \tag{10.57}$$

$$\zeta_{\boldsymbol{d}}^{\mathrm{GMLC}} \boldsymbol{r} = \zeta_{\boldsymbol{d}}^{\mathrm{OBC}} \boldsymbol{r} = (\boldsymbol{d}^{\mathrm{T}} \boldsymbol{P}_{\boldsymbol{U}}^{\perp} \boldsymbol{d})^{-1} \boldsymbol{d}^{\mathrm{T}} \boldsymbol{P}_{\boldsymbol{U}}^{\perp} \boldsymbol{r} \tag{10.58}$$

其中，$\boldsymbol{P}_{\boldsymbol{A}} = \boldsymbol{A} \left(\boldsymbol{A}^{\mathrm{T}} \boldsymbol{A} \right)^{-1} \boldsymbol{A}^{\mathrm{T}}$。式 (10.58) 中，$\zeta_{\boldsymbol{d}}^{\mathrm{GMLC}} \boldsymbol{r} = \zeta_{\boldsymbol{d}}^{\mathrm{OBC}} \boldsymbol{r}$ 成立的条件是噪声为高斯噪声。

3. 约束能量最小化法 (CEM)

约束能量最小化法 (constrained energy minimization，CEM) 是线性约束最小方差 (linearly constrained minimum variance，LCMV) 法的一种特殊情况。其目的在于目标探测，用于光谱解混的精度不高，但其优点在于只需要感兴趣端元的光谱，而不需要所有端元的先验知识，因此在实际应用中有一定的价值。LCMV 的结果是感兴趣的几个端元在混合像元中所占比例之和，它使用样本相关矩阵来最小化由未知信号引起的干扰，当只选择一个感兴趣端元时 LCMV 方法就成了 CEM 方法。求解 CEM 问题，实际上是解决如式 (10.59) 所示的线性约束最优化问题：

$$\min_{\boldsymbol{w}} \left\{ \boldsymbol{w}^{\mathrm{T}} \boldsymbol{R}_{L \times L} \boldsymbol{w} \right\} \text{ 满足 } \boldsymbol{d}^{\mathrm{T}} \boldsymbol{w} = 1 \tag{10.59}$$

符合式 (10.59) 的最优解 $\boldsymbol{w}^{\mathrm{CEM}}$ 可由式给出：

$$\boldsymbol{w}^{\mathrm{CEM}} = \frac{\boldsymbol{R}_{L \times L}^{-1} \boldsymbol{d}}{\boldsymbol{d}^{\mathrm{T}} \boldsymbol{R}_{L \times L}^{-1} \boldsymbol{d}} \tag{10.60}$$

式中，$\boldsymbol{R}_{L \times L} = \dfrac{1}{N} \left[\displaystyle\sum_{i=1}^{N} \boldsymbol{\gamma}_i \boldsymbol{\gamma}_i^{\mathrm{T}} \right]$ 为样本自相关矩阵；$\boldsymbol{d}$ 为感兴趣端元的光谱向量。

由式 (10.60) 可得端元比例的 CEM 估计 $\delta^{\mathrm{CEM}}(\gamma)$

$$\delta^{\mathrm{CEM}}(\gamma) = (\boldsymbol{w}^{\mathrm{CEM}})^{\mathrm{T}} \gamma = \left(\frac{\boldsymbol{R}_{L \times L}^{-1} \boldsymbol{d}}{\boldsymbol{d}^{\mathrm{T}} \boldsymbol{R}_{L \times L}^{-1} \boldsymbol{d}} \right)^{\mathrm{T}} \gamma = \frac{\boldsymbol{d}^{\mathrm{T}} \boldsymbol{R}_{L \times L}^{-1} \gamma}{\boldsymbol{d}^{\mathrm{T}} \boldsymbol{R}_{L \times L}^{-1} \boldsymbol{d}} \tag{10.61}$$

在计算样本自相关矩阵时，排除包含目标信号 $\boldsymbol{d}$ 的样本 $\gamma_{\boldsymbol{d},i}$，将有利于提高 $\delta^{\mathrm{CEM}}(\gamma)$ 的精度。

4. 极大似然估计法

当噪声向量服从多元正态分布 (即 $\varepsilon \sim N(0, \sigma^2 \boldsymbol{I}_n)$) 时，对于线性混合模型 $\boldsymbol{r} = \boldsymbol{A} \boldsymbol{x} + \varepsilon$，$\boldsymbol{r}$ 的概率分布为 $r \sim N(\boldsymbol{A} x, \sigma^2 \boldsymbol{I}_n)$。此时似然函数为

$$L = (2\pi)^{-\frac{n}{2}} (\sigma^2)^{-\frac{n}{2}} \exp\left(-\frac{1}{2\sigma^2} (\boldsymbol{r} - \boldsymbol{A} x)^{\mathrm{T}} (\boldsymbol{r} - \boldsymbol{A} x) \right) \tag{10.62}$$

式中，σ^2 和 x 为未知数，极大似然估计就是选取使似然函数 L 达到最大的 $\hat{\sigma}^2$ 和 $\hat{x}$。要使 L 达到最大，对上式两边同时取自然对数，得

$$\ln L = -\frac{n}{2} \ln(2\pi) - \frac{n}{2} \ln(\sigma^2) - \frac{1}{2\sigma^2} ((\boldsymbol{r} - \boldsymbol{A} x)^{\mathrm{T}} (\boldsymbol{r} - \boldsymbol{A} x)) \tag{10.63}$$

在式 (10.63) 中，仅在最后一项中含有 x，显然要使上式达到最大，等价于 $(\boldsymbol{r} - \boldsymbol{A} x)^{\mathrm{T}} (\boldsymbol{r} - \boldsymbol{A} x)$ 达到最小。可以发现，这与无约束最小二乘的优化条件一致。所以在噪声呈正态分布条件下，回归参数 x 的极大似然估计与 ULS 估计一致，即

$$\hat{x} = (\boldsymbol{A}^{\mathrm{T}} \boldsymbol{A})^{-1} \boldsymbol{A}^{\mathrm{T}} \boldsymbol{r} \tag{10.64}$$

10.5.2 非监督分解算法

监督分解算法也就是经典的两步法分解的一个缺点是需要提前获取端元光谱，而大多数端元提取算法提取的都是影像中最"纯"的像元，当影像中不存在"纯"像元时，利用两步法解混就会造成较大的误差。非监督分解算法类似于信号分析中的盲源分离技术，允许影像中不存在"纯"像元，不需提前知道端元光谱，而是在光谱解混的同时估计出端元信号。

1. 独立成分分析

独立成分分析 (independent component analysis，ICA) 最初用来解决信号分析处理中的"盲源分离"问题。ICA 用于非监督线性光谱解混领域，可以将端元信号作为源，混合矩阵由丰度形成，也可以将丰度作为源。ICA 基于源之间互相独立的假设，然而线性混合模型规定丰度需满足和为 1 的约束条件，这说明事实上源之间存在相关性，因此 ICA 在光谱解混领域的应用受到了一定的限制。此外，由于高光谱数据含有噪声，ICA 的效果进一步被削弱。独立因子分析 (independent factor analysis，IFA) 为 ICA 的变种，可从含有噪声的观测数据中发现互相独立的源，因此对于含有噪声的高光谱数据，IFA 的效果优于 ICA。然而，丰度之间事实上的不独立还是无法得到有效的解决，所以基于 ICA/IFA 的非监督解混算法只能估计出部分端元的丰度，不适用于高光谱影像的非监督解混。

2. 基于 NMF 的解混算法

Lee 在 1999 年提出的非负矩阵因数分解 (non-negative matrix factorization，NMF) 算法也称为正矩阵因数分解 (positive matrix factorization，PMF)。原始的 NMF 仅满足非负条件，没有考虑和为 1 的约束条件，因此不能直接用来进行混合像元分解。有学者对 NMF 进行了优化增加了和为 1 的约束，提出了约束正矩阵分解 (constrained positive matrix factorization，CPMF) 算法并将其应用到了混合像元分解之中。

NMF 算法可将给定的非负矩阵 $\boldsymbol{X} \in \boldsymbol{R}_{+}^{L \times M}$ 分解为两个非负矩阵 $\boldsymbol{E} \in \boldsymbol{R}_{+}^{L \times N}$ 和 $\boldsymbol{A} \in \boldsymbol{R}_{+}^{N \times M}$，式中 N 为 $\boldsymbol{X}$ 的正维数，通常小于 L 和 M。NMF 可用公式表示为

$$\boldsymbol{X} = \boldsymbol{E}\boldsymbol{A} \tag{10.65}$$

计算 NMF 实际上就是解决如下所示的最优化问题：

$$\hat{\boldsymbol{E}}, \hat{\boldsymbol{A}} = \arg \min_{\hat{\boldsymbol{E}} \geqslant 0, \hat{\boldsymbol{A}} \geqslant 0} \left\| \boldsymbol{X} - \hat{\boldsymbol{E}}\hat{\boldsymbol{A}} \right\|_F^2 = \arg \min_{\hat{\boldsymbol{E}} \geqslant 0, \hat{\boldsymbol{A}} \geqslant 0} \sum_{i,j} (\boldsymbol{X}_{i,j} - (\hat{\boldsymbol{E}}\hat{\boldsymbol{A}})_{i,j})^2 \tag{10.66}$$

式中，$\|*\|_F$ 代表矩阵的弗罗比尼乌斯 (Frobenius) 范数，令一组 L 维列向量 $(x_1, x_2, \cdots, e_M)^T$ 每一个对应 $\boldsymbol{X}$ 的列，另一组 N 维列向量 $(x_1, x_2, \cdots, e_M)^T$ 每一个对应 $\boldsymbol{A}$ 的一列，将上式的形式稍作改变可得

$$\hat{\boldsymbol{E}}, \hat{\boldsymbol{A}} = \arg \min_{\hat{\boldsymbol{E}} \geqslant 0, \hat{\boldsymbol{A}} \geqslant 0} \sum_{i=1}^{M} (\hat{\boldsymbol{E}}a_i - x_i)^T (\hat{\boldsymbol{E}}a_i - x_i) \tag{10.67}$$

因为 $\hat{\boldsymbol{E}}$ 和 $\hat{\boldsymbol{A}}$ 中元素都为非负，所以式 (10.67) 的形式与非负最小二乘估计目标函数的形式是一致的，$\hat{\boldsymbol{E}}$ 相当于端元反射矩阵而 $\hat{\boldsymbol{A}}$ 相当于丰度矩阵。式 (10.67) 说明只要增

加和为 1 的约束 (ASC)，NMF 算法就能很好地用到混合像元分解之中，因此满足混合像元分解要求的非负矩阵因数分解问题的目标函数可以表示为

$$\hat{\boldsymbol{E}}, \hat{\boldsymbol{A}} = \arg \min_{\hat{\boldsymbol{E}} \geqslant 0, \hat{\boldsymbol{A}} \geqslant 0, \mathbf{1}_N^{\mathrm{T}} \hat{\boldsymbol{A}} = \mathbf{1}_M^{\mathrm{T}}} \left\| \boldsymbol{X} - \hat{\boldsymbol{E}} \hat{\boldsymbol{A}} \right\|_F^2 \tag{10.68}$$

式中，$\mathbf{1}_N$ 和 $\mathbf{1}_M$ 代表长度为 N 和 M 的向量，向量的每个元素都为 1。

下面是两种求解这一优化问题的方法，分别是惩罚算法 (penalty method) 和高斯–赛德尔法 (Gauss-Seidel approach)。

1) 惩罚算法

原始 NMF 可以利用如下所示的乘法更新准则 (multiplicative updating rule) 求解：

$$\hat{\boldsymbol{A}}_{i,j} \leftarrow \hat{\boldsymbol{A}}_{i,j} \frac{(\hat{\boldsymbol{E}}^{\mathrm{T}} \boldsymbol{X})_{i,j}}{(\hat{\boldsymbol{E}}^{\mathrm{T}} \hat{\boldsymbol{E}} \boldsymbol{A})_{i,j}}, \quad \hat{\boldsymbol{E}}_{i,j} \leftarrow \hat{\boldsymbol{E}}_{i,j} \frac{(\boldsymbol{X} \hat{\boldsymbol{A}}^{\mathrm{T}})_{i,j}}{(\boldsymbol{E} \hat{\boldsymbol{A}} \hat{\boldsymbol{A}}^{\mathrm{T}})_{i,j}} \tag{10.69}$$

现在将惩罚条件添加到 NMF 的目标函数中，计算 CPMF 的优化问题就转化为如下形式：

$$\hat{\boldsymbol{E}}, \hat{\boldsymbol{A}} = \arg \min_{\hat{\boldsymbol{E}} \geqslant 0, \hat{\boldsymbol{A}} \geqslant 0} \left\| \boldsymbol{X} - \hat{\boldsymbol{E}} \hat{\boldsymbol{A}} \right\|_F^2 + \lambda^2 \left\| \boldsymbol{A}^{\mathrm{T}} \mathbf{1}_N - \mathbf{1}_M \right\|_2^2 \tag{10.70}$$

式中，λ 是惩罚系数用来增加 ASC 约束，$\lambda^2 \left\| \boldsymbol{A}^{\mathrm{T}} \mathbf{1}_N - \mathbf{1}_M \right\|$ 给出了算法对发生背离 ASC 约束情况时的惩罚量。给定 λ，上式可改写成如下形式：

$$\hat{\boldsymbol{E}}, \hat{\boldsymbol{A}} = \arg \min_{\hat{\boldsymbol{E}} \geqslant 0, \hat{\boldsymbol{A}} \geqslant 0} \left\| \begin{bmatrix} \boldsymbol{X} \\ \lambda \mathbf{1}_M^{\mathrm{T}} \end{bmatrix} - \begin{bmatrix} \boldsymbol{E} \\ \lambda \mathbf{1}_N^{\mathrm{T}} \end{bmatrix} \boldsymbol{A} \right\|_F^2 \tag{10.71}$$

令 $\boldsymbol{Y} = \begin{bmatrix} \boldsymbol{X} \\ \lambda \mathbf{1}_M^{\mathrm{T}} \end{bmatrix}$，$\boldsymbol{W} = \begin{bmatrix} \boldsymbol{E} \\ \lambda \mathbf{1}_M^{\mathrm{T}} \end{bmatrix}$，式 (10.71) 改写成为

$$\hat{\boldsymbol{E}}, \hat{\boldsymbol{A}} = \arg \min_{\hat{\boldsymbol{E}} \geqslant 0, \hat{\boldsymbol{A}} \geqslant 0} \left\| \boldsymbol{Y} - \boldsymbol{W} \boldsymbol{A} \right\|_F^2 \tag{10.72}$$

根据式 (10.72) 采用乘法更新准则的变形，可求解得出满足 ANC 和 ASC 约束的 $\hat{\boldsymbol{A}}$。迭代过程为

$$\hat{\boldsymbol{A}}_{i,j} \leftarrow \hat{\boldsymbol{A}}_{i,j} \frac{(\hat{\boldsymbol{W}}^{\mathrm{T}} \boldsymbol{Y})_{i,j}}{(\hat{\boldsymbol{W}}^{\mathrm{T}} \boldsymbol{W} \hat{\boldsymbol{A}})_{i,j}}, \hat{\boldsymbol{E}}_{i,j} \leftarrow \hat{\boldsymbol{E}}_{i,j} \frac{(\boldsymbol{X} \hat{\boldsymbol{A}}^{\mathrm{T}})_{i,j}}{(\hat{\boldsymbol{E}} \hat{\boldsymbol{A}} \hat{\boldsymbol{A}}^{\mathrm{T}})_{i,j}} \tag{10.73}$$

2) 高斯–赛德尔法

如果 $\hat{\boldsymbol{E}}$ 或 $\hat{\boldsymbol{A}}$ 有一个为已知，则估计另一个矩阵就是一个线性问题，可用高斯 - 赛德尔法两步迭代解算。第一步，固定端元矩阵 $\hat{\boldsymbol{E}}$，用全约束最小二乘法 (FCLS) 解算丰度矩阵 $\hat{\boldsymbol{A}}$；第二步，固定丰度矩阵 $\hat{\boldsymbol{A}}$，用乘法更新准则来更新端元矩阵 $\hat{\boldsymbol{E}}$。事实上高斯–赛德尔法是在式 (10.74) 和式 (10.75) 所示的优化问题之间反复迭代进行求解的：

$$\hat{\boldsymbol{A}}^{k+1} = \arg \min_{\boldsymbol{A} \geqslant 0, \mathbf{1}_N^{\mathrm{T}} \boldsymbol{A} = \mathbf{1}_M^{\mathrm{T}}} \frac{1}{2} \left\| \boldsymbol{X} - \hat{\boldsymbol{E}}^k \boldsymbol{A} \right\|_F^2 \tag{10.74}$$

$$\hat{\boldsymbol{E}}^{k+1} = \arg \min_{\boldsymbol{E} \geqslant 0} \frac{1}{2} \left\| \boldsymbol{X} - \boldsymbol{E} \boldsymbol{A}^{k+1} \right\| \tag{10.75}$$

高斯–赛德尔法每次迭代的时间复杂度为 $O(MNL)$，其中 M 为影像像元数，N 为端元个数，L 为波段数。

第11章 高光谱与高空间分辨率影像融合

高光谱与高空间分辨率遥感是现代遥感技术的两个重要方向，一般而言，二者分别服务于地物探测中属性判别精度和几何定位精度的提高。受技术限制，在一段时间内，尚无法制造出同时具备高光谱分辨率与高空间分辨率的传感器。因此，开展高光谱和高空间分辨率遥感影像融合技术的研究，将充分挖掘二者的潜力，实现信息优势互补，为提高地物的整体探测精度和可靠性提供保证。本章首先介绍影像数据融合原理，继而重点讨论这两类数据的融合算法，最后介绍融合效果的评价方法。

11.1 概　　述

1973 年美国国防部资助开展的声纳信号理解系统的研究可视为数据融合的开端，当时称之为多源相关、多传感器混合或数据融合。从 20 世纪 80 年代开始，多传感器数据融合技术得到了飞速发展，迅速扩展到军事和民用的各个应用领域。多源遥感影像融合属于数据融合的范畴，可将其定义为：将同一环境或对象的多源遥感影像数据采用综合的方法和工具的框架，以获得满足某种应用的高质量信息，产生比单一信息源更精确、更安全、更可靠的估计和判决。根据信息抽象程度以及融合应用层次的不同，遥感影像融合可划分为像素级 (pixel-level fusion)、特征级 (feature-level fusion) 和决策级 (decision-level fusion) 三个层次。

高光谱与高空间分辨率影像融合是多源遥感影像融合的一个重要分支，其目的是尽可能同时保存空间信息和波谱完整性，从而有利于实现遥感数据定量分析和高精度定位，扩展高光谱遥感数据的应用领域。与多源遥感影像融合类似，高光谱与高空间分辨率影像融合也可划分为像素级、特征级和决策级三个层次，当前的研究以像素级和特征级融合为主，也有少量的基于特定目标处理的决策级融合算法，下面对融合的三个层次分别加以介绍。

11.1.1 像素级融合

像素级多源遥感影像融合，是指同一区域的遥感影像之间在空间配准的基础上可以进行多种组合形式的内容复合，以形成一幅新的影像。由于其输入输出的数据都是影像，所以它也可以简称为影像融合。像素级融合即是基于像素的融合，是最低层次的融合，也就是在原始信息未经估计、识别之前进行信息的综合与分析，因此它是在最大程度上保留了原始信息，提供了其他两种融合层次所不具有的细节信息，具有最高的精度。

当前大多数高光谱与高空间分辨率影像的融合算法属于像素级融合，典型的算法包括彩色空间变换融合、主成分变换融合、高空滤波融合以及小波融合等。这类融合算法得到的结果有利于目视判读和影像显示，因此具有一定的实用价值。然而，由于高光谱影像波段数众多，波段范围广的特点，通常这类算法的结果光谱失真严重、波段连续性难以保持，因而难以对融合结果进一步采用光谱匹配、子像元分解、精细分类等手段进行处理。

高光谱与高空间影像像素级融合流程见图 11.1。

图 11.1　像素级融合流程

11.1.2　特征级融合

特征级融合是像素级融合和决策级融合的中间层次，首先对多源遥感影像进行特征提取，然后采用一定的技术手段对这些特征进行融合，得到一幅新的特征影像。一般来说，提取的特征信息应是像素信息的充分表示量或充分统计量，典型的包括地物的边缘、形状、方向、纹理、距离和区域等。特征级融合的优点在于实现了可观的信息压缩，便于实时处理。由于所提取的特征直接与决策分析有关，因而融合结果能最大限度地给出决策分析所需要的特征信息。目前，特征级数据融合的主要方法有聚类分析法、Dempster-Shafer 推理法、贝叶斯估计法、熵法、加权平均法、表决法以及神经网络法等。这类融合方法对多源遥感影像的配准精度要求低于像素级融合。

在高光谱影像特征级融合领域，许多方法是不同高光谱影像特征提取算法结果的融合，实际上是同源影像的融合。基于混合像元分解的融合算法是专门面向高光谱与高空间分辨率影像融合的特征级融合算法，虽然其融合精度受到像元分解、分类和配准精度的影响较大，但是该算法将光谱分类、像元分解、影像融合结合在一起，在保持光谱特征的同时，提高了空间分辨率，因此是高光谱与高空间影像融合领域的重要发展方向。

高光谱与高空间分辨率影像特征级融合流程如图 11.2 所示。

图 11.2　特征级融合流程

11.1.3　决策级融合

决策级融合是在信息表示的最高层次上进行的融合处理。在进行融合处理前，先对从各个传感器获得的影像分别进行预处理、特征提取、识别或判决，建立对同一目标的初步判决和结论；然后，对来自各传感器的决策进行相关 (配准) 处理；最后，进行决策级的融合处理从而获得最终的联合判决。决策级融合是直接针对具体的决策目标，充分利用了来自影像的初步决策。决策级融合是三级融合的最终结果，融合结果直接影响决策水平。

在高光谱与高空间分辨率影像融合处理领域，决策级融合方法是对影像数据进行信息提取后，进一步结合地物高程信息和专家知识等辅助信息进行信息的决策融合。例如，利用雷达测量的树冠高度、光谱分类结果、高空间的树冠纹理统计特征等进行林木种类识别等。与像素级和特征级融合的结果仍是多波段的影像不同，决策级融合得到的结果是高空间分辨率的专题图，但目前决策级融合只是在部分特定的应用领域展开了研究，相关理论和算法还不成熟。

高光谱与高空间分辨率影像决策级融合流程如图 11.3 所示。

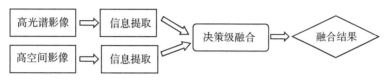

图 11.3　决策级融合流程

无论采用何种层次的融合策略，高光谱与高空间分辨率影像融合的技术流程都可概括为预处理、融合、结果评价三部分，其技术路线如图 11.4 所示。

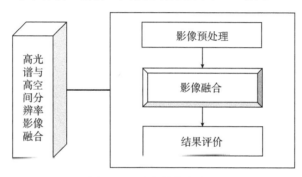

图 11.4　融合的技术路线

11.2　融合预处理

由于受传感器噪声、摄站姿态和位置、大气散射和吸收、地形起伏以及地球曲率等因素影响，遥感影像存在着辐射畸变、噪声和几何变形等情况，这些不利因素需在融合之前消除。此外，融合对多源影像的配准精度通常要求在一个像素之内，否则会造成重影，从而影响最终的融合效果。高光谱与高空间分辨率影像融合预处理的目的就是消除成像时传感器噪声或环境条件造成的不利影响，并对多分辨率影像进行精确配准，其处理精度对最终的融合效果有较大影响。其主要内容包括辐射校正、几何纠正以及影像配准。

11.2.1　辐 射 校 正

在太阳–大气–地面目标–大气–传感器的光线传播路径中，很多因素的影响使得接收到的信号不能正确反映地物的反射和辐射特性，即原始高光谱影像与目标相比存在较大差异，因此在对高光谱影像进行光谱的定量分析前，必须消除影像所记录的辐射亮度上的各种干扰，这个过程就是辐射校正。对于高光谱影像而言，是通过建立遥感器接收数据与地物辐射光谱之间的定量关系，来实现辐射校正的。高光谱影像的辐射校正对于光谱定量分析至关重要，也是对影像进行进一步处理的基础。一般采用实验室定标、现场定标、替代定标等各种方式的辐射量定标，来获取每一个探测器单元的辐射校正系数，然后用这些系数校正高光谱影像的每一个波段和每一个像元。

11.2.2　几何纠正

由于大气条件、地形起伏、地球旋转，以及平台姿态等因素的影响，所获得的遥感影像均存在一定的几何变形，这些变形将严重影响影像的质量和其他方面的应用，因此必须消除这些几何变形，从而使遥感影像上记录的辐射量与地面目标一一对应起来，以准确的反映地表分布情况，这个过程就是几何校正。

遥感影像的几何校正一般包括几何粗纠正和几何精纠正。几何粗纠正即系统校正，一般是利用可预测的各项参数，把原始影像纠正到参考坐标系中去。对于几何精纠正而言，以往是基于足够地面控制点进行多项式纠正，或利用遥感器的姿态测量参数来对影像进行纠正，目前常用的方法是利用 GPS 数据和 IMU 数据获得平台位置和姿态，再结合地面控制点进行校正。

11.2.3　影像配准

高光谱分辨率影像和高空间分辨率影像之间的配准是影像融合的一个非常关键的前提和基础。由于高光谱影像与高空间分辨率影像获取的时间、环境等条件不同，为了消除不同传感器的影像在空间分辨率、入射角度等方面的差异，需要将待融合影像进行点对点的配准，从而实现两幅影像对应像元间的空间位置变换。影像配准是影像融合的基础，包括绝对配准和相对配准：绝对配准是在同一地理坐标系下对多幅影像进行几何纠正，最后重采样成相同分辨率的影像；相对配准是从多幅影像中选择某一副影像作为参考影像，然后将另一幅影像与参考影像进行配准，因此也叫影像对影像的配准。

影像配准的方法可以分为基于灰度的影像配准方法和基于特征的影像配准方法。基于灰度的影像配准方法，有时也称为基于区域的影像配准方法，无需提取特征，应用预先定义好的模板窗口或整幅影像的灰度信息进行相似性度量，然后利用搜索算法寻找使相似性度量最优的匹配位置，从而确定两幅影像间变换模型的参数，不同算法的主要区别在于模板及相似性度量准则的选取上。基于特征的遥感影像配准方法，首先需要从配准影像中提取出点、线或区域等显著特征作为匹配基元，利用特征的空间关系或描述信息，建立特征集之间的相互关系，找到相应的特征点对，从而求得进行几何变换的参数。在对影像进行几何变换后，还需对变换后的影像进行插值处理，常用的插值方法主要有最邻近像元法、双线性插值法和双三次卷积法等。

11.3　高光谱与高空间分辨率影像融合算法

高光谱与高空间分辨率影像融合属于遥感影像融合的范畴，通用像素级遥感影像融合方法也可应用于高光谱与高空间分辨率影像的融合。通用像素级融合算法的结果有利于目视判读和影像显示，但光谱失真严重，波段连续性和完整性难以保障，无法利用光谱匹配、子像元分解等高光谱影像处理手段进一步处理。而高光谱与高空间分辨率影像融合的要求是尽可能保持光谱信息，并提高融合结果的空间分辨率，考虑到高光谱遥感影像的特殊性，其丰富的光谱信息往往更受重视，针对这一需求，光谱信息保持型融合算法应运而生。这类算法在增强空间信息的同时，尽可能地保持了原始数据的光谱信息，因而可以对它的融合结果采用定性或定量的光谱分析手段进行信息提取。

11.3.1 通用像素级融合算法

这类融合算法又可分为光谱域融合算法和空间域融合算法两类。光谱域融合是对进行了彩色空间变换或 PCA 变换等光谱特征空间变换后的数据进行的融合，这种融合不分波段进行，往往对光谱域中某一个或多个波段进行置换或像素级融合后进行光谱特征空间的反变换。而空间域融合是将高空间分辨率影像的高频成分加到低空间分辨率的高光谱影像中，使高光谱影像包含高清晰度的空间信息。

1. IHS 变换融合

IHS 变换将 RGB 空间中的彩色影像转换至 IHS 空间，得到彼此分离的强度 (I) 分量、色度 (H) 分量和饱和度 (S) 分量，用这三个分量来描述彩色空间中的物体，更符合人眼的视觉特性。目前常用的 IHS 变换模型主要有球体变换、圆柱体变换、单六棱锥变换和三角形变换四种，相比之下，前三种模型比较常用。

应用 IHS 变换对高分辨率全色影像和高光谱影像进行融合时，需先将波段选择后的高光谱影像进行 IHS 变换转换至 IHS 空间，从而分离出表示空间信息的强度分量 (I)，以及表示光谱信息的色度分量 (H) 和饱和度分量 (S)。对高分辨率全色影像和分离出的强度分量 (I) 进行直方图匹配，从而使二者具有相近的灰度分布，将直方图匹配后的高分辨率全色影像替代强度分量 (I)，应用 IHS 变换的可逆性，将新的强度分量与色度分量 (H) 和饱和度分量 (S) 进行 IHS 逆变换，从而得到空间分辨率提高的高光谱影像，其流程如图 11.5 所示。

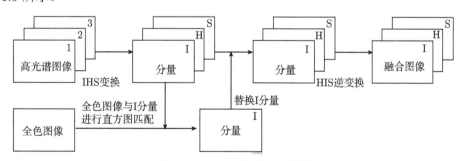

图 11.5　IHS 变换融合流程图

2. 主成分变换融合

PCA 变换 (principal component analysis)，又称主成分分析，是基于 K-L 变换实现的统计特征基础上的多维正交线性变换。对原始多维数据应用 PCA 变换，将原始数据中的有效信息用少数几个互不相关的特征表示出来，从而实现彼此相关的数据的压缩，并有效突出了特征信息。综合利用上述优势，PCA 变换已广泛应用于影像融合、数据压缩、变化监测等方面。

应用 PCA 变换进行高分辨率全色影像和高光谱影像的融合时，需先对高光谱影像进行 PCA 变换，得到各主成分影像。而后对空间配准后的高分辨率全色影像和第一主成分影像进行直方图匹配，使二者具有相近的均值和方差。将直方图匹配后的高分辨率全色影像替代第一主成分影像，经 PCA 逆变换后得到融合影像。其流程框图如图 11.6 所示。

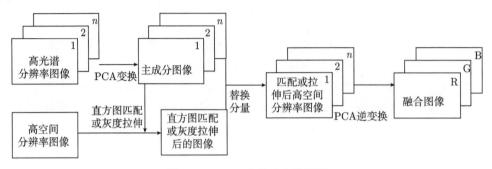

图 11.6　PCA 变换融合流程图

3. 加权融合

加权融合对各波段影像赋予不同的权值，通过对应像元的叠加得到融合结果，是一种最简单直接的融合方法，该方法提高了融合影像的信噪比，但降低了影像的对比度。

对高光谱影像 A 和高空间分辨率全色影像 B 进行加权融合，两幅影像的大小均为 $M \times N$，设融合后的影像为 F，则按式 (11.1) 进行加权融合：

$$F_k(i,j) = \omega_1 A_k(i,j) + \omega_2 B(i,j) \tag{11.1}$$

式中，k 表示高光谱影像的相应波段；i 和 j 分别为影像中像素的行号和列号；ω_1 和 ω_2 表示相应的权值。其中，权值的选择是该方法的关键。

4. Brovey 变换融合

Brovey 变换是一种比较简单快速的比值运算融合方法，该方法通过对多/高光谱影像各波段进行归一化，将高分辨率影像与多/高光谱影像各波段归一化结果相乘得到融合结果。其融合表达式为

$$I_i = \mathrm{Pan} \frac{\mathrm{MS}_i}{\sum_{j=1}^{3} \mathrm{MS}_j} \tag{11.2}$$

式中，$\mathrm{MS}_i (i = 1, 2, 3)$ 表示多/高光谱影像的各波段；Pan 表示高空间分辨率影像；I_i 即为各波段融合结果。

该方法能够在增强影像空间信息的同时，较好的保留原始影像的光谱信息。对于多/高光谱影像融合而言，这种比值处理方式将反映地物细节的反射分量扩大，不仅有利于地物识别，还能在一定程度上消除太阳照度、地形起伏阴影和云影的影响。

5. 高通滤波融合

一般而言，遥感影像的高频部分包含影像的空间信息，低频部分包含影像的光谱信息。高通滤波融合正是充分利用遥感影像的这一频谱特性，通过一个高通滤波器 (high pass filter, HPF) 提取出高空间分辨率影像中的高频信息，再逐个像元的与高光谱影像的各波段进行叠加，从而得到高频信息突出的高光谱影像。

对高光谱影像 A 和高空间分辨率全色影像 H 进行高通滤波融合，两幅影像的大小均为 $M \times N$，设融合后的影像为 F，则按式 (11.3) 进行高通滤波融合：

$$F_k(i,j) = A(i,j) + K_{ij}\mathrm{HP}(H(i,j)) \tag{11.3}$$

式中，k 表示高光谱影像的相应波段；i 和 j 分别为影像中像素的行号和列号；K_{ij} 为随空间位置变化的系数；$\mathrm{HP}(*)$ 为高通滤波器。

高通滤波融合不受波段数的限制，算法简单快捷，在保持高光谱影像光谱信息的同时，融合影像更加清晰。然而，由于高空间分辨率影像细节信息难以用固定的尺寸衡量，应用固定大小的滤波器不能完全提取出细节信息，这将影响融合影像的质量。大量实验表明，当滤波器大小取为高空间分辨率影像和高光谱影像分辨率之比的两倍时，融合效果较好。

6. 小波融合

小波变换作为有效的时频分析工具，从出现开始就展现出巨大的应用潜力，并且由于近年来小波理论的不断发展，目前已在影像处理的各个领域得到广泛的应用。小波变换具有变焦性、信息保持性和小波基选择灵活等特点，这些优点使得小波变换在影像融合中得到了大量的应用，目前已成为影像融合领域的研究热点。

影像融合中，首先将高空间分辨率影像与高光谱影像各波段进行直方图匹配，利用小波变换将高光谱影像和匹配后的高空间分辨率波段分解为低频近似分量和高频细节分量，而后者又可分为水平、垂直和对角分量。然后在相同的小波分解层次上按照不同的融合规则对所需信息进行取舍。最后进行小波逆变换得到融合结果。小波融合结果取决于多方面因素、如小波基的选择、小波分解层数以及融合规则等。其融合流程框图如图11.7 所示。

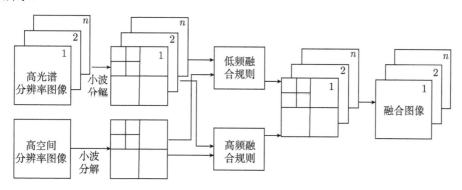

图 11.7　小波变换融合流程图

11.3.2 通用像素级融合算法特点分析

高空间分辨率影像与高光谱影像融合的目的，是为了获取空间分辨率得到增强的高光谱影像，并尽量保持原有的光谱特性。然而在实际融合处理过程中，融合影像的光谱特征和空间特征都会或多或少的产生变化，而各种融合方法在融合性能上的表现也各有优劣。

具体说来，IHS 变换融合方法计算简便，速度快，提高多/高光谱影像空间分辨率明显，并基本保持了原始多/高光谱影像的色调，然而这种融合方法受限于 3 个波段的融合，因而不能充分利用全部光谱信息，尽管将高分辨率全色影像同 I 分量进行了直方图匹配，然后再进行替代，但是融合影像的光谱扭曲依然明显。

PCA 变换融合与 IHS 变换融合过程类似，都要经历变换 — 替代 — 逆变换的过程，它不限于 3 个波段的融合，经变换后将多/高光谱影像的信息集中在 3 个主成分上，实际上也是一种降维和去相关的过程，应用直方图匹配后的高分辨率全色影像替代方差最大的第一主成分，导致全色波段在融合影像中的影响较大，融合影像空间分辨率明显提高。由于变换后各主成分的物理意义发生了变化，因而难以保持原有的光谱特性。

加权融合法实现简单，计算量小，适合实时处理。由于融合影像空间分辨率提高不明显，因而实际应用有限。Brovey 变换融合方法原理简单，计算简便，信息保持较好，但存在较大的光谱扭曲，融合影像的整体色调较深。

高通滤波法无波段数量限制，融合影像信息量丰富，在对多/高光谱影像加入空间细节的基础上，光谱信息保持较好。由于不同的影像和影像中不同尺寸的地物适合于不同大小的滤波器，使用固定大小的滤波器不能提取出包含不同尺寸地物的高分辨率影像中的细节信息，导致融合影像空间分辨率提高不明显，并且包含较大的噪声。

小波变换法被普遍认为是较优越的融合方法，该方法不限于 3 个波段的融合，可根据应用和需要的不同，灵活的调整小波基长度和分解层数，融合影像的空间信息和光谱信息都得到了较好的保留。然而随着小波分解尺度的增加，会出现明显且有规律的方块效应和一定的光谱损失。通用型融合算法的优缺点见表 11.1。

表 11.1　通用型融合算法比较

融合方法	优　　点	缺　　点
IHS 变换法	简单、快速，空间分辨率改善明显	限于 3 个波段的融合，光谱扭曲明显
PCA 变换法	简单、快速，去除波段间冗余，空间分辨率改善明显，不限于 3 个波段的融合	改变了原始波段间的物理意义，存在光谱退化现象
加权融合法	算法简单，计算量小，适合实时处理，信噪比高	空间分辨率提高不明显，实际应用有限
Brovey 变换法	算法简单快速，信息保持较好	光谱扭曲明显
高通滤波法	算法简单，无波段数限制，光谱信息保持好	空间分辨率提高不明显，融合影像受滤波器影响较大
小波变换法	有效保留了光谱信息和空间信息，方法灵活，不受波段数限制	随着分解尺度的增加，出现方块效应和一定的光谱损失

11.3.3　基于非负矩阵分解的融合算法

非负矩阵分解 (non-negative matrix factorization, NMF) 是矩阵元素非负的情况的矩阵分解方法,通过对基图像的像素和重建系数施加非负性约束,使得重建的图像是由基图像非负成分的叠加而生成。

由于传统的基于 NMF 的图像融合方法存在光谱失真,有学者提出了在增强空间分辨率的基础上尽量保持原有光谱特征的改进 NMF 融合方法,基本思想是:根据 NMF 变换的特点,结合 IHS 变换融合原理,首先将高光谱图像进行 IHS 变换,将得到的 I 分量和高分辨率图像进行 NMF 变换,目的是为了综合利用二者的特征信息;随后将变换得到的这一合成分量替换原始 I 分量,并与 H 分量和 S 分量进行 IHS 逆变换;最终得到融合结果图像。基于 NMF 融合的改进算法技术流程如图 11.8 所示。

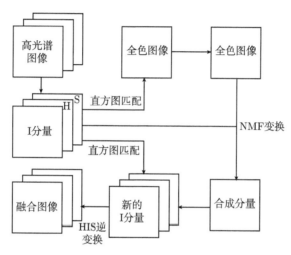

图 11.8　基于 NMF 变换融合改进算法技术流程

为了验证本文算法的有效性,选取了 2005 年 4 月获取的上海明清园区域 124 波段的 PHI-3 高光谱图像和同一区域的高空间分辨率全色图像进行融合试验,并与加权融合算法、HIS 变换如何算法、PCA 变换如何算法进行了对比试验,试验结果如彩图 11.9 所示。所用 PHI-3 高光谱数据的工作波长范围为 410~980nm,光谱采样间隔小于 5nm,量化率为 14bit,图像大小为 900 像素 ×900 像素。

从以上几种融合算法的结果目视效果看,各种融合结果均使高光谱图像的空间信息得到了增强。其中,IHS 变换和 PCA 变换融合图像的空间分辨率增强最为明显。然而,各种方法在光谱信息保持方面的表现差异较大。IHS 变换融合图像鲜艳明快,然而图像的过饱和现象严重,PCA 变换融合图像存在明显的偏色现象,加权融合图像的饱和度较低。而本文改进的 NMF 方法融合图像不但纹理清晰,同时保持了较好的光谱信息,有利于地物目标的识别。

对以上几种融合算法的结果进行质量评价的统计数据如表 11.2 所示。通过表 11.2 中的数据对比可知,本书方法融合图像的均值与原始高光谱图像的均值最接近,而 PCA 变换融合图像的均值则与原始高光谱图像的均值差距较大,说明 PCA 变换融合图像的光

(a) 全色图像　　　　　　　　　　　(b) 高光谱图像

(c) 加权融合图像　　　　　　　　　(d) HIS变换融合图像

(e) PCA变换融合图像　　　　　　　(f) 改进的NMF融合图像

图 11.9　图像融合算法对比试验结果

谱扭曲是比较明显的。各融合图像的信息熵较原始高光谱图像均有所下降，说明融合过程有一定的信息损失，而本文方法融合图像的信息熵高于其他融合方法，说明该方法融合图像的信息较为丰富。与其他融合结果相比，本文方法融合图像的相关系数最高，并且偏差指数最低，说明该融合图像的光谱扭曲很小，而且这一指标的稳定性高。另外，应用信噪比这一指标衡量融合图像质量，本书方法融合图像的指标值最高，说明融合图像的质量最好，这也是该方法的一种优势。因此，从以上的主观目视效果和客观的质量统计两个方面来看，本文方法的融合图像能够在增强图像空间细节信息的基础上，较好的保持原始高光谱图像的光谱信息。

表 11.2　融合图像质量评价指标统计

图像及融合方法	均值	信息熵	相关系数	偏差指数	信噪比
全色图像	149.9	7.3	—	—	—
高光谱图像	145.7	13.2	—	—	—
加权融合	148.0	13.2	0.95	0.31	20.4
IHS 变换融合	148.0	12.6	0.85	1.13	15.4
PCA 变换融合	150.4	13.0	0.84	0.35	15.2
改进的 NMF 融合	145.6	13.2	0.96	0.18	20.9

11.3.4　基于遗传算法的融合方法

遗传算法通过模拟自然进化过程来搜索最优解，由于遗传算法独特的交叉和变异操作，算法所求得的最优解并不是简单的包含在初始种群中，而是对初始种群中的个体通过不断进化，优中取优，从而得到满意的个体即最优解。

图像融合的目的是综合取优，遗传算法的作用是进化寻优，二者不谋而合，因此将遗传算法应用于图像融合是完全可行的。

基于遗传算法的图像融合方法的基本思想是：不同融合方法得到的融合结果可能在融合质量的不同方面各有优势，为了对这些优势信息进行综合，应用遗传算法对不同的融合结果进行优化，得到的最终解就是所求的融合结果。

设待融合的高光谱图像和全色图像分别为 Q 和 P，遗传算法中输入的原始融合图像为 F_1 和 F_2，基于遗传算法的图像融合过程如下。

1. 染色体编码

将染色体编码为以各像素灰度值为元素的图像矩阵，每个个体就是一幅图像，即若图像 P 的尺寸为 $m \times n \times r$ 则个体的基因值 $x(i,j,k)$ 表示融合图像在 (i,j,k) 处的灰度值。采用这种整数编码的方式，便于问题的直观理解，避免了繁琐的编码和解码过程，有利于提高算法的搜索速度。

2. 生成初始种群

初始种群作为遗传算法的初始迭代点，对遗传算法的收敛能力有较大的影响，为了使遗传算法以较大的概率收敛到全局最优解，必须使初始种群在解空间的分布尽量分散。设生成的初始种群中个体为 M，随机生成 M 组元素大小在 0~1 之间的权值矩阵 $\boldsymbol{A}$，利用权值矩阵 $\boldsymbol{A}$ 中的元素对原始融合图像 F_1 和 F_2 加权生成初始种群。为了使生成的初始种群中个体图像更加平滑，消除初始种群受噪点的影响，需要对权值矩阵运用中值滤波器进行滤波。滤波后初始种群可用式 (11.4) 计算：

$$\text{Pop}\{k\}.\text{image}(i,j,:) = a(i,j,k)F_1(i,j,:) + b(i,j,k)F_2(i,j,:) \tag{11.4}$$

式中，将 $\boldsymbol{A}$ 表示为 $a(i,j,k)$；$b(i,j,k) = 1 - a(i,j,k)$。

3. 适应度函数的设计

遗传算法中选择操作主要是通过目标函数和适应度函数来实现的，前者计算每个个体优劣的绝对值，后者计算每个个体相对于整体的相对适应性。适应度函数在遗传算法中起着极为关键的作用，若直接以目标函数值作为个体的适应度值，则会导致种群中极少数适应度值较高的个体被迅速选择、复制，使得遗传算法提前收敛于局部最优解。因此这里采用适应度排序法，将原始的个体目标函数值按照从小到大排序，然后在利用下面的公式来计算个体的适应度值：

$$\text{Pop}\{k\}.\text{fitness} = a(1-a)^{\text{index}-1} \tag{11.5}$$

式中，index 为第 i 个个体的适应度函数值在整体中的排序序号。

4. 选择操作

采用轮盘赌选择方法对初始种群进行选择，同时为了避免操作的随机性破坏当前种群中适应度最高的个体，采用最佳保存策略并对个体按适应度值进行排序，将当前种群中适应度值最高的个体保存下来，使之不参与交叉和变异运算，确保最优个体能够完整的被复制到下一代，这也是遗传算法收敛的重要保证。

5. 交叉操作

采用窗口交叉的方式，在对种群中的个体进行两两随机配对后，从 $\{1,2,\cdots,N\}$ (N 为图像的像素个数) 中随机选取 3 个整数作为交叉位置，分别以这些交叉位置为中心产生 3 个 3×3 大小的交叉窗口，对图像中位于这些窗口上的像素信息进行互换，交叉概率一般设定为 0.6~0.8。

6. 变异操作

从 $\{1,2,\cdots,N\}$ 中随机选取整数 c，使拟发生变异的个体 f 的第 c 个像素 f_c 产生变异，具体变异方法是：计算以像素 f_c 为中心 3×3 范围内各像素值的平均值，然后利用该平均值替换像素 f_c 的像素值，变异概率一般设定为 0.06~0.1。

7. 迭代终止条件

以迭代次数作为迭代的终止条件。若满足迭代终止条件，则以进化过程中所得到的具有最大适应度值的个体作为最优解输出，并终止运算。

为了验证遗传算法的有效性，利用信息工程大学测绘学院与上海机物所联合于 2009 年 5 月在山东俚岛地区获取的选取的有 130 波段的 PHI-3 高光谱图像和同一区域的高空间分辨率全色图像进行融合试验，并与其他两种方法进行了对比试验，试验结果如彩图 11.10 所示。

(a)全色图像   (b) 高光谱图像

(c) IHS变换融合图像   (d) NMF变换融合图像

(e) 遗传算法融合目标函数:信息熵   (f) 遗传算法融合目标函数:平均梯度

(g) 遗传算法融合目标函数:相关系数

图 11.10 遗传算法融合对比试验结果

试验结果从目视效果看,基于遗传算法的融合图像不但纹理清晰,而且保持了较好的色彩信息，图像整体质量高，视觉效果好。相比 IHS 变换方法，该方法融合图像视觉效果好，光谱信息丰富，明显改善了 IHS 变换方法的光谱扭曲。相比 NMF 改进方法，该方法融合图像空间分辨率更高，图像更加清晰。

对遗传算法与 HIS 变换如何、NMF 融合算法的结果进行质量评价的统计数据如表 11.3 所示。

表 11.3　遗传算法融合方法对比试验质量数据统计

图像及融合方法		均值	信息熵	平均梯度	相关系数
全色图像		97.9	7.6	8.3	—
高光谱图像		113.7	13.1	2.9	—
IHS 变换融合		97.9	13.2	8.4	0.89
改进的 NMF 融合		113.7	13.2	5.4	0.97
遗传算法融合	目标函数：信息熵	107.4	13.3	8.1	0.93
	目标函数：平均梯度	111.5	13.3	10.5	0.93
	目标函数：相关系数	106.8	13.2	7.6	0.94

试验结果质量数据统计结果表明：从整体上而言，由于遗传算法综合寻优的性能，能够综合利用原始数据的优势信息，实现优势信息的互补，融合图像整体质量好；遗传算法中目标函数分别选用信息熵、相关系数、平均梯度等客观评价指标时，得到的融合图像相应的信息熵、相关系数、平均梯度整体上较原始输入图像有所提高，选取目标函数具有较大的灵活性，可以根据图像后续处理的需要来选择相应的目标函数，继而得到预期的融合图像。

11.3.5　基于影像光谱复原的空间域融合方法

通用像素级融合算法在一定程度上丰富了高空间分辨率影像的光谱信息，也提高了高光谱影像的空间分辨率。然而其结果的光谱失真十分严重，部分算法甚至无法保证波段的完整性与连续性，因而通常只能用于影像显示和目视判读，而不能进一步利用光谱分析的手段进行信息提取。高光谱影像丰富的光谱信息是进行光谱匹配、子像元分解、精细分类的保障，因此如何让融合的结果继续保持波段的完整性以及光谱的真实性就显得更加重要。针对这一需求，有学者提出了基于影像光谱复原的空间域融合方法。

该算法本质上仍是一种空间域融合方法，可以逐个波段将高空间分辨率影像的空间信息加入高光谱影像中，因而有利于波段的连续性和完整性。与小波融合、高通滤波融合等其他空间域融合方法相比，该算法更好的考虑了融合结果对原始光谱信息的保持。下面介绍其主要过程。

(1) 按下式逐波段对高光谱影像和高空间分辨率影像进行直方图拉伸。

$$P_r(r_k) = \frac{N_k}{N}, \quad 0 \leqslant r_k \leqslant 1, k = 0, 1, \cdots, L-1 \tag{11.6}$$

式中，L 是亮度级的数目；N_k 是第 k 级出现的像素数；N 是影像像元总数；$P_r(r_k)$ 是第 k 级出现的概率。

(2) 得到如下所示的变换函数公式。

$$S_r = T(r_k) = \sum_{j=0}^{k} \frac{N_j}{N} = \sum_{j=0}^{k} P_j(r_j), \quad 0 < r_k < 1, k = 0, 1, 2, \cdots, L-1 \tag{11.7}$$

(3) 采用下式进行空间域融合。

$$R_{ijk} = \text{SHE } M_{ijk} + K_k \text{ FM·SHE } H_{ij} \tag{11.8}$$

式中，R_{ijk} 是融合后第 k 波段影像坐标为 (i, j) 点的亮度值；SHE 为直方图均衡化拉伸；M_{ijk} 为高光谱影像第 k 波段影像坐标为 (i, j) 点的亮度值；K_k 为影像调整系数；FM 为中值滤波；H_{ij} 为高空间分辨率影像坐标为 (i, j) 点的亮度值。

(4) 利用直方图规定化对融合后影像 R 进行直方图复原，以恢复其原始的高光谱特性。

该方法在改善高光谱影像空间分辨率，提高融合影像清晰度的同时，相对于其他空间域融合方法更好地考虑了对原始光谱信息的保持。然而，融合结果的光谱仍然存在一定程度上的失真，并且不能从根本上解决高光谱影像中普遍存在的混合像元问题。

11.3.6　基于混合像元分解的融合算法

第 10 章中介绍了高光谱影像混合像元分解的相关算法，由于仅利用了高光谱影像本身包含的信息，因而分解的结果是端元在混合像元中所占的比例，而其在混合像元中确切的位置却难以求解。同时，在高光谱与高空间分辨率影像融合领域中，绝大部分算法仅利用了高空间分辨率影像的空间信息来提高融合结果的清晰程度，部分改进算法对光谱特征的保持也是相对的，并没有从根本上解决混合像元问题。

针对上述问题，基于混合像元分解的融合算法，也称为光谱分解 — 锐化算法应运而生。这是一类专门针对高光谱影像特点开发的融合算法，这类算法在混合像元分解的基础上，结合高空间分辨率影像丰富的空间信息，实现端元在混合像元中的定位。其结果能在不破坏原有光谱特性的基础上，提高融合影像的空间分辨率。

这类算法在对高光谱影像进行光谱解混的基础上，采用如下的锐化方法将端元定位到高分辨率影像中去，其模型的形式和线性光谱混合模型是相同。

$$\rho'_j(x, y) = \sum_{e=1}^{k} \boldsymbol{R}'_{\text{Pan},e} f'_{e,j} + \delta_j, \quad j = 1, 2, \cdots, s \tag{11.9}$$

式中：s 表示一个低分辨率像元包含的相应高分辨率像元的个数；ρ'_j 是第 j 个高分辨率像元 (包含在相应的低分辨率像元中的) 的数字值；$\boldsymbol{R}'_{\text{Pan},e}$ 是 k 个端元的全色反射率数值的矩阵；$f'_{e,j}$ 是第 e 个端元在第 j 个高分辨率像元中的含量；δ_j 是残留误差。

这是个非确定性最小二乘问题，要选择 $f'_{e,j}$ 使平方误差最小。此外，需满足一致性的要求，如式 (11.10) 所示，每个端元的高分辨率含量 (百分比) 的平均值等于原始的低分辨率含量 (百分比)。

$$\frac{1}{s} \sum_{j=1}^{s} f'_{e,j} = f_e \tag{11.10}$$

基于混合像元分解的融合算法是一种特征级融合方法，可直接得到高空间分辨率的端元分布图。但要求有波谱库或关于目标的部分先验知识，融合的效果与采用的混合像元分解的方法有较大关系。采用准确度较高的分解算法，能获得更准确和可靠的融合效果，而锐化过程需要解非确定性问题，会引入定位错误，是有待进一步改进的环节。

11.3.7　基于边缘信息的光谱信息保持型融合算法

有学者利用高光谱\高空间影像的边缘信息对基于混合像元分解的融合算法进行了改进，提出了一种基于边缘信息的光谱信息保持型融合算法，该算法可以在一定程度上克服混合像元分解-锐化方法对图像配准精度要求严格、运算复杂、容错性能差等缺陷。

基于边缘信息的光谱信息保持型融合算法采用先纯像元填图，再边缘像元分解，最后分解更复杂混合光谱的模式。这种融合方式将匀质区域的平均光谱作为纯像元光谱，因此会消除影像细微的纹理特征，如果希望保持该特征，则需要在融合后进行影像纹理恢复。该算法最终生成的是高空间分辨率的高光谱影像，其空间分辨率等同于高空间分辨率影像，而影像的波段数同高光谱影像相同。

该算法的流程如图 11.11 所示。

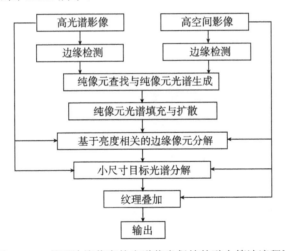

图 11.11　基于边缘信息的光谱信息保持的融合算法流程图

算法主要过程如下：

第一步，对预处理后的高光谱影像和高空间分辨率影像进行边缘检测，获取二者的边缘信息。

第二步，获得纯像元光谱以后，将其填充到融合结果影像中并扩散，直到充满其所在的由边缘像元围成的区域。

第三步，基于亮度相关的混合像元分解策略。首先利用下式对高光谱影像进行光谱维积分。

$$D_S = \int_{相关 \text{band}} I_s(w)\mathrm{d}w \tag{11.11}$$

式中，D_S 为高光谱影像的与高空间分辨率影像的相关亮度值；I_s 为第 w 波段高光谱影像亮度值。

设 S 为高光谱影像瞬时视场对应的地面面积，高光谱影像的相关亮度值 D_S 与入瞳处该波段范围的能量密度值 L_{real} 有如下关系：

$$D_S = g\left(\iint_S L_{\mathrm{real}}\mathrm{d}S\right) = g(L_{\mathrm{real}}S) \tag{11.12}$$

高空间分辨率影像亮度值 D_H 与入瞳处该波段范围的能量值有如下关系 (s 为高空间分辨率影像瞬时视场对应的地面面积)：

$$D_H = f\left(\iint_s L_{\mathrm{real}}\mathrm{d}s\right) = f(L_{\mathrm{real}}s) \tag{11.13}$$

因此，可建立两个亮度值之间的一致性变换关系：

$$D_S = g(L_{\mathrm{real}}S) = g\left(\frac{f^{-1}(D_H)}{s}S\right) = h(D_H) \tag{11.14}$$

由于数字传感器的线性响应度较好，所以两者亮度值满足：

$$D_s = h(D_H) = aD_H + b \tag{11.15}$$

变换后，高光谱的高相关亮度值和高空间影像亮度值满足像元的线性混合模型：

$$D_S(x,y) = \sum_{e=1}^{k} \boldsymbol{R}_{i,e}(a \cdot D_H(x,y) + b) + \delta_i \tag{11.16}$$

超级像元窗口在高空间影像的一定范围内滑动，使误差项 δ_i 最小的位置即高精度配准位置，这样就实现了超级像元在高空间影像中的高精度定位。

第四步，对小目标进行混合像元分解，获得小目标光谱，置换融合后影像中相应位置的光谱。

第五步，将融合得到的超空间分辨率的高光谱影像与高空间影像进行加权融合或高通滤波融合等处理，恢复纹理的细节。

11.4　融合效果评价

影像融合的质量评价是影像融合研究过程中的关键一步，它不仅是评价融合影像的好坏以及其对后续应用的影响，更是评价融合算法性能的一个重要依据。目前，融合质量评价方法一般可分为主观评价方法、客观评价方法和综合评价方法。主观评价方法主要是目视观察、判读。客观评价方法则是使用标准差、信息熵、平均梯度、偏差指数、相关系数等作为评价指标。而综合评价方法则是将代表融合影像某些质量特征的客观评价指标，以及专家经验等主观因素进行综合的评价方法。

11.4.1　主观评价方法

主观评价是一种最直观，也是在影像质量评价中最常用的一种方法。人类的视觉系统被公认为最精密的光学成像系统，通过人眼接收物体的反射光而在人脑中成像，大脑对成像的结果会根据大脑中存储的经验知识进行分析并得到一个结论，整个过程只需要非常短的时间。主观评价方法的优点是操作简单，效率高，可以有效地剔除一些质量差的影像，避免不必要的工作，还可以为后续的处理工作提供有用的感性信息。如当融合影像配准误差较大时，融合影像会出现重影；可通过融合影像与原始影像的对比，判断是否产生光谱扭曲或丢失重要信息等。通过对明显地物的边缘、纹理和色调等方面的比较，可直观的得到影像在清晰度、色调等方面的差异。然而，将融合影像的质量好坏依赖于观测者的经验知识存在着很大的不确定性，会因作业人员素质、经验、水平的不同或外部环境的不同而出现很大差异，而且它只能作出定性的评价，没有定量数据的支持，可靠性无法掌握。

11.4.2　客观评价方法

鉴于主观评价方法的主观性和片面性，人们提出了不受人为因素影响的客观评价方法。客观评价方法是通过对各统计指标的计算，得到对融合质量的评价。常用的客观评价指标分为基于单幅影像的评价指标，如均值，标准差、平均梯度、信息熵等，以及基于影像之间相关统计量的评价指标，如相关系数、信噪比、交互信息量等。

1. 基于单幅影像的评价指标

为了讨论问题方便，假设影像为 $F(x,y)$，影像的行数和列数分别为 M 和 N，则基于单幅影像的评价指标可描述如下。

1) 均值

均值就是影像像素的灰度平均值，对人眼反映为平均亮度，其表达式为

$$\overline{z} = \frac{1}{MN} \sum_{i=1}^{M} \sum_{j=1}^{N} F(i,j) \tag{11.17}$$

式中，$F(i,j)$ 表示影像 (i,j) 处的像素灰度值。

通过比较融合前后的均值差异，得到灰度分布的变化情况，融合影像均值与原始多光谱影像差异越小，则光谱扭曲越小。

2) 标准差

标准差反映了灰度相对于灰度均值的离散情况，其表达式为

$$\text{Std} = \sqrt{\frac{1}{MN} \sum_{i=1}^{M} \sum_{j=1}^{N} (F(i,j) - \overline{z})^2} \tag{11.18}$$

标准差是衡量影像信息丰富程度的重要指标。标准差越大，则灰度级的分布越分散。

3) 信息熵

Shannon 提出的信息熵被广泛用于影像处理中表示影像中平均信息量的多少。对于影像融合而言，要求融合结果的信息量有所增加，因此可以通过对比融合前后影像信息熵的变化，反应影像信息量的变化。对于一幅影像来说，假设其各像素的灰度值相互独立，则该影像的灰度分布为：

$$p = \{p_1, p_2, \cdots, p_i, \cdots, p_L\} \tag{11.19}$$

式中，p_i 表示灰度值为 i 的像素个数与影像中像素总数之比；L 表示影像灰度级数。则影像信息熵的表达式为

$$H = -\sum_{i=1}^{L} P_i \cdot \log_2(P_i) \tag{11.20}$$

融合影像的熵越大，表明影像包含的信息量越多，影像信息越丰富，融合效果就越好。

4) 平均梯度

平均梯度能够反映出影像的微小细节反差和纹理变换特征，其表达式为

$$\nabla \bar{g} = \frac{1}{MN} \sum_{i=1}^{M} \sum_{j=1}^{N} \sqrt{\Delta_x(i,j)^2 + \Delta_y(i,j)^2} \tag{11.21}$$

平均梯度表征影像的清晰程度，同时反映了影像质量的改进情况。一般而言，平均梯度越大，影像的信息层次越丰富，影像的清晰度越高。

2. 基于影像之间相关统计量的评价指标

假设低分辨率多光谱影像为 $L(x,y)$，高分辨率全色影像为 $H(x,y)$，融合影像为 $F(x,y)$，影像的行数和列数分别为 M 和 N，则基于影像间相关统计量的评价指标可表示如下。

1) 相关系数

相关系数反映了两幅影像之间的相关程度，其表达式为

$$\rho = \frac{\sum\limits_{i=1}^{M} \sum\limits_{j=1}^{N} (L(i,j) - \overline{z_l})(F(i,j) - \overline{z_f})}{\sqrt{\sum\limits_{i=1}^{M} \sum\limits_{j=1}^{N} (L(i,j) - \overline{z_l})^2 \sum\limits_{i=1}^{M} \sum\limits_{j=1}^{N} (F(i,j) - \overline{z_f})^2}} \tag{11.22}$$

式中，$\overline{z_f}$ 和 $\overline{z_l}$ 分别表示融合影像和低分辨率影像的均值。

通过计算融合前后影像之间的相关系数，可以看出影像光谱信息的变化情况。

2) 标准偏差

标准偏差也称均方根误差 (root mean square error, RMSE)，用来衡量融合影像与参考影像之间的差异，其定义式为

$$\text{RMSE} = \sqrt{\frac{1}{MN} \sum_{i=1}^{M} \sum_{j=1}^{N} (F(i,j) - L(i,j))^2} \tag{11.23}$$

式中，$F(i,j)$ 和 $L(i,j)$ 分别表示融合影像和参考影像在 (i,j) 处的像素灰度值。

RMSE 越小，则融合影像与参考影像越接近，融合效果越好。

3) 偏差指数

图像的偏差指数 (deviation index, DI) 用来反映融合图像与原始多光谱图像在光谱信息上的匹配程度，其定义式为

$$\text{DI} = \frac{1}{MN} \sum_{i=1}^{M} \sum_{j=1}^{N} \frac{|L(i,j) - F(i,j)|}{F(i,j)} \tag{11.24}$$

偏差指数越小，则融合图像的光谱信息保持越好。

4) 信噪比和峰值信噪比

一般而言，传感器获得的影像都是存在噪声的，因此要求影像融合方法应降低噪声，有效提高影像的信噪比。影像融合对于去噪效果的具体要求为信息量是否提高、噪声是否得到抑制、均匀区域噪声的抑制是否得到加强、边缘信息是否得到保留、影像均值是否提高等。

信噪比的定义公式为

$$\mathrm{SNR} = 10 \log \sum_{i=1}^{M} \sum_{j=1}^{N} (F(i,j))^2 \Big/ \sum_{i=1}^{M} \sum_{j=1}^{N} (L(i,j) - F(i,j))^2 \tag{11.25}$$

峰值信噪比的定义公式为

$$\mathrm{PSNR} = 10 \log(\mathrm{MN}(\max(F) - \min(F)) \Big/ \sum_{i=1}^{M} \sum_{j=1}^{N} (L(i,j) - F(i,j))^2) \tag{11.26}$$

信噪比和峰值信噪比越大，则融合影像质量越好。

5) 交互信息量

交互信息量 (mutual information, MI) 用于衡量两变量之间的相关性大小，是信息论中的又一重要概念。因此，可将交互信息量应用于融合影像质量的评价，衡量融合影像从源影像中获取信息量的多少。令 $\mathrm{PL}(l)$ 和 $\mathrm{PH}(h)$ 分别为源影像的归一化直方图，$\mathrm{PF}(f)$ 为融合影像的归一化直方图，$p_{\mathrm{LF}}(l,f)$ 和 $p_{\mathrm{HF}}(h,f)$ 分别表示两个源影像与融合影像的联合直方图，L 表示影像的灰度级数，其中 $l, h, f = 0, 1, \cdots, L-1$。则融合影像与源影像之间的交互信息量表示为

$$\mathrm{MI}_{\mathrm{LH}/F} = \mathrm{MI}_{\mathrm{LF}} + \mathrm{MI}_{\mathrm{HF}} \tag{11.27}$$

其中，

$$\mathrm{MI}_{\mathrm{LF}} = \sum_{f=0}^{L-1} \sum_{l=0}^{L-1} p_{\mathrm{LF}}(l,f) \cdot \log_2 \left(p_{\mathrm{LF}}(l,f) \big/ (p_L(l) \cdot p_F(f)) \right) \tag{11.28}$$

$$\mathrm{MI}_{\mathrm{HF}} = \sum_{f=0}^{L-1} \sum_{h=0}^{L-1} p_{\mathrm{HF}}(h,f) \cdot \log_2 (p_{\mathrm{HF}}(h,f) / (p_H(h) \cdot p_F(f))) \tag{11.29}$$

交互信息量越大，则融合影像从源影像中继承的信息越多，融合效果越好。

11.4.3 综合评价方法

以上各评价指标仅代表融合影像的某一质量特征方面的情况，并且在某些不确定的情况下，部分评价指标的失效会影响融合结果的评价，为了提高融合影像评价的稳定性，并得到综合的评价结果，影像融合质量的综合评价方法应运而生。所谓综合评价方法，是利用非线性或智能计算方法将代表融合影像某些质量特征的评价指标进行综合的评价方法。这种综合评价方法更注重将主观与客观相结合，既将经验知识同定量分析相结合，从而实现对融合效果的整体综合评价。

1. 加权求和法综合评价

加权求和法综合评价通过对各个评价指标进行加权求和，得到综合的评价结果，可用公式表示为

$$S = \sum_{i=1}^{n} \omega_i g_i \tag{11.30}$$

式中，$i = 1, 2, \cdots, n$，n 表示参与评价的指标个数；g_i 为各评价指标；ω_i 为相应的权值。综合评价指标的变化是线性的，该方法的关键是各指标权值的确定。

2. 模糊积分的融合影像综合评价

基于模糊 Sugeno 积分和 Choquet 积分的影像融合效果评价方法，在定义各单因素评价指标的基础上，应用模糊积分综合各单因素指标得到一个综合评价指标。该方法利用模糊测度表征各单因素评级指标的重视程度，模糊测度的确定是该评价方法的关键。

3. 粗糙集理论综合评价

粗糙集理论是一种用来描述信息不完整性和不确定性的工具，通过对各种不完备信息的有效分析和处理，达到挖掘潜在知识的目的。将粗糙集理论应用于综合评价，主要通过粗糙集理论中的知识约简方法确定各指标权重。粗糙集理论常与其他评价方法结合进行综合评价。

4. 层次分析法模糊综合评价

层次分析法是对较为模糊或复杂的决策问题使用定性和定量分析相结合的方式做出决策的有效方法。层次分析模糊综合评价方法，是利用层次分析方法确定模糊综合评价所需的各项指标的权重，因此可将主观和客观相结合，是一种基于先验知识的融合影像效果综合评价方法。

具体步骤可描述如下：

1) 确定评价指标集

对图像融合质量的评价应综合考虑图像融合的目的、应用需要以及研究者的知识经验等多方面的影响，因此，图像融合质量评价指标的选取一般遵循以下原则：

(1) 提高信息量：图像融合的目的是为了综合高分辨率图像的空间信息和多/高光谱图像的光谱信息，因而融合图像的信息量较原始图像必然有所增加。通常采用标准差、信息熵等来衡量融合图像信息量是否增加。

(2) 提高清晰度：图像融合结果要求在保持重要信息不丢失的情况下，使图像的细节信息更加丰富、纹理更加清晰、边缘得到增强，可以采用标准差、平均梯度等进行评价。

(3) 保持光谱特性不变：比较融合前后图像的光谱特性是否改变，可用偏差指数、相关系数、光谱扭曲度等衡量光谱信息的变化情况。

(4) 信噪比：提高图像质量，提高图像信息的可靠性和精确性，能够为人的决策和图像的进一步应用提供更加有效的信息。

(5) 灰度分布：图像灰度分布越分散，则图像的对比度越强，图像更加清晰。均值近似反映了图像的灰度分布情况。

综合以上融合准则，可选择出适合的评价指标 $v_i(i=1,2,\cdots,n)$。

2) 确定评价方案集

由各待评价融合结果 $u_j(j=1,2,\cdots,m)$ 组成待评价方案集 $U=\{u_1,u_2,\cdots,u_m\}$。

3) 确定权重

应用层次分析法确定各评价指标的权重 $\omega_i(i=1,2,\cdots,n)$。

4) 建立模糊矩阵

由待评价融合方案的各评价指标值组成观测矩阵 $\boldsymbol{X}$，通过计算建立相应模糊矩阵。

5) 建立评价模型

依据下式建立综合评价模型

$$F_j=\sum_{i=1}^{n}\omega_i r_{ij} \tag{11.31}$$

计算得到各方案的综合指标值，根据所建立模糊矩阵的属性，对各方案的优劣进行排序，并由此确定各融合方案的综合性能排序。

第12章 高光谱数据处理系统设计

高光谱遥感数据处理系统是实现包括地理空间环境信息探测在内的诸多高光谱数据应用的平台和工具,具有数据管理、影像预处理以及分类提取等主要功能。本章在分析国内外高光谱数据处理系统研究现状的基础上,分解和提炼高光谱遥感数据处理的关键技术,设计适用于地理空间环境信息精细探测应用要求的高光谱数据处理系统的体系结构,并具体描述数据处理模块的功能和实现方法。

12.1 高光谱数据处理系统现状分析

高光谱数据处理与分析软件,既有在遥感图像处理软件系统的基础上开发的功能模块,也有为高光谱数据处理与应用而开发的专用软件系统。下面介绍国内外几种具有高光谱数据处理分析能力的软件系统的特点和功能。

12.1.1 国外高光谱数据处理系统介绍

目前,国外具有高光谱影像数据处理与分析功能的软件系统发展很快,出现了许多成熟的产品。其中有代表性的主要有:美国 RSI 公司 (Research System Inc.) 开发的 ENVI,美国 ERDAS LLC 公司开发的 ERDAS IMAGINE,加拿大 PCI 公司开发的 PCI Geomatica 等。表 12.1 是国外开发的专用或具有高光谱影像处理分析功能的主要系统。

表 12.1 国外高光谱影像处理分析系统一览

序号	系统名称	研发国家/机构
1	SPAM-The Spectral Analysis Manager	美国喷气推进实验室
2	ISIS-Integrated Software for Imaging Spectrometers	美国地质调查局
3	SIPS-The Spectral Image Processing	美国科罗拉多州大学
4	ISDAS-Imaging Spectrometer Data Analysis System	加拿大遥感中心
5	PCI^{TM}-PCI-Hyperspectral Data Analysis Package	加拿大 PCI 公司
6	ENVI^{TM}-The Environment for Visualizing Images	美国 RSI 公司
7	ERDAS^{TM}-ERDAS-Hyperspectral Data Analysis Package	美国 ERDAS LLC 公司
8	Multispec-A Multispectarl Image Data Analysis System	美国马里兰大学

1. ENVI

ENVI(the Environment for Visualizing Images) 是一套功能齐全的遥感图像处理系统,具有较强的影像显示、处理和分析功能,适合于遥感研究与应用。该系统是处理、分析并显示多光谱数据、高光谱数据和雷达数据的高级工具。系统可以读取、显示、分析各种类型的遥感数据,并提供了从影像预处理、信息提取到与地理信息系统整合过程中需要的各种工具。ENVI 完全由 IDL(interactive data language) 交互式数据语言开发,具有功能强大、交互性好、使用方便、可扩展性强等特点。

ENVI 具有的图像处理功能有：常规处理、几何校正、定标、多光谱分析、高光谱分析、雷达分析、地形分析、矢量应用、神经网络分析、区域分析、GPS 连接、正射影像图生成、三维图像生成、可供二次开发调用的函数库、制图、数据输入/输出等。

ENVI 具备全套完整的遥感影像处理工具，能够进行文件处理、图像增强、掩膜、预处理、图像计算和统计；具备完整的分类及后处理工具，及图像变换和滤波工具、图像镶嵌、融合等功能；具有丰富完备的投影软件包，可支持各种投影类型。

ENVI 具有先进的高光谱数据分析工具。用户可以识别图像中纯度最高的像元，通过与地物光谱数据库中的数据对比分析确定未知波谱的组分。用户不仅可以使用 ENVI 自带的光谱库，也可以自定义光谱库，甚至可以组合使用线性光谱分离和匹配滤波技术进行亚像元分解，以消除匹配误差获得更精确的结果。

光谱分析通过像元在不同波长范围上的反应，来获取有关物质的信息。ENVI 拥有目前最先进的、易于使用的光谱分析工具，能够很容易地进行科学的影像分析。ENVI 的光谱分析工具包括以下功能：

(1) 监督和非监督法影像分类。

(2) 使用强大的光谱库识别光谱特征。

(3) 检测和识别目标。

(4) 识别感兴趣的特征。

(5) 对感兴趣物质的分析和制图。

(6) 执行像元级和亚像元级的分析。

(7) 使用分类后处理工具完善分类结果。

(8) 使用植被分析工具计算森林健康度。

2. ERDAS IMAGINE

ERDAS IMAGINE 是美国 Leica 公司开发的遥感图像处理和地理信息系统软件，它以其先进的图像处理技术，友好、灵活的用户界面和操作方式，面向广阔应用领域的产品模块，服务于不同层次用户的模型开发工具以及高度的 RS/GIS 集成功能，为遥感及相关应用领域的用户提供了内容丰富且功能强大的图像处理工具，已经发展成为占全球最大市场份额的专业遥感图像处理软件。

ERDAS 的功能模块包括了图像数据的输入/输出，图像增强、纠正、数据融合及各种变换、信息提取、空间分析/建模，以及专家分类、矢量数据更新、数字摄影测量、三维信息提取、硬拷贝地图输出、雷达数据处理、三维立体显示分析等功能。

ERDAS 高光谱工具包括以下模块：自动相对反射、自动对数残差、归一化处理、内部平均相对反射、对数残差、数值调整、光谱均值、信噪比、像元均值、光谱剖面、空间剖面、区域剖面以及光谱数据库等。

3. PCI Geomatica

PCI Geomatica 软件是加拿大 PCI 公司的旗舰产品，集成了遥感影像处理、专业雷达数据分析、GIS/空间分析、制图和桌面数字摄影测量系统。

PCI Geomatica 以其丰富的软件模块、支持多种数据格式、适用于各种硬件平台、灵活的编程能力和便利的数据可操作性，不仅可以应用于航空航天遥感图像处理，还可应用于地球物理数据图像处理、医学图像处理等领域。

PCI 系统中的高光谱模块包括：光谱角制图工具、光谱记录添加、光谱数据的算术运算、谱卷积和高斯卷积、光谱库报告、光谱匹配等。PCI 支持用户对光谱库记录的修改和光谱归一化处理，提供数据浏览和分析工具；具有高光谱图像压缩模块，具有矢量化影像压缩功能；高光谱大气校正模块提供 MODTRAN4 大气辐射变换模型，可以从图像数据中提取大气的水汽含量并制图。

12.1.2　国内高光谱数据处理系统介绍

总体上讲，国内高光谱影像处理软件起步较晚，功能设计尚有待完善，但发展很快，价格相对较低，操作流程和界面也容易被用户接受。目前，我国有代表性的高光谱影像处理分析软件系统有 IRSA、TITAN Image、GeoImager 以及 ImageInfo 等。

1. HIPAS

高光谱图像处理与分析系统(hyperspectral image processing and analysis system HIPAS)是中国科学院遥感应用研究所开发的面向高光谱遥感数据的专业图像处理与应用软件系统，它基于 VC＋＋ 6.0 IDE 和 Windows 系列平台，具有较强的海量高光谱数据处理分析能力、直接面向用户的专业应用、一体化的数据处理流程和良好的交互性特点，支持二次开发，具有较强的可移植性。

HIPAS 的功能模块包括：

(1) 多种高光谱海量影像数据直接导入和预处理。

(2) 可见光－短波红外－热红外数据光谱定标。

(3) 常规几何校正，以及基于稳定平台参数 (POS/IMU) 的行扫描图像自动几何纠正和镶嵌。

(4) 光谱定量分析、特征提取和特征参量化。

(5) 高光谱图像人工/自动混合像元分解与端元光谱提取。

(6) 多种模型支持的高光谱图像分类和目标识别。

(7) 面向多种用户需求的高光谱应用。

2. IRSA 遥感图像处理系统

遥感图像处理系统 (institute of remote sensing applications IRSA) 是中国科学院遥感应用研究所开发的多功能软件系统，具有通用数字图像处理软件的一般功能以及专业遥感图像处理功能。

主要的图像功能模块包括视窗模块、处理模块、复原模块、校正模块、镶嵌模块、融合模块、分类模块、仿真模块、制图模块、高光谱模块、高分辨率模块和雷达模块。

高光谱图像处理模块，实现了对高光谱图像数据的处理分析，通过对数据自动化定标和反射率转换，分析图像光谱特征，运用多种算法实现高光谱图像数据分析和信息提取，并生成相关产品，同时提供光谱可视化工具，可以二维和三维的方式显示光谱空间分布。

3. TITAN Image

TITAN Image 遥感图像处理软件由北京东方泰坦科技有限公司主持，多家联合开发，有较强的多种数据格式支持能力。具有丰富的图像处理功能、丰富的二次开发函数库、友好的操作方式，并支持大多数 GIS 数据。

TITAN Image 图像处理系统主界面包括软件集成环境模块、几何校正模块、影像镶嵌模块、面向对象分类模块、雷达数据处理模块、高光谱数据处理模块、流程化处理模块等七大部分。

TITAN Image 系统中的高光谱处理模块是该软件系统的高级模块，主要包括高光谱信息显示、高光谱影像数据校正、光谱分割和光谱分类等。其中，高光谱影像数据校正包括内在平均相对校正和两点经验线性校正，光谱分类包括二值编码匹配、光谱角度制图和线性光谱分解。

4. GeoImager

GeoImager 是由武汉吉奥信息工程有限公司、武汉大学和中国地质大学联合研发的，既是遥感图像处理系统，又是先进的地图制图系统。该系统除了具有常规的遥感图像处理功能之外，还具有高光谱数据处理、遥感影像融合、雷达数据处理、基于卫星遥感影像的 DEM 生成等功能。

GeoImager 系统中图像处理模块具有以下特点：

(1) 支持多种图像格式。

(2) 丰富的点处理功能。

(3) 丰富的邻域处理功能。

(4) 多图像运算，如逻辑运算、逻辑比较运算、代数运算、常规法图像融合、基于小波的融合、多图像统计、(快速)Fourier 变换、K-L 变换、色彩空间变换等。

(5) 图像分类与分类后处理，如训练区操作 (同类地物可选多个训练样区)、监督法分类及非监督法分类；专题修改、图斑合并、精度估计、面积统计、图像编辑、矢量栅格转换等。

5. ImageInfo

ImageInfo 系统是由中国测绘科学研究院研制，具有定量化、智能化特点的遥感数据处理软件。该系统支持遥感影像、GIS 数据以及 GPS 定位信息的导入与处理，设计了从遥感图像分析到高级智能化信息解译等一系列功能，能够显示、分析并处理多光谱、雷达以及高光谱数据，提供了遥感影像分析处理、遥感数据产品生成的可视化集成环境。

ImageInfo 系统中的高光谱分析模块主要包括：归一化处理、数值调整、平面场定标、内部平均相对定标、对数残差定标、影像立方体、光谱角制图分类等。

12.2 高光谱数据处理系统结构设计

高光谱影像分析应用系统的作用在于实现地理空间环境信息快速、精细的分类识别，并按照相关应用领域的要求形成地理环境信息产品。为了满足科研、生产的需要，将基本的高光谱处理与分析的模型、方法软件化，搭建高光谱数据分析应用系统十分必要。

高光谱遥感数据以图像立方体的形式存储，影像分析与应用处理有其特殊性。例如，数据量特别巨大、预处理算法复杂、需要很强的专业背景知识等，这就决定了影像处理系统的复杂性和专业性，即要求强大的数据处理与分析能力和流程化的业务处理模式，对系统的架构也提出了更高的要求，这也是高光谱影像分析应用系统和数据库系统区别于一般通用系统的典型特征。

12.2.1 高光谱影像数据结构

高光谱影像数据波段多、数据量巨大，数据存储格式对数据处理的效率影响很大。通常，高光谱数据以三种格式排列，即 BIP(波段按像元交叉方式)、BIL(波段按行交叉方式)以及 BSQ(按波段顺序方式) 格式。设 P、L、B 分别表示高光谱影像数据的像元维、扫描行和波段维，以三维数组的形式表示影像数据 D，则相应的有三种格式，即 BIP 格式为 $D(P, L, B)$，BIL 格式为 $D(P, B, L)$，BSQ 格式为 $D(L, B, P)$。

三种数据结构各有特点，BIP 格式适合于对某像元所有波段的操作，有利于光谱分析运算；BSQ 格式适合于对同一个波段的数据操作，有利于空间分析运算；而 BIL 格式介于二者之间。为了提高数据的访问效率和运算速度，同时兼顾光谱分析和空间分析的应用，可以采取对数据分块处理的策略。

目前投入商业化应用的高光谱影像分析应用软件系统中，数据结构的特点主要有两大流派：以 ENVI^{TM} 为代表的支持影像数据和地理编码信息分离存储的框架以及以 ERDAS^{TM} 为代表的支持影像数据与地理编码数据相结合的框架。两种数据结构各有特点，前者可以增强数据交换的开放性，数据管理灵活，有利于不同软件系统之间的数据共享和互操作，但也导致了过多的外部地理编码数据单独存储，增加了用户维护的难度；后者便于和其他软件系统中属性数据的联系，可以实现影像数据与地理编码信息的自包容，实现了矢量数据与栅格数据的一体化存储管理，但这种数据结构增加了系统本身的维护难度，对系统的稳定性影响较大。两种数据结构特点比较如表 12.2 所示。

表 12.2 高光谱影像分析应用系统数据结构性能对比

典型特征	ENVI^{TM} 的数据结构	ERDAS^{TM} 的数据结构
自我描述	适合于用户检索，容易理解	应有专业工具才能识别，理解性差
多样性	以外部文件方式分别存储	统一存储
灵活性	灵活性好，可以方便操作任何文件	必须提供单独的操作结构
可扩展性	可扩展更多的外部文件	扩展更多的分层结构
独立性	每个文件独立	自封闭结构，形成结构树
共享性	适合于数据交换操作	与其他数据格式交换困难

12.2.2 数据处理流程设计

高光谱影像分析应用系统的数据流程设计是实现系统功能齐全、高效稳定的基础，在一定程度上决定了系统应用框架体系结构设计的原则。满足地理空间信息分析与应用要求、相对完整的高光谱数据处理流程，一般应按照数据输入、数据预处理、分类提取、定位处理、数据编辑、成果输出的顺序，科学合理地设计数据处理分析流程。如图 12.1 所示。

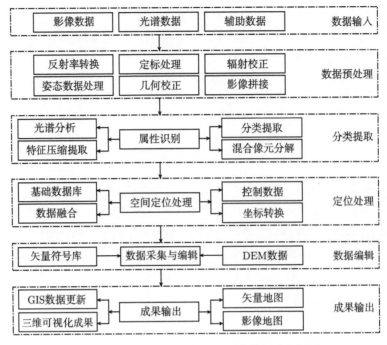

图 12.1　高光谱数据分析应用系统数据流程框图

12.2.3　系统体系结构设计

面向地理空间环境信息探测应用的高光谱影像分析系统的体系结构设计，应遵循系统功能模块化、便于系统集成和升级、尽可能提高系统的稳定性的原则，体现网络性能、跨平台性能和扩展性能。由于三层 C/S 结构具有进程管理、保持和复用数据连接、结构优化、安全性高、扩展能力强、较高的数据响应速度等优点，高光谱影像分析应用系统的体系框架应采用三层客户端/服务器结构，如图 12.2 所示。

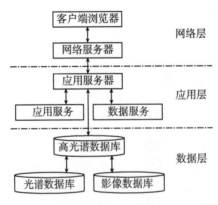

图 12.2　高光谱影像分析应用系统结构框架

(1) 网络层。在高光谱影像分析应用系统中，网络层实现多用户和网络用户对系统的数据和应用请求服务，网络服务器为不同规模和不同应用领域的客户群提供服务。因此，在网络服务器的设计首先要考虑服务效率；其次，还应考虑在向用户服务时，应尽可能少的占用系统资源，以提高系统资源的利用率。

(2) 应用层。应用服务器层是系统中关键的中间件技术。在高光谱影像分析应用系统中，各种数据操作时与数据库的连接与释放集成在应用服务器中完成，可减少数据处理时间，有利于提高系统的整体性能。

(3) 数据层。高光谱数据的特殊性决定了数据访问方式和检索查询方式必须高效。对数据层的设计，应将数据与应用逻辑隔离，通过对象关系模型进行框架设计，也可以完成完全面向对象的思想设计实体。在数据存储过程完成对数据的操作，可以改善系统性能，降低网络流量，方便系统维护，便于功能宽展，也对提高系统的安全性有益。

12.3 高光谱数据处理系统功能设计

高光谱影像处理系统的功能模块决定了其应用价值和效能。满足地理空间环境信息探测要求的系统功能应包括：文件管理、影像数据预处理、属性信息分类提取、高光谱/高空间数据融合、空间定位处理、图形编辑、成果数据入库与绘图输出等。系统的基本功能和其实现的技术路线如图 12.3 所示。

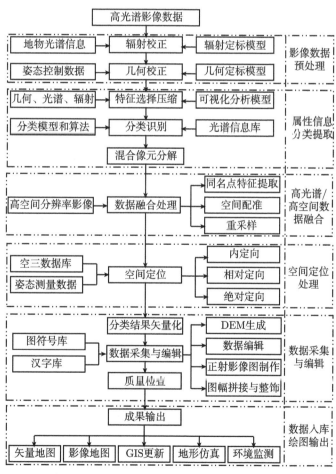

图 12.3 高光谱影像处理系统功能和技术流程

12.3.1 影像数据预处理模块

高光谱影像数据预处理应包括格式转换、定标、辐射校正和几何校正等。主要模块、方法与功能描述如表 12.3 所示。

表 12.3 影像数据预处理模块的主要功能和技术实现方法

序号	主要功能		方法与功能描述
1	影像数据格式转换		实现影像数据 (BSQ、BIL、BIP) 之间互相转换
2	定标处理	辐射定标	应提供场地定标、同步测量 (定标场) 定标和交叉定标的模型和算法
		光谱定标	包括光谱弯曲测量和场地检校方法以及相应的数据处理功能
		几何定标	主要是对高光谱影像和高空间分辨率影像进行实验场标定功能
3	辐射校正	基于定标辐射校正	包括两点法、多项式法、分段线性法以及非线性函数法等
		相对大气校正	包含基于影像特征的大气校正和基于波段特性的大气校正两个功能模块。基于影像特征的大气校正模块包括暗目标法、平面场法、内部平均法三种方法来对影像进行改正，以补偿大气影响带来的辐射误差。基于波段特性的大气校正模块包括目标样区选择和大气校正两个主要部分
4	几何校正	POS 数据处理	把 POS 系统输出文件读入系统，同时对其进行采样处理，使其在频率上与成像光谱仪 CCD 采样频率一致，同时提供坐标转换功能，可以实现经纬度坐标与直角坐标的相互转换
		方位元素计算	实现 HPR 和 OPK 两种角元素系统的转换，分别计算每一扫描行的外方位角元素和三个线元素，并以文件形式保存
		几何粗校正	实现直接利用 POS 数据生成的外方位元素对高光谱数据实施粗略纠正，提供直接法和间接法纠正两种策略
		相对纠正	采用影像匹配结合相对配准方法消除平台剧烈震动造成高光谱影像行之间存在的局部几何畸变
		几何精校正	在地面高精度控制数据和 DEM 支持下，采用严密成像模型对高光谱数据进行微分纠正，将其校正为统一地理编码的影像，同样该模块也提供直接法和间接法校正两种策略
		精度评估	通过在校正影像和参考影像上量测同名点，或者利用地面控制点，检测统计校正影像的几何处理精度。同时具有比较利用 POS 数据进行校正和利用地面控制进行校正两种处理途径的精度的功能

12.3.2 属性信息分类提取模块

高光谱影像属性信息分类提取部分主要包括光谱数据分析、特征压缩提取、分类识别和混合像元分解等四部分内容。主要功能与方法描述如表 12.4 所示。

表 12.4 属性信息分类提取模块功能及方法描述

序号	主要功能		方法与功能描述
1	光谱分析	光谱数据库	连接光谱数据库，重采样光谱数据库，以及用户自定义光谱数据库，并提供光谱数据库基本操作
		光谱参量化	主要包括光谱斜率和坡向、光谱编码、光谱吸收指数、光谱导数、光谱积分、光谱曲线函数模拟等光谱特征参量可视化分析技术

序号	主要功能		方法与功能描述
2	特征压缩提取	可分性准则	包括各类样本间的平均距离、类别间的相对距离、离散度、J-M 距离等模型
		特征提取算法	包括优化的遗传算法、禁忌搜索优化算法、变换提取算法 (包括主成分分析、最小噪声分离变换、噪声适应主成分变换、波段间相关性分组主成分分析等)、识别分析特征提取、决策边界特征提取、独立成分分析特征提取、投影寻踪特征提取、多尺度小波特征最佳识别特征提取、基于核方法的特征提取等
3	影像分类识别	经典算法	主要包括 K- 均值聚类、ISODATA 聚类以及分层聚类算法、最小距离分类器、高斯最大似然分类器、最小错误概率的 Bayes 分类器、最邻近分类法
		新型算法	主要包括模糊评判的分类识别技术、神经网络分类识别技术、决策树分类识别技术、基于小样本的机器学习方法、基于光谱匹配的分类方法 (如二值编码匹配、光谱角匹配、交叉相关光谱匹配、光谱吸收特征匹配等)
4	混合像元分解	线性模型	包括三类线性混合模型，即无约束的线性混合模型、部分约束混合模型和全约束混合模型
		非线性模型	几何模型、混合介质模型、混合类模型、计算模拟模型
		其他方法	基于模糊模型的混合像元分解、基于神经网络的混合像元分解等

12.3.3　数据融合模块

高光谱/高空间影像数据融合模块分为影像匹配、影像配准、影像融合、精度评价等四部分内容，如表 12.5 所示。

表 12.5　数据融合处理模块功能及方法描述

序号	主要功能	方法与功能描述
1	影像匹配	采用松弛法、相关系数法、最小二乘等影像匹配算法，在高光谱影像和高分辨率影像上寻找同名点
2	影像配准	通过影像匹配建立同名点对以后，经仿射变换把高光谱影像纠正到高分辨率影像上，从而实现二者之间的配准
3	影像融合	通过多种融合算法，使得融合后的影像具有高光谱分辨率和高空间分辨率的双重特性
4	精度评估	影像的精度评估主要在于几何定位精度的评估，可通过量测一些高精度控制点来实现

高光谱影像数据的空间定位、数据采集与编辑、数据入库与绘图输出等模块，与数字摄影测量要求的功能、方法基本相同，有关参考书中有详细的论述，在此不再赘述。

12.4　高光谱数据处理关键技术及其实现

高光谱遥感影像在许多领域得到了广泛的应用，但在地理空间信息探测和地形图测绘领域的应用却仍待拓展。从技术层面分析，原因主要有三：一是属性信息提取的精度和可靠性较高，但后续矢量化处理相对复杂；二是成像光谱仪获取的数据虽具有很高的光谱分辨率，但影像的空间分辨率相对较低，直接用于测绘地图，生成地理环境信息产品，存在空间位置精度难以保障的问题；三是影像处理与分析关键技术的发展水平与实际应用要求还存在较大的距离。

本节就影响高光谱遥感在地理空间信息探测应用中的若干关键技术问题进行分析，并提出相应的发展思路。

12.4.1 高光谱影像几何校正技术

遥感影像数据的几何校正是一项基础技术，其处理精度直接影响着最终地理空间信息精细探测的可靠性和地形图的成图精度。高光谱影像数据几何精校正的目的，是确保高光谱影像地物属性信息分类提取的空间定位精度满足测绘成图要求。

1. 高精度几何校正的难点

机载成像光谱仪数据的定位精度主要受地形起伏、大气折射、传感器工作模式、传感器姿态、飞机平台飞行状态等因素的影响。因此，必须对这些影响因素进行充分的误差分析，并对每种因素引起的误差量级进行估计，对引起误差的数学模型进行研究。

星载成像光谱仪数据还受地球曲率和地球自转的影响，故应对二则引起的几何畸变误差进行分析研究。

由于影响成像光谱仪数据产生几何变形的因素很多，并且很多因素是随着时空的变化而变化的，因此，对于具体时间、空间和大气状态下获取的影像数据的几何变形存在不确定性，很难得到定量、严密的描述几何变形的数学模型。

2. 技术实现途径

高光谱影像的几何校正，一种途径是根据 POS 系统输出的导航解来计算每个扫描线的外方位元素，从而确定影像上每个像点对应的地面坐标。另一种是利用地面控制点对高光谱影像数据进行几何精校正。几何校正可以分为直接法校正和间接法校正。同时为了补偿机载平台剧烈抖动造成的误差，还应该对相邻线阵影像进行相对纠正。

实现高光谱影像数据高精度几何校正的技术过程，一般应包括 POS 数据处理、相对几何校正和精校正。为了检验校正效果，还应对校正结果进行精度评估分析。

(1) POS 数据处理。POS 数据处理主要解决数据获取中的时间不匹配的问题，在成像时 CCD 采样频率可能和 POS 数据的采集频率不一致，因此，首先要进行 POS 数据时间维上的重采样处理。同时，如果提供的 POS 系统导航解是经纬度坐标，还需要把它转换成直角坐标。

POS 数据坐标转换和外方位元素计算的技术实现过程是：计算地心坐标系到地辅坐标系的旋转矩阵；计算导航坐标系到地心坐标系的旋转矩阵；计算 IMU 坐标系到导航坐标系的旋转矩阵；计算传感器坐标系到 IMU 坐标系的旋转矩阵；计算像空间坐标系到传感器坐标系的旋转矩阵；求解外方位元素。

(2) 相对几何校正。机载平台条件下对线阵 CCD 传感器成像影响非常严重，采用 POS 数据可以较好地消除平台位置姿态变化对成像几何特性影响中的系统误差部分，但仍然可能存在随机几何畸变。对于高光谱影像中存在的随机畸变，可以采用相邻线阵影像间的影像匹配，以子像元精度确定种子点坐标，采用线性改正方法对随机几何畸变进行补偿。

(3) 几何精校正。高光谱影像的几何精校正，应在地面高精度控制点数据和 DEM 支持下，采用严密成像模型对高光谱数据进行微分纠正，将其校正为统一地理编码的影像数据，以实现高光谱影像的精校正。

(4) 几何校正精度评估。几何校正的精度评估与分析，可以通过在校正影像和参考影像上量测同名点，检测统计像点的相对中误差的方法评价校正精度。也可以利用高精度的地面控制点，测量并统计相对于附近控制点的相对中误差的方法实现精度分析与评估。

12.4.2 高维光谱特征压缩和提取技术

高光谱分辨率的影像具有对地表精细探测的应用潜力，有利于对地物属性的诊断性识别。但由于波段数的增加，庞大的数据集合中存在着大量的冗余，数据处理的复杂性显著增加，也必然影响地物分类识别的效率。因此，必须通过对原始特征光谱维进行适当的变换和映射处理，找出最具代表性的特征子集，使分散在全部波段中的分类信息集中在少量的特征中，从而实现在对数据进行降维处理的同时达到增强分类性能的目的。

1. 高效特征压缩提取中的难点

光谱特征压缩与提取算法有很多，但总体上可以划分为线性模型和非线性模型两类。线性特征提取方法具有原理简单、操作方便的特点，但存在原始数据在低维空间重叠的现象。非线性提取方法的本质是用较小的线性逼近非线性，不是真正意义上的非线性算法，没有实现非线性特征提取。尽管近几年出现了基于核函数映射的流型处理技术，但其效果和可靠性有待进一步验证。

2. 技术实现途径

高光谱影像数据光谱特征压缩提取技术，一般可以三个方面实现对高光谱影像特征的压缩和提取：一是从所有波段中以一定的准则选取符合分析要求的波段组合；二是通过对原始特征空间进行空间变换，然后求取其特征子空间；三是研究光谱曲线波形，求取光谱曲线的特征参量，作为分类识别的特征。

12.4.3 高光谱与高空间分辨率数据融合处理技术

1. 数据融合的难点

高光谱影像数据在提高空间分辨率方面的局限性，在未来较短的时间内，仅利用高光谱数据进行属性信息提取与空间定位处理，在满足地理空间信息探测和地形图测绘等高精度要求方面存在一定的困难。

高光谱分辨率的影像数据与高空间分辨率的影像数据融合处理，实现这两类数据融合后的优势互补，使融合处理后的影像可同时满足几何定位精度和属性提取可靠性两方面的要求，具有高光谱和高空间分辨率的双重优点，是高光谱影像分析应用研究的关键技术之一。

高光谱与高空间影像融合后的数据特点表现为：提高影像的空间分辨率和清晰度；提高几何纠正和空间定位精度；为立体摄影测量提供足够的立体观测能力；利用两种成像传感器的互补性，增强单一数据源中不清晰的那些特征，实现某一影像中丢失的信息用另一传感器影像数据来替换；改善分类精度；利用多时相数据进行变化检测，提高时相检测能力；降低模糊度，有效提高遥感影像数据的利用率；克服目标提取与识别中数据的不完备性，提高解译和动态监测能力。

2. 技术实现途径

高光谱与高空间分辨率影像融合的核心是采用高精度的配准方法，以解决融合影像间存在的光谱特征和几何特征之间的差异。其技术过程应在研究其数据特点的基础上，分析数据级融合、特征级融合和决策级融合策略的技术优势和特点，分别采取光谱域融合、空间域融合、基于光谱复原的空间域数据融合，以及基于光谱分解的数据融合技术和方法实现数据融合处理。

获取高精度的同名点对时，通常采用影像匹配的方法。如松弛法、相关系数法和最小二乘法等。在建立同名点对后，通过仿射变换实现二者之间的配准。一般应结合多种技术方法的优点，有机整合融合模型以实现两类影像间的优势互补。

12.4.4　高精度的分类提取技术

高光谱影像数据属性信息的精细探测能力为地理空间信息提取奠定了数据基础，为遥感测绘中地形要素自动分类带来了机遇和挑战。如何充分利用影像高光谱分辨率的技术优势，实现属性信息提取的自动化、智能化和分类的高精度和高可靠性，是高光谱影像分析与应用中核心的关键技术。

1. 高精度分类提取的技术难点

传统的模式分类方法，如神经网络、统计模式分类等在多光谱影像分类中已经得到了比较充分的研究和广泛的应用，但其在处理高光谱影像分类问题时，却面临着很多困难。这类方法以统计分析和大数定律为基础，以经验风险最小化为归纳原则。对于高光谱遥感影像分类这种特征维数高、训练样本相对较少的情况，假设的数据概率分布和评估的模型参数将存在较大误差，并且学习结果对未知样本的推广性较差，利用已有的多光谱分类技术因忽略了高光谱影像中蕴含的有意义的细微结构信息而不能充分利用其潜力，分类精度、可靠性以及稳定性、适应性等方面都与期望存在一定的距离。

2. 技术实现途径

针对高光谱影像分类提取的研究，国内外开展的研究和探索主要体现在以下几个方面：一是通过波段选择或特征提取对分类特征优化，可以有效避免维数灾难问题；二是根据不同要素具有的光谱特征，利用光谱数据库中理想的光谱曲线数据进行光谱匹配分类；三是采用较为先进的基于小样本学习的机器学习方法，以结构风险最小化为原则，通过考查训练样本的数目及其分布，寻求使经验风险和置信范围之和最小的学习机器，利用核函数映射理论，在高维空间构造具有低维的最优分类超平面实现属性分类；四是采用混合像元分解使分类提取结果达到子像元级的有关算法；五是采取面向对象的分类方法，能够得到比像元分类方法更好的分类效果，尤其是对于高空间分辨率数据，效果更明显。

12.5 高光谱遥感影像分析软件系统

为了实现高光谱影像地理空间环境精细探测，我们研制了一个针对性较强的高光谱遥感影像分析软件系统，实现了高光谱数据的几何校正、辐射校正、光谱分析、分类提取等功能，成为高光谱数据应用的平台和工具。

12.5.1 高光谱影像读存显示

1. 数据读存与格式转化

高光谱影像通常为二进制的数据块，读取该数据需要数据的说明文件，系统读取三种常见的遥感影像存储格式 (BSQ、BIP、BIL)，以及常见的普通图像存储格式，并能够实现不同遥感影像存储格式的转化。

2. 波段影像读取与浏览

根据高光谱影像数据特点，实现了高光谱的单波段图像、假彩色图像或全部波段影像显示及其图像增强处理，实现了图像的漫游、导航框、放大镜等功能。彩图 12.4 是系统设计的高光谱图像各波段影像的读取与浏览界面。

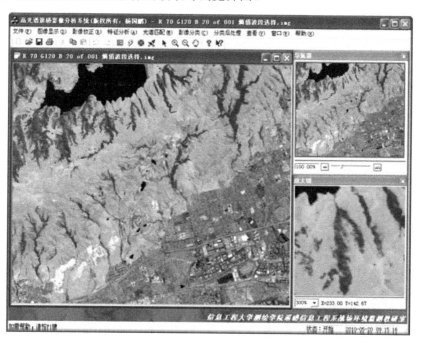

图 12.4　高光谱图像读取与浏览模块界面

3. 光谱曲线读取与显示

根据高光谱影像数据特点，从高光谱影像数据中读取地物光谱曲线。随着鼠标位置的移动实时显示影像像元对应的地物光谱曲线，并实现多种地物光谱曲线的比较分析。

12.5.2　高光谱影像预处理

1. 影像辐射校正

利用辐射定标数据，可以获得系统输出 DN 值与入瞳辐射量值的关系，用于飞行影像的辐射校正，以消除传感器的灵敏度特性引起的辐射误差，实现了按目标法、平均域法、内部平均法等相对辐射校正方法。

2. 影像几何校正

在航空遥感中飞机的姿态变化比较剧烈，导致传感器采集的影像发生严重的几何变形和扭曲。利用姿态位置测量系统 (POS) 测量成像瞬间相机的外方位元素，对影像进行几何预处理，得到可视性较好的高光谱影像。为了保持高光谱影像的几何量测性能，需要采用地面高精度控制数据进行精校正。

12.5.3　高光谱影像特征分析

特征分析是高光谱影像分类、混合像元分解、高光谱影像与高空间分辨率影像融合等技术的基础。本系统能够分析各波段的统计信息、波段间相关性以及波段间比值、差值等波段间运算。考虑波段间的相关性、地物类别的可分性、算法计算速度等因素，能够进行面向不同应用的多种波段选择，实现了主成分分析和噪声分离变换特征提取等方法，系统中的主要方法如图 12.5 所示。

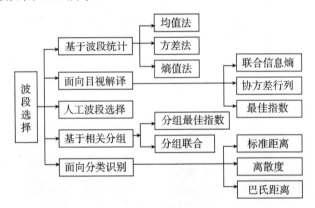

图 12.5　高光谱影像波段选择方法

12.5.4　高光谱影像分类识别

1. 光谱匹配识别

求取各类地物训练样本在高维空间中的分布中心，按照待分类点与类中心的相似性进行分类，实现了最小距离法、相关系数法、光谱角度法、二值编码法等算法。计算各类训练样本的中心，直接根据待分类点与所有样本的相似性确定类别，包括最邻近分类法和 K 邻近分类法。光谱匹配示例如图 12.6 所示。

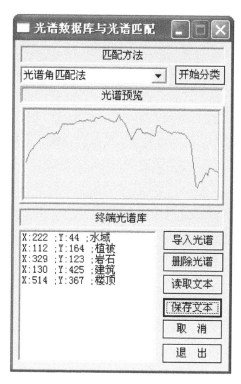

图 12.6　匹配分类识别对话框

2. 样本采集与分析

对影像中典型的地物进行判读，采集感兴趣区域的地物光谱作为有监督特征分类的训练样本，如彩图 12.7 所示。实现了样本类中心光谱曲线分析比较和任意两个波段的样本散布图的分析。

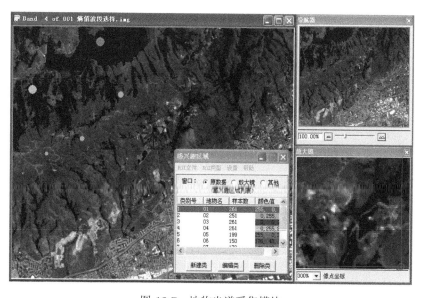

图 12.7　地物光谱采集模块

3. 非监督聚类

包括 K 均值、ISODATA、模糊 C 均值等聚类分析算法，用以高光谱影像非监督影像分析。

4. 统计分类识别

依据经典统计模式识别理论，实现了贝叶斯分类、Fisher 判别分类、马氏距离分类等算法。

5. 神经网络分类

依据人工神经元网络原理，利用后向传播算法，实现了多层感知机神经网络分类。训练过程利用学习速率、动量因子等调节训练收敛速度，避免了局部最优。

6. 支持向量机分类

支持向量机分类以结构风险最小化为归纳原则，在高维特征空间中构造最优分类超平面。实现了 C-SVM 和 nu-SVM 分类算法，采用序贯最小优化快速训练算法、使用一对一、一对多等多类分类器构造方法。

7. 识别精度分析

使用采集的检验样本，使用混淆矩阵对分类结果进行精度评价。软件还可以根据混淆矩阵计算总体精度、生产精度、制图精度和 Kappa 系数。

8. 分类图噪声处理

高光谱影像分类后得到的分类图本质上是以特定的编码表示相应地物类别的一种专题数字图像，即其灰度级并不代表像素值，而是经过分类处理而产生的用于标记类别的编码，如 0,1,2…(其中，0 代表背景，1, 2, 3… 分别代表某一类)。它用特定的颜色表示相应的地物，为目标识别和地物统计作准备。分类图在形成过程中经常会不可避免地产生一些噪声，使其缺少空间相关性。这些噪声情况复杂，主要存在以下一些特点：

(1) 小面元，分类图噪声覆盖面积较小。

(2) 孔穴，由于噪声比较零碎，会在大面积区域内出现一些小孔，造成信息不完善。

(3) 孤岛，它是相对于孔穴来说的，包括孤立点、断点、毛刺等。

传统的分类图的噪声处理有中值滤波、均值滤波、维纳滤波、空间域低通滤波和多幅图像平均法等方法，虽然这些滤波算法可以用来消除噪声，但是它们一般是逐像素进行的，很少考虑上下文信息，这就造成了在消除噪声的同时，丢失了一些重要的类别信息。考虑到分类图固有的特性，系统采用了一种基于二值形态学的噪声处理技术，旨在消除噪声、填补空穴和光滑边界的同时，最大程度的保留类别信息。

二值形态学滤波的基本思想是：首先将分类图进行分层处理，即将分类图转换为索引图像之后，重新对分类进行配赋颜色，再以索引值为编码进行分层处理；然后对分层分类图进行二值形态学去噪，即在选择合适的结构元素的基础上，对分层分类图进行膨胀运算和腐蚀运算，分别进行空穴填补和去除孤岛。

为了验证二值形态学噪声消除方法的有效性，采用 2009 年由信息工程大学测绘学院和上海技术物理研究所共同获取的山东俚岛地区的机载 PHI 高光谱影像数据进行分类和噪声消除试验，试验如彩图 12.8 所示。

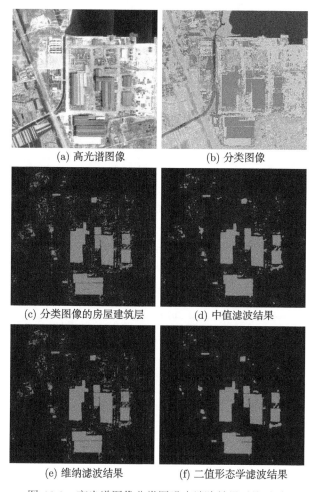

(a) 高光谱图像　　　　　　　　(b) 分类图像

(c) 分类图像的房屋建筑层　　　　(d) 中值滤波结果

(e) 维纳滤波结果　　　　　　　(f) 二值形态学滤波结果

图 12.8　高光谱图像分类图噪声消除效果对比试验

试验结果表明，基于二值形态学的噪声去除算法，可以根据不同的分类图要素特征选择不同的结构元素形状，然后采用单位结构元素避免了由于尺寸过大或过小而引起的假断裂或粘连等现象的发生，从而保证了在去除分类图噪声时最大程度的保留地物类别信息。

12.5.5　地物光谱数据库

实现了岩土、植被、水体、人工目标的光谱数据、参数信息和景观照片的管理，具备数据输入、修改、删除、查询等功能，可显示相应的波谱曲线及实地景观照片。地物光谱数据库系统界面如彩图 12.9 所示。

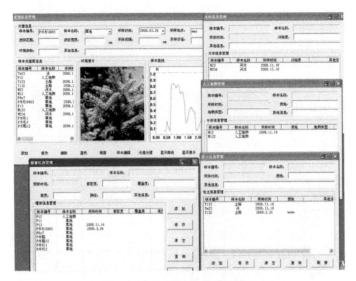

图 12.9　地物光谱库管理界面

参考文献

边肇祺, 张学工. 1999. 模式识别. 第二版. 北京: 清华大学出版社.

陈述彭. 1999. 数字地球. 北京: 科学出版社.

崔廷伟, 张杰, 马毅, 等. 2006. 赤潮光谱特征及其形成机制. 光谱学与光谱分析, 26(5): 884~886.

董广军. 2008. 高光谱影像流行降维与融合分类技术研究. 郑州信息工程大学博士学位论文.

方圣辉, 龚浩. 2006. 动态调整权重的光谱匹配测度法分类的研究. 武汉大学学报 (信息科学版), 31(12). 1044~1046.

胡兴堂, 张兵, 李俊生, 等. 2005. 面向应用的海量高光谱影像处理与分析系统集成与实践. 遥感学报, 9(5): 604~609.

胡兆量, 陈宗兴. 2006. 地理环境概述. 第二版. 北京: 科学出版社.

李乐, 章毓晋. 2008. 非负矩阵分解算法综述. 电子学报, 36(4): 737~743.

刘军. 2007. GPS/INS 辅助机载线阵 CCD 影像定位技术研究. 郑州信息工程大学博士学位论文.

刘南威, 郭有力, 张争胜. 2009. 综合自然地理学. 第三版. 北京: 科学出版社.

刘志明, 胡碧茹, 吴文健, 等. 2009. 高光谱探测绿色涂料伪装的光谱成像研究. 光子学报, 38(4): 885~890.

路威. 2005. 面向目标探测的高光谱影像特征提取与分类技术研究. 郑州信息工程大学博士学位论文.

倪金生, 蒋一军, 张富民. 2008. 遥感图像处理理论与实践. 北京: 电子工业出版社.

浦瑞良, 宫鹏. 2000. 高光谱遥感及其应用. 北京. 高等教育出版社.

钱曾波, 刘静宇, 肖国超. 1992. 航天摄影测量学. 北京: 解放军出版社.

谭琨, 杜培军. 2011. 基于再生核 Hilbert 空间小波核函数支持向量机的高光谱遥感影像分类. 测绘学报, 40(2): 142~147.

童庆禧, 张兵, 郑兰芬. 2006. 高光谱遥感 —— 原理、技术与方法. 北京: 高等教育出版社.

万庆余, 谭克龙, 周日平. 2006. 高光谱遥感应用研究. 北京: 科学出版社.

王锦地, 张立新, 柳钦火, 等. 2009. 中国典型地物波谱知识库. 北京: 科学出版社.

王之卓. 2007. 摄影测量原理. 武汉: 武汉大学出版社.

吴波, 张良培, 李平湘. 2006. 基于支撑向量回归的高光谱混合像元非线性分解. 遥感学报, 10(3): 312~318.

杨国鹏. 2007. 基于核方法的高光谱影像分类与特征提取. 郑州信息工程大学硕士学位论文.

杨国鹏, 周欣, 余旭初, 等. 2010. 基于相关向量机的高光谱影像混合像元分解. 电子学报, 38(12): 2751~2756.

余旭初. 2000. 模式识别与图像分类. 北京: 解放军出版社.

余旭初, 冯伍法, 林丽霞. 2006. 高光谱 —— 遥感测绘的新机遇. 测绘科学技术学报, 23(2): 101~105.

张良培, 张立福. 2005. 高光谱遥感. 武汉: 武汉大学出版社.

朱述龙, 张占睦. 2000. 遥感图象获取与分析. 北京: 科学出版社.

Adams J B., Gillespie A R. 2006. Remote Sensing of Landscapes with Spectral Images: A physical Modeling Approach. London: Cambridge University Press..

Asner G P, Townsend A R, Braswell B H. 2000. Satellite observation of El Nino effects on Amazon forest phenology and productivity. Geophysic Research, 27(7): 981~984.

Attias H. 1999. Independent factor analysis. Neural Compute, 11(4): 803~851.

Bajcsy P, Groves P. 2004. Methodology for hyperspectral band selection. Photogrammetric Engineering & Remote Sensing, 70(7): 793~802.

Baudat G, Anouar F. 2000. Generalized discriminant analysis using a kernel approach. Neural Computation, 12(10): 2385~2404.

Bäumker M, Heimes F J. 2002. New calibration and computing method for direct georeferencing of image and scanner data using the position and angular data of an hybrid inertial navigation system. Integrated sensor orientation test report and workshop proceedings, European Organization for Experimental Photogrammetric Research official publications, 43: 197~211.

Bruce M, Koger L, Li J. 2002. Dimensionality reduction of hyperspectral data using discrete wavelet transforms feature extraction. IEEE Transactions on Geoscience and Remote Sensing, 40(10): 2331~2338.

Cardoso J. 1997. Infomax and maximum likelihood of source separatio. IEEE Signal Process, 4(4): 112~114.

Chang C I, Du Q. 1999. Interference and noise adjusted principal components analysis. IEEE Transactions on Geoscience and Remote Sensing, 37(5): 2387~2396.

Chang C I, Du Q. 2004. Estimation of number of spectrally distinct signal sources in hyperspectral imagery. IEEE Transactions on Geoscience and Remote Sensing, 42(3): 608~619.

Chang C I, Wang S. 2006. Constrained band selection for hyperspectral imagery. IEEE Transactions on Geoscience and Remote Sensing, 44(6): 1575~1585.

Cristianini N, Shawe-Taylor J. 2000. An Introduction to Support Vector Machines and Other Kernel-based Learning Methods. London: Cambridge University Press.

De Carvalho O A, Meneses P R. 2000. Spectral correlation mapper (SCM): an improvement on the spectral angle mapper (SAM). Summaries of the 9th JPL Airborne Earth Science Workshop: 9.

Donoho D L. 2000. High-Dimensional Data Analysis: The Curses and Blessings of Dimensionality. American Mathematical Society Conf. Math Challenges of the 21st Century(2000)Key: citeulike: 6582356.

Fried M A, Brodley C E. 1997. Decision tree classification of land cover from remotely sensed data. Remote Sensing Environment, 61: 399~400.

Friedman J H, Tukey J W. 1974. A projection pursuit algorithm for exploratory data analysis. IEEE Transactions on Computers, 23(9): 881~890.

Fukunaga K, Hayes R R. 1989. Effects of sample size in classifier design. IEEE Transactions Pattern Analysis and Machine Intelligence, 11(8): 873~885.

Goetz A F H. 1990. Hyperspectral imaging: advances in a spectrum of applications. Proceedings of the 5th Australasian Remote Sensing Conference, Perth: 8~12.

Granahan J, C, Sweet J N. 2001. An evaluation of atmospheric correction techniques using the spectral similarity scale. IEEE 2001 International Geoscience and Remote Sensing Symposium, (5): 2022~2024.

Green A A, Berman M, Switzer P, et al. 1998. A transformation for ordering multispectral data in terms of image quality with implications for noise removal. IEEE Transaction on Geoscience and Remote Sensing, 26(1): 65~74.

Hardie R C, Eismann M T, Wilson G L. 2004. MAP estimation for hyperspectral image resolution enhancement using an auxiliary sensor. IEEE Transactions on Image Processing, 13(9): 1174~1185.

Herault J, Jutten C, ANS B. 1985. Detection de grandeurs primitives dans un message composite par une architecture de calcul neuromimetique en apprentissage non Supervise. Actes du Xeme colloque GRETSI: 1017~1022.

Heylen R, Burazerovic D, Scheunders P. 2011. Non-linear spectral unmixing by geodesic simplex volume maximization. IEEE Transactions on Geoscience and Remote Sensing: 5(3), 534~543.

Hsuan R, Chang C I. 2003. Automatic spectral target recognition in hyperspectral. IEEE Transactions on Geoscience and Remote Sensing, 39(4): 1232~1249.

Hyvärinen A. 1999. Fast and robust fixed.point algorithms for independent component analysis. IEEE Transactions on Neural Networks, 10(3): 626~634.

Hyvärinen A, Karhunen J, Oja E. 2001. Independent Component Analysis. New York: John Wiley&Sons.

Iaquinta J, Pinty B , Privette J L. 1997. Inversion of a physically based bidirectional reflectance model of vegetation. IEEE Transaction on Geoscience and remote sensing, 35(4): 687~698.

Jensen R J. 遥感数字影像处理导论. 2007. 陈晓玲, 龚威, 李平湘, 等译. 北京: 机械工业出版社.

Jia X, Richards J A. 1999. Segmented principal components transformation for efficient hyperspectral remote sensing image display and classification. IEEE Transaction on Geoscience and Remote Sensing, 37(1): 538~542.

Kallas M, Honeine P, Richard C. 2012. Image feature extraction using non linear principle component analysis. International Conference on Modeling, Optimization and Computing, (38): 911~917.

Karoui M, Deville Y, Hosseini S, et al. 2012. Blind spatial unmixing of multispectral images: new methods combining sparse component analysis,clustering and non-negativity constraints. Pattern Recognition, (45): 4263~4278.

Keshava N, Mustard J F. 2002. Spectral unmixing. IEEE Transaction On Signal Processing Magazine, 19(1): 44~57.

Khodadadzadeh M, Ghassemian H. 2011. Contextual classification of hyperspectral remote sensing images using SVM-PLR. Australian Journal of Basic and Applied Sciences, 5(8): 374~382

Kosaka N, Uto K, Kosugi Y. 2005. ICA-aided Mixed-pixel analysis of hyperspectral data in agricultural land. IEEE Geoscience and Remote Sensing Letters, 2(2): 220~224.

Kumar S, Ghosh J, Crawford M M. 2001. Best-bases feature extraction algorithms for classification of hyperspectral dat. IEEE Transaction on Geoscience and Remote Sensing, 39(7): 1368~1379.

Lawson C L, Hanson R J. 1974. Solving Least Squares Problems. US: Prentice-Hall.

Lee D D, Seung H S. 2001. Algorithms for non-negative matrix factorization. Proceedings of Neural Information Processing Systems, 13: 556~562.

McKeown D M, Cochran S D. 1999. Fusion of HYDICE hyperspectral data with panchromatic imagery for cartographic feature extraction. IEEE Transactions on Geoscience and Remote Sensing, 37(3): 1261~1277.

Mountrakis G Im, Ogole C J. 2011. Support vector machines in remote sensing: a review. ISPRS

Journal of Photogrammetry and Remote Sensing, 66(2011): 247~259.

Osmar Ana, Paula A, Roberto P, et al. 2001. Spectral Identification Method(SIM): A New Classifier Based on the Anova and Spectral Corelation Mapper(SCM) Methods. Pasadena: JPL Publication.

Plaza A, Benediktsson J A. 2009. Recent advances in techniques for hyperspectral image processing. Remote Sensing of Environment, 113: S110~S122.

Plaza A, Martinez P, Perez R, et al. 2002. Spatial/spectral endmember extraction by multidimensional morphological operations. IEEE Transactions on Geoscience and Remote Sensing, 40(9): 2015~2041.

Roweis S T, Saul L K. 2000. Nonlinear dimensionality reduction by locally linear embedding. Science, 290(5500): 2323~2326.

Serpico S B, Moser G. 2007. Extraction of spectral channels from hyperspectral images for classification purposes. IEEE Transactions on Geoscience and Remote Sensing, 45(2): 484~495.

Shawe-Tsylor J, Cristianini N. 2004. Kernel Methods for Pattern Analysis. London: Cambridge University Press.

Shoshany M, Kizel F, Netanyahu N S. 2011. An iterative search in end-member fraction space for spectral unmixing. IEEE Transactions on Geoscience and Remote Sensing, 8(4): 706~709.

Tenenbaum J B, Silva V, Langford J C. 2000. A Global Geometric Framework for Nonlinear Dimensionality Reduction. Science, 290(5500): 2319~2323.

Thayananthan A, Navaratnam R, Stenger B, et al. 2006. Multivariate relevance vector machines for tracking. ECCV(3): 124~138.

Tipping M E. 2000. The relevance vector machine. In: Solla S A, Leen T K, Muller K R(eds). Advances in Neural Information Processing Systems. Cambridge: The MIT Press, 652~658.

Tu T M, Huang P S, Hung C L, et al. 2004. A fast IHS fusion technique with spectral adjustment for IKONOS imagery. IEEE Geoscience and Remote Sensing, 1(4): 309~312.

Vapnik N V. 2004. 统计学习理论. 许建华, 张学工译. 北京: 电子工业出版社.

Villa A, Benediktsson J A, Chanussot J, et al. 2011. Hyperspectral image classification with independent component discriminant analysis. IEEE Transactions on Geoscience and Remote Sensing, 43(3): 1109~1120

Wang J, Chang C I. 2006. Independent component analysis-based dimensionality reduction with applications in hyperspectral image analysis. IEEE Transaction on Geoscience and Remote Sensing, 44(6): 1586~1600.

Winter M E. 1999. Fast autonomous spectral end-member determination in hyperspectral data. Proceedings of the Thirteenth International Conference on Applied Geologic Remote Sensing, 2: 337~344.

Witkin A P. 1983. Scale-space filtering. Proceedings of the 8th In-ternational Joint Conference on Artificial Intelligence, Karlsruhe: 1019~1022.

Zitova B, Flusser J. 2003. Image registration methods: a survey. Image and Vision Computing, 21(4): 977~1000.